U0022361

財務管理

——原則與應用

郭修仁

學歷／
國立中山大學企業管理系學士
國立中興大學企業管理研究所碩士
美國加州大學爾灣(University of California, Irvine)分校財務管理博士
現職／
國立中山大學投資理財暨資產管理研究中心主任
國立中山大學財務管理系專任副教授

國家圖書館出版品預行編目資料

財務管理:原則與應用／郭修仁著.－－初版四刷.－
－臺北市：三民，2011
面；　公分

ISBN 978-957-14-3853-5　(平裝)

1.財務管理

494.7　　　　93013465

 財務管理
——原則與應用

著作人　郭修仁
發行人　劉振強
著作財產權人　三民書局股份有限公司
臺北市復興北路386號
發行所　三民書局股份有限公司
地址／臺北市復興北路386號
電話／(02)25006600
郵撥／0009998-5
印刷所　三民書局股份有限公司
門市部　復北店／臺北市復興北路386號
重南店／臺北市重慶南路一段61號
初版一刷　2004年9月
初版四刷　2011年8月
編　號　S 562200
行政院新聞局登記證局版臺業字第○二○○號

ISBN　978-957-14-3853-5　(平裝)
http://www.sanmin.com.tw　三民網路書店

自　序

從事「財務管理」的教學工作已經近十年了，學生程度從大學新生到研究所博、碩士生，以及在職進修有實務經驗的進修班學生，甚至通識教育課程中非商管主修的學生。雖然程度不一，從完全空白的通識生到亦曾任教相關課程的博士生，但都具有一共通點，亦即濃厚的學習興趣，但卻也都有一困難點，就是缺乏一套適當的教材，尤其是程度愈低的學生。他們極需一本淺顯、易上手，且真正「本土化」的教科書。

國內目前雖有不少「財務管理」教科書，卻不見特為「新手」考量的設計，於是動念想自己編寫一本適合新手的「入門」級的教科書，順便將自己累積近十年的一些「獨創」教法與心得做一番整理。但是動念與動手接近完成之間卻是已經快三年了，中間歷經多次因不滿意而重新翻修的過程，最後竟想放棄，從長計議。

但在三民書局劉振強總編輯耐心等待及誠心協助，加上多位助理辛勞投入與個人心力付出後，實不忍辜負多人的期待，而交出這份成果。希望將來有餘力，再加予修訂以求更好。並藉此感謝三民書局多位編輯的耐心配合以及本人多位助理的幫忙，謹以此書獻給我的家人紀蓉、及維、及綺。

郭修仁

於高雄國立中山大學財務管理系

93 年 7 月 19 日

財務管理——原則與應用

目　次

第十章　資本結構理論 (II)

第十一章　營運資金管理政策 (I)

第十二章　營運資金管理政策 (II)

第十三章　股票評價與投資

第十四章　債券評價與投資

第十五章　期貨與選擇權

第十六章　投資組合理論

第十七章　技術分析

第十八章　外匯市場

第一章　概述金融市場

壹、金融市場的定義

走進傳統市場會看到菜販、魚販等店家跟主婦們做買賣；電腦商場大大小小的電腦零件、配備更是琳琅滿目的展示在消費者眼前。因此，只要是商品，就會有需求者及消費者，雙方存在交易動機並形成市場。金融市場也是如此，只不過交易的標的物是金融性商品，例如股票、債券等。

所謂金融商品就是包括金融機構以及這些金融機構用來進行各項業務的金融工具，資金需求者及供給者可以進入金融市場進行資金的移轉。資金的融通 (Financing) 也就是資金的移轉，代表由資金供給者用一個合理的價格為成本，將議定的資金移轉給需求者。

例如，A 公司在市場上發行為期 3 年、票面利率為 3% 的公司債，目的當然是向社會大眾借錢。因此，我們可以清楚知道：A 公司為資金的需求者，而買該公司的債券的投資人則是資金的供給者，雙方以市場中的均衡價格進行交易。

貳、金融市場的功能

設 B 公司現在有一個很好的投資計畫，但是公司內部資金不足而需要利用外部資金的幫助，如果沒有金融市場的存在，則該公司必須要花費龐大的人力、精神及時間去尋找資金供給者，在這種惡劣的條件下，B 公司的資金成本增加了，投資計畫也很有可能被其他公司搶先一步。但是如果金融市場存在，B 公司就可選擇發行公司債或股票，從市場向大眾籌措所需的資金，整個資金融通過程更為有效率。

由上例可清楚知道，金融市場最主要的功能就是有效轉移資金。怎麼說有效呢？我們可從三方面來看：

1. 降低成本

減少供需雙方在資金移轉過程中所需花費的精神與時間。此處所提到的成本包括資訊成本、尋找成本及交易成本。

2. 提供金融資訊

金融市場提供供需雙方相關、及時，且必要的資訊，如價格變動，讓供需雙方都能掌握住市場變化，再依自己的需要去做理性的融資和投資決策。

3. 促進經濟效率

金融市場的存在使得⑴資金供給者藉延後目前的消費，並將這筆錢投資在具有殖利功能的金融工具（例如債券、股票），來達到未來所得水準的提高（如利息或股利）；⑵資金需求者也能由籌措的資金進行投資活動（如設置廠房）來提高生產力及競爭力，提升所得水準。綜合⑴、⑵兩點，可知金融市場對於整體社會經濟福利的提升有很大的貢獻。

參、金融市場的體系

由資金供需雙方、金融機構及金融工具相互間的運作，構成了金融體系的主要成分。資金可以由不同的金融工具和中介，在資金供需間所形成的市場中流動、移轉。如圖 1–1 所示。

我們可以分上、下半部來舉例說明：

1. 上半部

A 公司（資金需求者）以發行公司債或股票（金融工具）為媒介，將代表公司的債權或所有權的金融資產出售給有閒餘資金的投資人（資金供給者），由此換得所需資金。

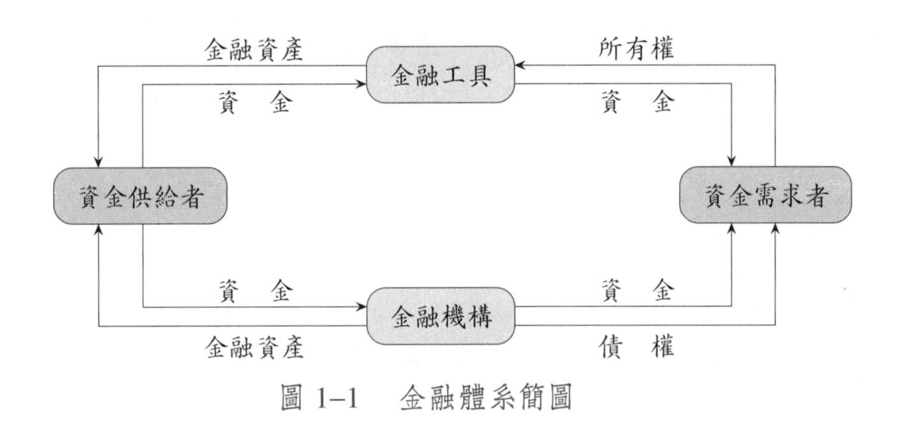

圖 1–1　金融體系簡圖

2. 下半部

A 公司（資金需求者）直接向臺灣銀行（金融機構）貸款。公司與銀行間就發生了債權關係，又銀行為了要籌措借給 A 公司的錢，就用會生利息的金融資產（如活期存款）出售給有閒餘資金的投資人（資金供給者）。

整個過程及內容就形成了金融體系，上半部稱為直接金融，資金供需雙方直接交易；下半部稱為間接金融，資金供需雙方透過金融機構間接交易。

肆、金融市場的組織與結構

金融市場的種類很多，每個市場的交易工具及參與者均不同；不過，所有的金融市場所扮演的角色不外乎是資金供需雙方資金往來的橋樑。圖 1–2 簡略描述常見的金融市場結構。

1. 證券承銷商

證券承銷商的工作就是在發行人和投資人之間，幫助資金需求者（也就是發行人）得到所需要的資金，而且承銷商在承銷之前會事先分析發行公司的經營狀況，這樣做可以幫助投資人減少投資風險。

2. 證券經紀商

⑴投資人的代理人；⑵促進證券的流通。

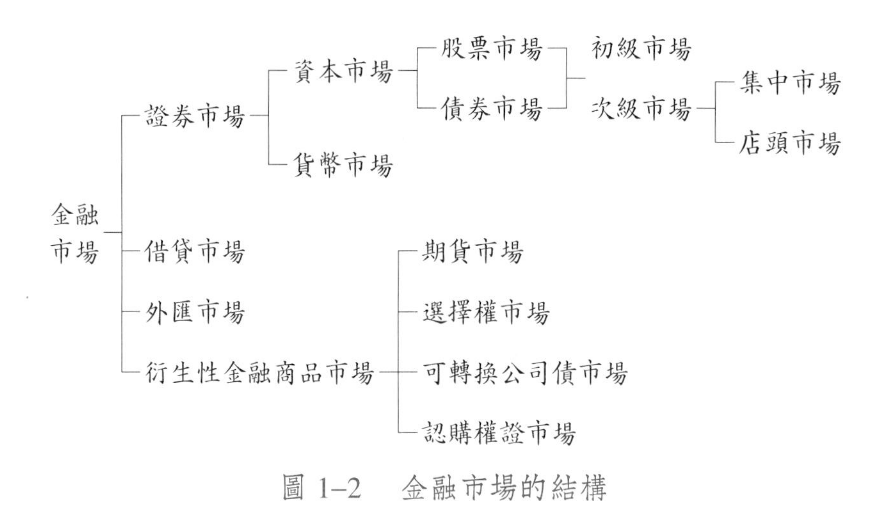

圖 1–2　金融市場的結構

3. 證券自營商

⑴自營商可以用自己的錢去投資證券，但是因為自營商屬於法人機構，所以買賣股票有受限；⑵也可以扮演公司股份的認股人或公司債的應募人之角色。

4. 證券金融公司

提供證券信用交易，也就是大家耳熟能詳的融資融券，它的功能是什麼呢？設立證券金融公司來辦理融資融券最主要的目的就是要活絡市場。例如：小強聽說股市最近有利多消息，決定買 1 支股票，但是他的錢又不夠，這時，就可以利用融資（借錢買股票）來達到他的目的。

5. 證券投資顧問公司

提供投資操作的諮詢顧問服務，就是一般所稱的投顧業。

6. 證券投資信託公司

接受投資人委託代為操作或發行共同基金受益憑證，向投資人募集資金，提供專業投資的服務，就是所謂的投信業。

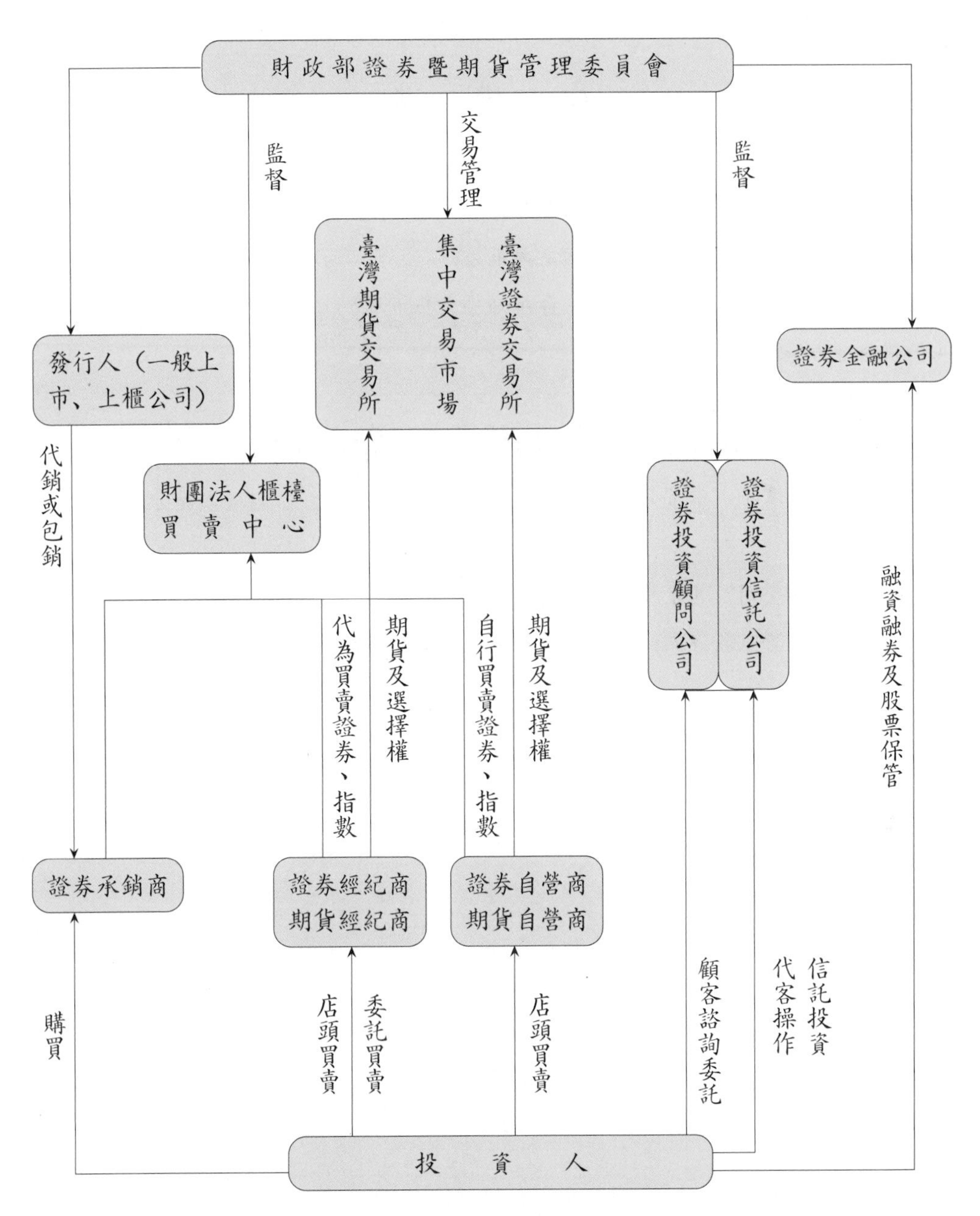

圖 1–3　我國證券市場的整體結構與參與者扮演的角色

伍、作　業

1. 一般來說，資本市場可分為哪兩個部分？
2. 所謂的股票次級市場，包含哪兩個主要市場？
3. 請列舉在衍生性金融商品市場中，存在哪些交易市場？
4. 何謂金融市場？請舉例說明。
5. 金融市場的主要功能為何？
6. 在金融體系中，存在著直接金融和間接金融，請分別簡述其意義。
7. 在一般的證券業中，常常分為三個部門，分別是承銷、經紀、自營，請分別簡述其分工為何？
8. 何謂證券金融公司？其主要功能為何？
9. 分別簡述何謂證券投資顧問公司和證券投資信託公司？

第二章　閱讀財務報表

一家公司最基本的財務報表有⑴資產負債表；⑵損益表。本章介紹如何有效的閱讀分析方法。

壹、資產負債表 (Balance Sheet)

衡量公司在某一個時間點的財務狀況（存量），如下表：

表 2–1　資產負債表

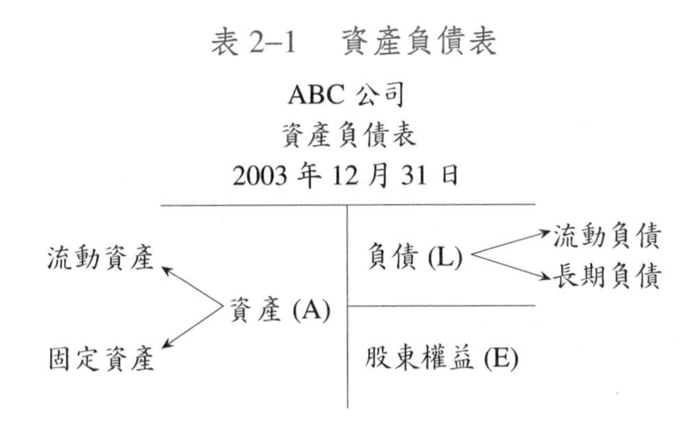

左半部代表公司的資產總值，可再細分為流動和固定資產。同理，右邊的上半部也可以細分為流動和長期負債。

所謂「流動」乃以 1 年為期限。即「壽命在 1 年之內」者稱之。

範例 2–1

對味全食品公司而言，其食品及其資產（會計上稱存貨），通常這些食品一定會在 1 年之內銷售出去，所以這些食品（存貨）存在此公司的壽命只有 1 年之內，故稱「流動資產」。

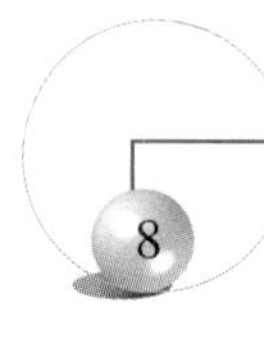

相對的，載運食品的卡車，也是這家公司的資產，而卡車便稱為「固定資產」。同理，3 個月內必須償還的負債我們叫它「流動負債」，3 年後才償還的負債稱為「長期負債」，流動資產和流動負債之間的差額，定義為淨營運資金 (Net Working Capital)，代表 1 年內公司可使用的現金和必須支付的現金之間的差額，是衡量公司短期營運能力的重要指標。

「股東權益」的定義：資產總值減掉負債總值的差額

$$A - L = E$$

這樣的資產反映一個事實，即「如果把公司所有資產賣掉，所得的錢，還清負債後，應歸屬股東」。由定義式透過移項，便成為我們常見的會計方程式 (Balance Sheet Identity)：

$$A = L + E$$

簡單來說即資產負債表的左半部恆等於右半部。

另一方面，如果從現金的角度來看資產負債表，我們又可以有不同的解讀：

左半部：代表現金的使用（拿資金買資產）

右半部：代表現金的來源（股東出資或向別人借款）

現金流動路線圖示如下：

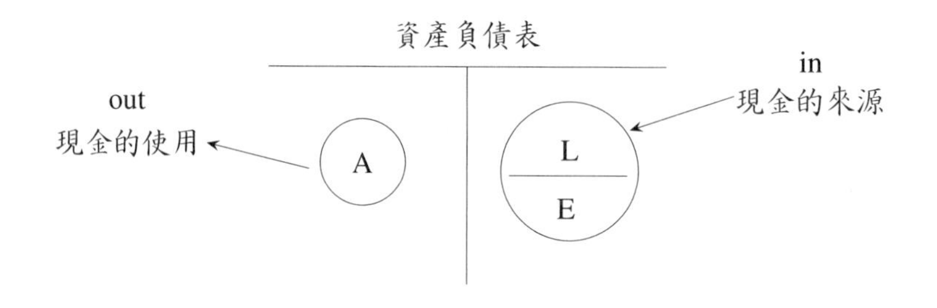

舉例說明三者間的互動以及左右恆等：

範例 2–2

(1)公司拿現金買一部機器	現金減少	固定資產增加
(2)公司發現金股利	現金減少	權益減少
(3)公司舉債買資產	資產增加	負債增加
(4)公司發行新股籌資還債	權益增加	負債減少

貳、損益表 (Income Statement)

衡量公司在某段期間的營運結果是賺或賠（流量）。

損益表最基本的概念，即收益 – 費用 = 淨利。如下所示：

　收　益
– 費　用
　淨利（損）

實際上，損益表中最先列示的是公司的主要業務收入和支出。其中最常見的支出即成本和費用，成本是指與銷貨直接相關的支出如進貨成本；費用則是一些與銷貨間接相關的支出。如：人事薪資費用、機器的折舊費用，所以我們可以表示如下：

　銷貨收入
– 銷貨成本
– 費用（不含利息費用）
　息前稅前盈餘

然而上述的所得並不是公司真正可以放進口袋的錢。因為還必須扣除融資成本（利息），以及稅，才是公司的淨賺。所以，我們將上列所得稱為「息前稅前盈餘」(Earning Before Interest and Tax)，意思是扣除利息和稅之前的盈餘，簡稱 EBIT。至於扣除利息和稅之後的所得，即一般指的淨利。

表 2–2　損益表

ABC 公司
損益表
2003 年度

	銷貨收入
–	銷貨成本
–	費　用
	息前稅前盈餘
–	利息費用
	稅前盈餘
–	稅
	淨　利
–	股　利
	保留盈餘

參、財務報表分析

一、共同比分析

當我們拿到二家不同公司的財務報表時，由於公司規模的不同，我們不能只拿絕對金額去比較，就好像甲身高 180 公分、體重 65 公斤，乙身高 150 公分、體重 60 公斤。如果我們拿絕對數字去比，65 公斤 > 60 公斤，甲比乙重。但如果我們用相對數字去比，$\frac{65}{180} < \frac{60}{150}$，甲其實比乙瘦。同理，當我們要比較二家公司時，我們就把它們的報表「標準化」，也就是由相對數字去比的概念。

在資產負債表中，我們把每個項目表示成「總資產」的百分比，而在損益表中，我們把每個項目表示成「銷貨」的百分比。

當然共同比分析也可以適用在同一家公司的不同年度，因為年度不同可能有不同的資產規模。

表 2–3　共同比資產負債表

共同比資產負債表				
	甲公司		乙公司	
	原數字	共同比數字	原數字	共同比數字
資產:				
流動資產	45	45%	100	50%
固定資產	55	55%	100	50%
總資產	100	100%	200	100%
負債:				
流動負債	20	20%	40	20%
固定負債	40	40%	40	20%
權益:				
普通股	30	30%	110	55%
保留盈餘	10	10%	10	5%
總負債和權益	100	100%	200	100%

二、趨勢分析

當我們擁有一家公司多年的資料，我們想看它的負債是否逐年下降，我們一樣必須使用「相對數字」的概念，所以我們必須取一個基準年。然而將每個項目以相對應於基準年的倍數來表示，舉例如下：

表 2–4

	(基準年)			指數表示（以 2001 年為基準年）單位：100%	
	2001 年	2002 年	2003 年	2002 年	2003 年
資產:					
流動資產	$ 50	$ 40	$ 90	0.80 $(=\frac{40}{50})$	1.80 $(=\frac{90}{50})$
固定資產	50	110	110	2.20	2.20
總資產	$100	$150	$200	1.50	2.00
負　債	$ 80	$ 85	$ 90	1.06	1.13
權　益	20	65	110	3.25	5.50
總負債和權益	$100	$150	$200	1.50	2.00

使用基準年的相對金額來表示的報表我們稱為「共同基準年」報表，而利用共同基準年報表做的分析可以觀察出該公司營業型態的歷年趨勢，所以我們稱之為趨勢分析。例如上例之公司，3 年來總資產的變化是 1.00、1.50、2.00。其中流動資產的變化是 1.00、0.80、1.80；可是固定資產則是 1.00、2.20、2.20。這種趨勢差異只有用共同基準年報表才能看出。

三、比率分析

1. 比率分析的用途

比率分析是我們拿來比較二家公司營運能力及獲利能力最簡潔的方法。比方當我們比較甲班和乙班哪一個班級好，我們可以拿二班學生的出席率做比較，也可以拿兩班的學期平均成績做比較，同理，我們要比較兩家公司，可以拿它們的獲利率或存貨周轉率來比較，像這種以不同公司的比率做比較，我們稱為「橫斷面分析」，當然我們也可以自己跟自己做比較，比方今年的獲利率跟去年的比，這種我們稱為「時間序列分析」。

橫斷面分析：台積電和聯電的報酬率誰高？（不同公司比較）
時間序列分析：台積電今年的報酬率有沒有比去年好?（同公司不同年比較）

各種比率都可以拿來說明一個班級的表現（例如：出席率、成績及格率……），同理，也有各種比率可以拿來說明一家公司的表現（例如：報酬率、股利率……）。然而，哪一個比率可以當作衡量公司整體表現的綜合指標呢?答案是「**權益報酬率**」(Return of Equity, ROE)。

其實這個道理可以很直覺的理解，因為公司乃以「營利」為目的，所以自然是為了「利益」而營運，所以要重視「報酬率」。而公司背後的出資者我們稱為股東（在此也可以稱為「權益」，在財務報表上看見「權益」大半指「股東權益」之意），所以股東們的報酬是衡量公司表現的最重要指標。簡單來說，讓股東賺最多錢的公司就是最好的公司。所以我們要衡量權益報酬率 (ROE)。

2. 解析 ROE

$$\text{權益報酬率 (ROE)} = \frac{\text{稅後淨利 (Net Income)}}{\text{股東權益 (Equity)}}$$

代表股東出資 1 元可以獲得的利潤。

如果把 ROE 進一步分解如下：

$$\frac{\text{稅後淨利}}{\text{資產}} \times \frac{\text{資產}}{\text{股東權益}}$$

左邊的部分我們稱為**資產報酬率** (Return of Asset, ROA)，即「每投資 1 元資產可賺得的利潤」。右邊的部分我們稱為**權益乘數** (Equity Multiplier, EM)，即「每出資 1 元可以運用多少資產」。所以 ROE = ROA × EM。

舉例如下：假設兩家公司淨利都是 60：

	甲		乙	
淨利	60		60	
資產負債表	5	4	10	9
		1		1
	5	5	5	5
ROE	60/1		60/1	

ROE 分解：

甲：$60 = \frac{60}{5} \times \frac{5}{1} = 12 \times 5$

乙：$60 = \frac{60}{10} \times \frac{10}{1} = 6 \times 10$

上述我們可以發現甲、乙兩公司的 ROE 相同，然而經過進一步分析，我們發現其實甲公司的 ROA $(= \frac{60}{5})$ 比乙公司 $(\frac{60}{10})$ 高，也就是說甲公司的投資成果較佳。所以如果甲公司和乙公司一樣投資 10 元資產，則其 ROE = 12 × 10 = 120。那麼為什麼甲公司不投資 10 元資產呢？那是因為甲公司比較保守，自己有 1 元只敢借 4 元的錢，所以只能買 5 元的資產。同樣的，如果甲公司大膽一點和乙公司一樣去借 9 元買到 10 元的資產，那麼 ROE = 12 × 10 = 120。

看到這裡我們清楚的發現有膽量借錢會讓獲利倍增，當然，如果淨利為負自然也會使損失倍增，這種效果像蹺蹺板一樣，我們稱為「槓桿效果」。

透過上述分析我們發現相同的 ROE 可能來自於不同資產投資效能，以及不同的負債程度，這可以幫助我們理解公司的真實狀態，並加以改進。上述 ROE 比率乍看之下以為二家公司一樣好，但細分之後我們發現乙公司的資產投資效能還需要加加油!!

3. 解析 ROA

$$\text{資產報酬率} = \frac{\text{淨利（Net Income）}}{\text{資產 (Asset)}}$$

代表每投資 1 元資產可以賺得的利潤。也就是資產的投資效能。如同 ROE 可以進一步分解般，ROA 也可進一步做分析：

$$ROA = \frac{\text{淨利 (Net Income)}}{\text{銷貨收入 (Sales)}} \times \frac{\text{銷貨收入 (Sales)}}{\text{資產 (Asset)}}$$

$$= \text{利潤邊際} \times \text{資產周轉率}$$

左半部代表「利潤邊際」(Profit Margin, PM)，代表每做 1 塊錢生意，可以賺得的利潤。

右半部代表「資產周轉率」(Asset Turnover, AT)，代表每投資 1 元資產可以做多少生意，亦即資產運用效率。所以 ROA = PM × AT。

沿用前述例子：

<table>
<tr><th></th><th>甲公司</th><th>乙公司</th></tr>
<tr><td>淨利</td><td>60</td><td>60</td></tr>
<tr><td>銷貨收入</td><td>20</td><td>20</td></tr>
<tr><td>資產負債表</td><td><table><tr><td rowspan="2">5</td><td>4</td></tr><tr><td>1</td></tr><tr><td>5</td><td>5</td></tr></table></td><td><table><tr><td rowspan="2">10</td><td>9</td></tr><tr><td>1</td></tr><tr><td>5</td><td>5</td></tr></table></td></tr>
<tr><td>ROE</td><td>60</td><td>60</td></tr>
<tr><td>ROA</td><td>$\frac{60}{5} = 12$</td><td>$\frac{60}{10} = 6$</td></tr>
<tr><td>ROA 分解</td><td>?</td><td>?</td></tr>
</table>

我們剛才發現，同樣是 ROE = 60 的公司，其實乙公司的投資效能較低，也就是 ROA 比較低 (6 < 12)。然而，ROA 低究竟是由於資產周轉率低或者是由於邊際利潤低呢？這時我們開始要考慮兩公司的銷貨情形。假設甲、乙公司銷貨收入等於 20，那麼我們可以發現：

$$\text{甲公司：}ROA = \frac{60}{20} \times \frac{20}{5} = 3 \times 4$$

$$\text{乙公司：}ROA = \frac{60}{20} \times \frac{20}{10} = 3 \times 2$$

經過上述分析，我們終於找到乙公司 ROA 較低的主要來源在於乙公司的「資產周轉率」較低（只有 2）。可見雖然甲、乙二公司每做 1 塊錢生意可以賺得的利潤相同，可是甲公司只要投入 5 元就可以做 20 元的生意（甲公司周轉率 $= \frac{20}{5} = 4$），但是乙公司卻必須投入 10 元才能做 20 元的生意（乙公司周轉率 $= \frac{20}{10} = 2$）。

4. 杜邦等式

綜合前面對 ROE 以及 ROA 的分析，讓我們清楚的瞭解：

$$\begin{aligned} ROE &= ROA \times EM \\ &= PM \times AT \times EM \end{aligned}$$

這便是有名的杜邦等式 (Du-Pont Identity)。

杜邦等式清楚的告訴我們，ROE 受到下列三個因子影響：

(1)獲利能力：以利潤邊際 (Profit Margin, PM) 表示。

(2)資產使用效能：以資產周轉率 (Asset Turnover, AT) 表示。

(3)財務結構：以權益乘數 (Equity Multiplier, EM) 表示。

一家公司利潤邊際愈高，資產周轉率愈高，權益乘數愈高，其股東的權益報酬率就愈高。

四、比率分析的類別與試算

1. 獲利能力

最具代表性的比率是利潤邊際，它會受到銷貨成本、營業費用以及稅的影響，所以觀察這三者相對於營收的比率，可以幫助我們瞭解公司的營運管理。

下文列出與獲利能力相關的比率（相關數據引用表 2–5，表 2–6）：

$$\text{利潤邊際 PM} = \frac{\text{淨利}}{\text{銷貨收入}}$$

$$= \frac{\$9{,}969{,}453}{\$95{,}112{,}470} = 10.48\%$$

$$\text{資產報酬率 ROA} = \frac{\text{淨利}}{\text{總資產}}$$

$$= \frac{\$9{,}969{,}453}{\$333{,}563{,}619} = 2.99\%$$

$$\text{權益報酬率 ROE} = \frac{\text{淨利}}{\text{總權益}}$$

$$= \frac{\$9{,}969{,}453}{\$272{,}166{,}614} = 3.66\%$$

$$\text{每股盈餘 EPS (Earning Per Share)} = \frac{\text{淨利}}{\text{在外流通股數}}$$

$$= \frac{\$9,969,453}{20\text{ 億股（假設）}} = \$4.98$$

2. 資產使用效能

最具代表性的比率是資產周轉率，它表示運用資產的效率，下文將與投資決策相關的比率列出：

$$\text{資產周轉率} = \frac{\text{銷貨收入}}{\text{總資產}}$$

$$= \frac{\$95,112,470}{\$333,563,619} = 0.29$$

$$\text{存貨周轉率} = \frac{\text{銷貨成本}}{\text{存貨}}$$

$$= \frac{\$67,466,426}{\$7,395,135} = 9.12$$

$$\text{應收帳款周轉率} = \frac{\text{銷貨收入}}{\text{應收帳款}}$$

$$= \frac{\$95,112,470}{\$13,226,610} = 7.19$$

$$\text{淨營運資金周轉率} = \frac{\text{銷貨收入}}{\text{淨營運資金}}$$

$$= \frac{\$95,112,470}{\$54,110,594 - \$23,073,125} = 3.06$$

3. 財務結構

權益乘數是 ROE 裡的因子，顯示公司舉債經營的程度，亦即槓桿決策，槓桿度愈高，無法償債的風險就愈高。為衡量償債風險，我們分長、短二種分析：

(1)短期償債能力：

$$\text{流動比率} = \frac{\text{流動資產}}{\text{流動負債}}$$

$$=\frac{\$54{,}110{,}594}{\$23{,}073{,}125}=2.35$$

$$速動比率=\frac{流動資產-存貨}{流動負債}$$

$$=\frac{\$54{,}110{,}594-\$7{,}395{,}135}{\$23{,}073{,}125}=2.02$$

$$現金與流動負債比率=\frac{現金}{流動負債}$$

$$=\frac{\$30{,}658{,}085}{\$23{,}073{,}125}=1.33$$

⑵長期償債能力：

$$負債對權益比率=\frac{總負債}{總權益}$$

$$=\frac{\$61{,}397{,}005}{\$272{,}166{,}614}=0.23$$

$$長期負債比率=\frac{長期負債}{長期負債+總權益}$$

$$=\frac{\$29{,}000{,}000}{\$29{,}000{,}000+\$272{,}166{,}614}=0.10$$

$$負債對資產比率=\frac{總負債}{總資產}$$

$$=\frac{\$61{,}397{,}004}{\$333{,}563{,}619}=0.18$$

$$權益乘數=\frac{總資產}{總權益}$$

$$=\frac{\$333{,}563{,}619}{\$272{,}166{,}614}=1.23$$

此外，融資產生的利息成本也是衡量償債能力的關鍵，假設利息費用是負債總額的 10%，就是 $6,139,700。

$$利息保障倍數 = \frac{息前稅前盈餘}{利息}$$

$$= \frac{\$6,360,303 + \$6,139,700}{\$6,139,700} = 2.04$$

4. 市價比率

$$本益比 = \frac{每股股價}{每股盈餘}$$

$$= \frac{\$90（假設）}{\$4.98} = 18$$

$$市價帳面價值比 = \frac{每股股價}{每股帳面淨值}$$

$$= \frac{\$90}{\$272,166,614 \div 20 億股（假設）} = 0.66$$

表 2–5、表 2–6 是台積電主要財務報表的實例，包括資產負債表、損益表，供讀者參考與驗算。

表 2–5　台積電財務報表 (I)

台積電
資產負債表
2001 年及 2002 年 9 月 30 日　　　單位：新臺幣千元

	2001		2002	
	金　額	%	金　額	%
資　產				
流動資產：				
現金及約當現金	64,516,454	17.09	30,658,085	9.19
應收票據淨額	30,889	0.00	114,524	0.03
應收帳款淨額	6,737,946	1.78	13,226,610	3.96
應收帳款——關係人淨額	11,135,659	2.95	368,869	0.11
存　貨	13,321,458	3.52	7,395,135	2.21
其他流動資產	4,662,227	1.23	2,347,371	0.70
流動資產合計	100,404,633	26.60	54,110,594	16.22

基金及長期投資:				
基金及長期投資	36,348,928	9.63	33,950,449	10.17
固定資產:				
房屋及建築	67,640,598	17.92	50,718,361	15.20
機器設備	284,024,938	75.24	237,565,591	71.22
辦公設備	5,779,890	1.53	4,645,308	1.39
固定資產合計	357,445,426	94.70	292,929,260	87.81
累計折舊	(177,804,640)	(47.10)	(128,769,934)	(38.60)
未完工程及預付設備款	37,864,711	10.03	55,418,377	16.61
固定資產淨額	217,505,497	57.62	219,577,703	65.82
無形資產合計	2,700,024	0.71	3,048,414	0.91
其他資產:				
出租資產	87,966	0.02	572,701	0.17
存出保證金	579,147	0.15	816,536	0.24
遞延費用	8,378,661	2.21	3,171,935	0.95
遞延所得稅資產	11,428,625	3.02	18,306,037	5.48
其他資產	9,250	0.00	9,250	0.00
其他資產合計	20,483,649	5.42	22,876,459	6.85
資產總計	377,442,731	100.00	333,563,619	100.00
負債及股東權益				
負　債				
流動負債:				
應付帳款	4,645,596	1.23	1,983,154	0.59
應付帳款——關係人	2,830,264	0.74	1,793,640	0.53
應付費用	7,419,677	1.96	5,209,992	1.56
其他應付款項	17,451,662	4.62	14,086,339	4.22
一年或一營業週期內到期長期負債	9,000,000	2.38	0	0.00
流動負債合計	41,347,199	10.95	23,073,125	6.91
長期負債:				
應付公司債	35,000,000	9.27	29,000,000	8.69
長期應付票據及款項	3,648,931	0.96	0	0.00
長期負債合計	38,648,931	10.23	29,000,000	8.69
其他負債:				
退休金準備——應計退休金負債	2,178,064	0.57	1,867,601	0.55

存入保證金	1,507,971	0.39	7,149,805	2.14
其他負債	153,237	0.04	306,474	0.09
其他負債合計	3,839,272	1.01	9,323,880	2.79
負債總計	83,835,402	22.21	61,397,005	18.40
股東權益				
普通股股本	186,228,867	49.33	168,325,531	50.46
特別股股本	13,000,000	3.44	13,000,000	3.89
資本公積：				
資本公積──庫藏股票交易	43,036	0.01	0	0.00
資本公積──合併溢額	56,961,753	15.09	55,285,821	16.57
資本公積合計	57,004,789	15.10	55,285,821	16.57
保留盈餘：				
法定盈餘公積	18,641,108	4.93	17,180,067	5.15
特別盈餘公積	0	0.00	349,941	0.10
未提撥保留盈餘	19,598,315	5.19	17,306,293	5.18
保留盈餘合計	38,239,423	10.13	34,836,301	10.44
股東權益其他調整項目：				
未實現長期股權投資損失	(68,960)	(0.01)	(167,908)	(0.05)
累積換算調整數	1,117,910	0.29	886,869	0.26
股東權益其他調整項目合計	1,048,950	0.27	718,961	0.21
庫藏股票	(1,914,700)	(0.5)	0	0.00
股東權益總計	293,607,329	77.78	272,166,614	81.59
負債與股東權益總計	377,442,731	100.00	333,563,619	100.00

表 2–6　台積電財務報表 (II)

台積電
損益表
2001 年及 2002 年 9 月 30 日　　單位：新臺幣千元

	2001		2002	
	金　額	%	金　額	%
銷貨收入總額	122,717,952	100.00	95,112,470	100.00
銷貨退回	2,910,766	2.37	2,354,083	2.48
銷貨收入淨額	119,807,186	97.63	92,758,387	97.52
營業收入合計	119,807,186	97.63	92,758,387	97.52
營業成本合計	78,522,219	63.99	67,466,426	70.93
營業毛利（毛損）	41,284,967	33.64	25,291,961	26.59
營業費用：				
推銷費用	873,312	0.71	1,729,154	1.82
管理及總務費用	3,837,512	3.13	4,338,589	4.56
研究發展費用	8,049,225	6.56	7,741,184	8.14
營業費用合計	12,760,049	10.40	13,808,927	14.52
營業淨利（淨損）	28,524,918	23.24	11,483,034	12.07
營業外收入：				
利息收入	770,208	0.63	1,178,585	1.24
處分固定資產利益	255,480	0.21	18,451	0.02
什項收入	369,543	0.30	461,941	0.49
營業外收入合計	1,395,231	1.14	1,658,977	1.74
營業外支出：				
利息費用	1,633,817	1.33	1,397,979	1.47
投資損失	3,554,173	2.90	4,681,528	4.92
處分固定資產損失	119,109	0.10	24,913	0.03
兌換損失	101,254	0.08	446,726	0.47
什項支出	477,054	0.39	230,562	0.24
營業外支出合計	5,885,407	4.80	6,781,708	7.13
繼續營業部門稅前淨利(淨損)	24,034,742	19.59	6,360,303	6.69
所得稅費用（利益）	4,977,225	4.06	(3,609,150)	(3.79)
繼續營業部門淨利（淨損）	19,057,517	15.53	9,969,453	10.48
停業部門損益		0.00		0.00
本期淨利（淨損）	19,057,517	15.53	9,969,453	10.48

肆、作　業

1. 衡量公司在某一個時間點財務狀況（存量）的財務報表為?
2. 衡量公司在某段期間營運結果的財務報表為何?
3. 資產負債表裡的負債，依償還期限可分為哪兩個部分?
4. 將兩家規模不同公司的報表「標準化」，由相對數字去比較的分析方法為何?
5. 何謂「淨營運資金」(Net Working Capital)?
6. 由現金的角度來看，「現金的使用」和「現金的來源」分別位於資產負債表的哪個地方?
7. 何謂「會計恆等式」(Balance Sheet Indentity)?
8. 息前稅前盈餘 (EBIT) 與淨利 (Net Income) 之間的關係為何?
9. 杜邦等式主要是由哪個指標發展出來的? 並說明主要受哪些因素影響?
10. 處理共同比分析時，資產負債表和損益表裡的基準比較項目分別為何?
11. 流動比率和速動比率為何? 兩者有何差異? 請簡述之。
12. 資產報酬率 (ROA) 主要受到哪兩種因素影響? 請簡述其意義。
13. 在衡量公司的財務結構時，為了瞭解公司所賺的錢是否足夠支付債權人的利息，我們可以藉由哪個比率窺知? 並請簡述之。
14. 為了衡量一家公司的資產使用效率，我們可以藉由哪些指標來判斷?
15. 以下是中山公司的簡易財務報表，資料如下：

資產負債表　（單位：萬元）

流動資產	1,000	應付帳款	200
固定資產	2,000	短期借款	300
		長期負債	1,500
		股東權益	1,000
總資產	3,000	總負債加權益	3,000

損益表　（單位：萬元）	
銷貨收入	2,500
銷貨成本	1,100
收售和管理費用	50
稅前息前盈餘	1,350
利息費用	350
稅前盈餘	1,000
稅 (40%)	400
淨　利	600

請計算：

(1)權益報酬率 (ROE) 為何?

(2)資產報酬率 (ROA) 為何?

(3)資產周轉率為何?

(4)流動比率為何?

(5)負債對權益比率為何?

(6)淨營運資金 (NWC) 為何?

(7)權益乘數為何?

第三章　貨幣的時間價值

壹、前　言

決策者在某特定時點付出金錢，而在另一個特定時點將金錢回收。但在兩個不同時點付出與回收的金錢，其價值並不一樣。因此，當公司在制定財務決策時，經營管理階層必須認清此種因時點不同而產生的金錢在價值上的差異。造成此種貨幣在時間價值上的差異，主要是由於利率的因素存在，導致貨幣在不同時間點上有不同的價值。同樣的一張面額 1 千元的新臺幣，其今日的貨幣時間價值大於 1 年後的貨幣時間價值，也就是說今日的 1 千元比 1 年後的 1 千元來得有價值。

本章主要介紹折算現金流量分析中的重要觀念，包括現值、終值、年金、折現及複利，其可以廣泛應用於公司的財務決策和一般日常生活中，於此將說明如何應用以做出適當的決策，是為本章的主要重心所在。

一、終　值

貨幣在未來某特定時點的價值，此種計算目前貨幣的未來價值的程序，稱為複利 (Componding)。

終值 (Future Value, FV) 的一般式：

$$\begin{aligned} FV &= PV \times (1+K)^n \\ &= FV \times FVIF\,(K, n) \end{aligned}$$

FV：終值

PV：現值 (Present Value)

n：期數

FVIF：終值利率因子 (Future Value Interest Factor)

範例 3–1

老王經營水果批發獲利 1 萬元，欲將其存入銀行帳戶中，利息每年按 10% 算，則 3 年後本利和為何？

解：方法一：

第 1 年年底 $V_1 = \$10,000 \times (1 + 10\%) = \$11,000$

第 2 年年底 $V_2 = \$11,000 \times (1 + 10\%) = \$10,000 \times (1 + 10\%)^2 = \$12,100$

第 3 年年底 $V_3 = \$12,100 \times (1 + 10\%) = \$10,000 \times (1 + 10\%)^3 = \$13,310$

	0	1	2	3
$V_0 = \$10,000$	→	$V_1 = \$11,000$		
	→	→	$V_2 = \$12,100$	
	→	→	→	$V_3 = \$13,310$

方法二：查終值利率因子表

$$V_3 = \$10,000 \times \text{FVIF}(10\%, 3)$$
$$= \$10,000 \times 1.3310$$
$$= \$13,310$$

$\text{FVIF}(K\%, n) = (1 + K\%)^n$

期　數	8%	9%	10%	11%
1	1.0800	1.0900	1.1000	1.1100
2	1.1664	1.1881	1.2100	1.2321
3	1.2597	1.2950	1.3310	1.3676
4	1.3605	1.4116	1.4641	1.5181
5	1.4693	1.5386	1.6105	1.6851

∴ 3 年後本利和為 \$13,310。

二、現　值

未來的貨幣在今日的價值，此種將未來的貨幣折算成目前的程序，稱為折現 (Discounting)。

現值 (Present Value, PV) 的一般式：

$$PV_0 = \frac{FV}{(1+K)^n}$$

$$= FV \times PVIF(K, n)$$

PVIF：現值利率因子

範例 3-2

小威想在 4 年後購買一部價值 5 萬元的機車，假設在這 4 年中銀行的年利率均維持在 8%，則小威目前應存入多少錢於銀行中？

解：方法一：

$$PV_0 = \frac{\$50,000}{(1+8\%)^4} = \$36,751$$

0　1　2　3　4

$36,750 ←———— $50,000

方法二：查現值利率因子表

$$PV_0 = \$50,000 \times PVIF(8\%, 4)$$

$$= \$50,000 \times 0.7350$$

$$= \$36,750$$

$$PVIF(K\%, n) = \frac{1}{(1+K\%)^n}$$

期　數	6%	7%	8%	9%
3	0.8396	0.8163	0.7938	0.7722
4	0.7921	0.7629	0.7350	0.7084
5	0.7473	0.7130	0.6806	0.6499
6	0.7050	0.6663	0.6302	0.5963
7	0.6651	0.6227	0.5835	0.5470

三、年　金

年金 (Annuity, A) 是指在一定期間內，定期支付或收入一系列等額的現金流量。

年金因支付的時點不同，可分為：

(1)現金流量發生在每期期末，稱為普通年金或遞延年金。

(2)現金流量發生在每期期初，稱為期初年金或到期年金。

1. 普通年金：一系列的等額現金流量於每期期末發放

設一普通年金每期支付 C 元，共支付 n 期，年利率為 K%。

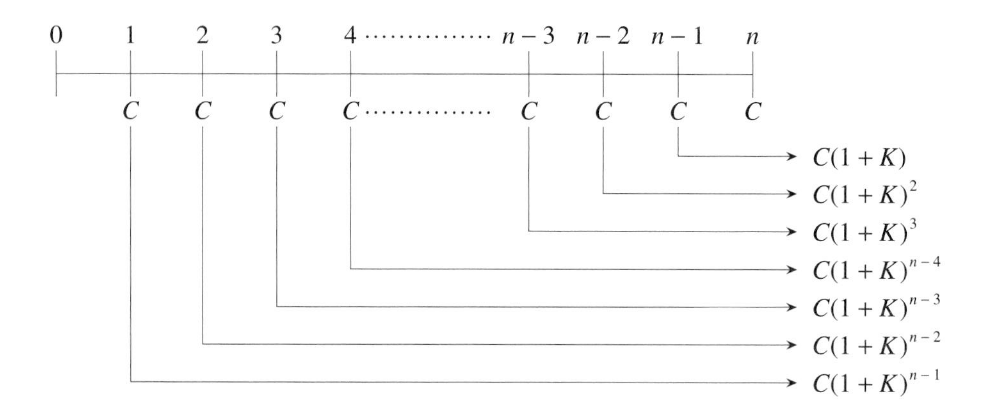

普通年金終值

$$= C(1+K)^{n-1} + C(1+K)^{n-2} + \cdots + C(1+K)^2 + C(1+K) + C$$

$$= C \cdot [(1+K)^{n-1} + (1+K)^{n-2} + \cdots + (1+K)^2 + (1+K) + 1]$$

$$= C \cdot [\frac{(1+K)^{n-1}}{(1+K)-1}]$$

$$= C \cdot [\frac{(1+K)^{n-1}}{K}]$$

$$= C \cdot \text{FVIFA}(K\%, n)$$

其中，FVIFA$(K\%, n)$ 為年金終值利率因子。

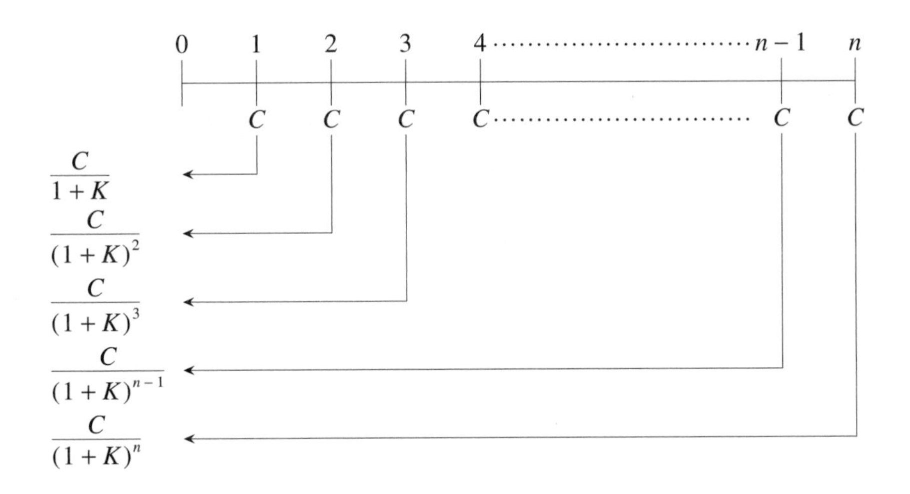

普通年金現值

$$= \frac{C}{1+K} + \frac{C}{(1+K)^2} + \frac{C}{(1+K)^3} + \cdots + \frac{C}{(1+K)^{n-1}} + \frac{C}{(1+K)^n}$$

$$= C \cdot [\frac{1}{1+K} + \frac{1}{(1+K)^2} + \frac{1}{(1+K)^3} + \cdots + \frac{1}{(1+K)^{n-1}} + \frac{1}{(1+K)^n}]$$

$$= C \cdot \frac{1 - [1 - \frac{1}{(1+K)^n}]}{K}$$

$$= C \cdot \text{PVIFA}(K\%, n)$$

其中，PVIFA$(K\%, n)$ 為年金現值利率因子。

範例 3–3

為了支應 20 年後退休時之生活費用，小王從每年薪資提撥 8 萬元於銀行定存，定存的年利率為 5%，則在小王退休時已累積多少生活費用？

解：

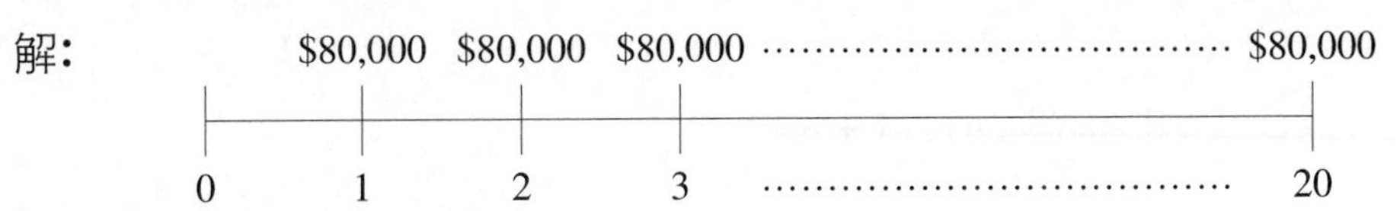

$$FV_{20} = \$80,000 \times FVIFA(5\%, 20)$$
$$= \$80,000 \times 33.0660$$
$$= \$2,645,280$$

範例 3–4

陳媽媽最近買了一棟新房子，不足款項向銀行貸款，每年必須支付 6 萬 5 千元的房貸本息，為期 30 年，年利率為 7%，陳媽媽應向銀行貸款多少錢？

解：

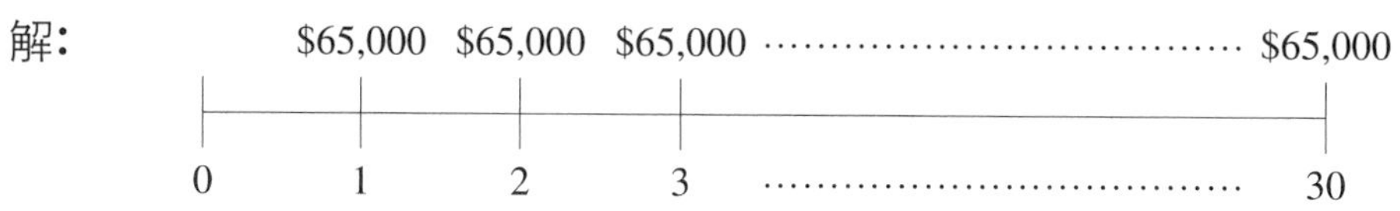

$$PV_0 = \$65,000 \times PVIFA(7\%, 30)$$
$$= \$65,000 \times 12.4090$$
$$= \$806,585$$

2. 期初年金：一系列的等額現金流量於每期期初支付

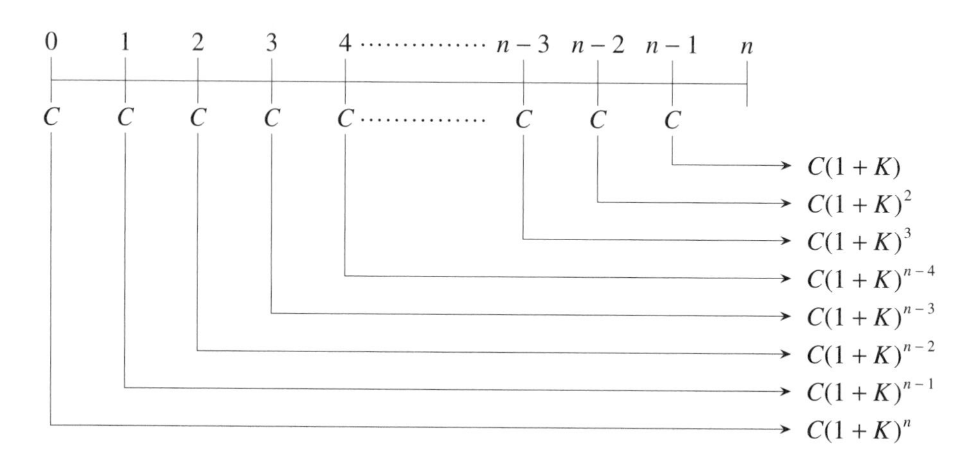

期初年金終值

$$= C(1+K)^n + C(1+K)^{n-1} + \cdots + C(1+K)^2 + C(1+K)$$
$$= C \cdot [(1+K)^n + (1+K)^{n-1} + \cdots + (1+K) + 1] \cdot (1+K)$$
$$= C \cdot FVIFA(K\%, n) \cdot (1+K)$$

由於普通年金的每期現金流量較期初年金晚一期，所以期初年金終值比普通年金終值多複利一次。

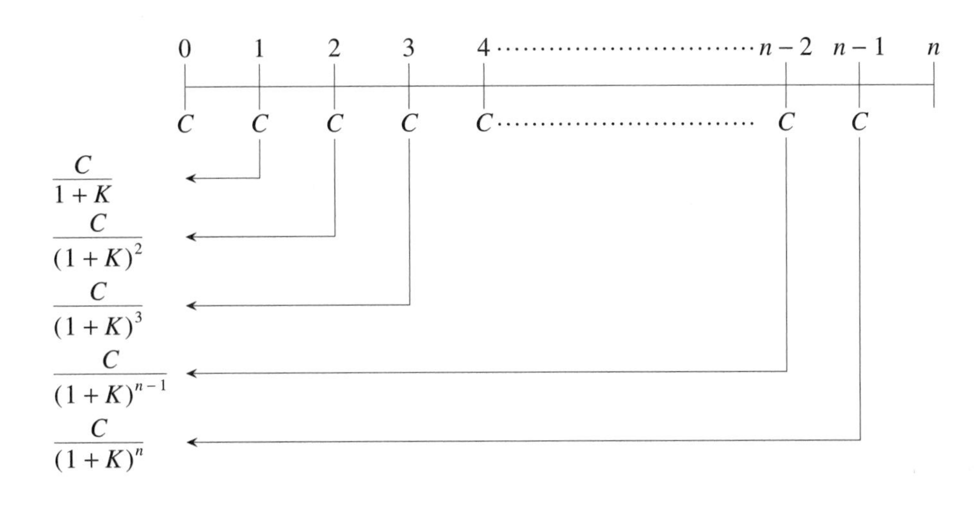

期初年金現值

$$= C + \frac{C}{1+K} + \frac{C}{(1+K)^2} + \frac{C}{(1+K)^3} + \cdots + \frac{C}{(1+K)^{n-1}}$$

$$= C \cdot [1 + \frac{1}{(1+K)} + \frac{1}{(1+K)^2} + \frac{1}{(1+K)^3} + \cdots + \frac{1}{(1+K)^{n-2}}$$

$$+ \frac{1}{(1+K)^{n-1}}]$$

$$= C \cdot [\frac{1}{1+K} + \frac{1}{(1+K)^2} + \frac{1}{(1+K)^3} + \cdots + \frac{1}{(1+K)^n}] \cdot (1+K)$$

$$= C \cdot \text{PVIFA}(K\%, n) \cdot (1+K)$$

範例 3–5

大有公司在年初購買一批新機器，以分期付款方式支付，每月月初支付 25,000 元給廠商，預定 3 年結清，年利率為 12%，則此批新機器在今日的市價為何?

解：

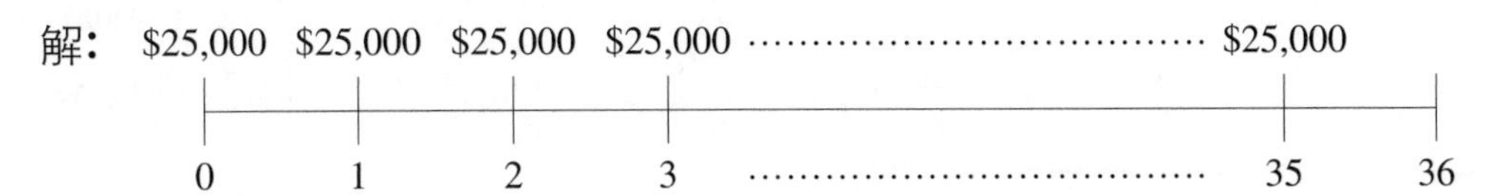

每月月初支付 25,000 元，所以為期初年金。

3 年共 $3 \times 12 = 36$ 期

$$K = \frac{12\%}{12} = 1\%$$

$$\begin{aligned} PV_0 &= \$25{,}000 \times PVIFA(1\%, 36) \times (1 + 1\%) \\ &= \$25{,}000 \times 30.1075 \times 1.01 \\ &= \$760{,}214.375 \end{aligned}$$

範例 3–6

陳先生購買一張樂透彩券，在得知中了一筆 500 萬元的獎金後，其有兩種方式領取獎金，一為一次提領，一為在每個月月初提領 190,000 元，分 40 個月提領完，在年利率為 24% 下，何種提領方式較有利？

解：$190,000 $190,000 $190,000 $190,000 ································ $190,000

0　1　2　3　································　39　40

此為期初年金：

$$K = \frac{24\%}{12} = 2\%$$

$$\begin{aligned} PV_0 &= \$190{,}000 \times PVIFA(2\%, 40) \times (1 + 2\%) \\ &= \$190{,}000 \times 27.3555 \times 1.02 \\ &= \$5{,}301{,}495.9 > \$5{,}000{,}000 \end{aligned}$$

∴以每個月月初提領 19,000 元較有利。

3. 永續年金

一般的年金都有一定的支付期限，而永續年金支付則是沒有期限，也就是說其為沒有到期日的年金。在歷史上，英國政府於 1815 年，為了籌措資金償還之前英法戰爭時，所發行的其他小額公債，而發行的統合公債 (Consol Bond)，其無到期日存在，只是不斷地於每期支付一定的利息，就是一種永續債券的例子。

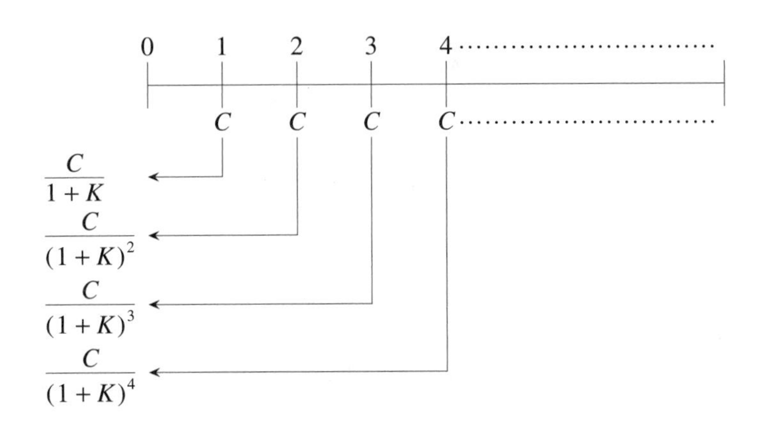

永續年金現值

$$= \frac{C}{1+K} + \frac{C}{(1+K)^2} + \frac{C}{(1+K)^3} + \cdots$$

$$= C \cdot [\frac{1}{(1+K)} + \frac{1}{(1+K)^2} + \frac{1}{(1+K)^3} + \cdots]$$

$$= C \cdot \frac{\frac{1}{1+K}}{1 - \frac{1}{1+K}}$$

$$= \frac{C}{K}$$

範例 3–7

李四購買一張永續債券，每年支付 200 元的利息，若年利率為 9%，則此張債券今日的市價為何?

解：$PV_0 = \frac{\$200}{9\%} = \$2,222.22$

範例 3–8

大成公司正評估一 5 千萬元的投資計畫的可行性，其未來的現金流量如下表，資金成本為 10%，請問公司是否應投資此計畫?

年	現金流量
5	$5,000,000
6	1,400,000
7	1,600,000
8	2,450,000
9	3,300,000
10	4,250,000

解:

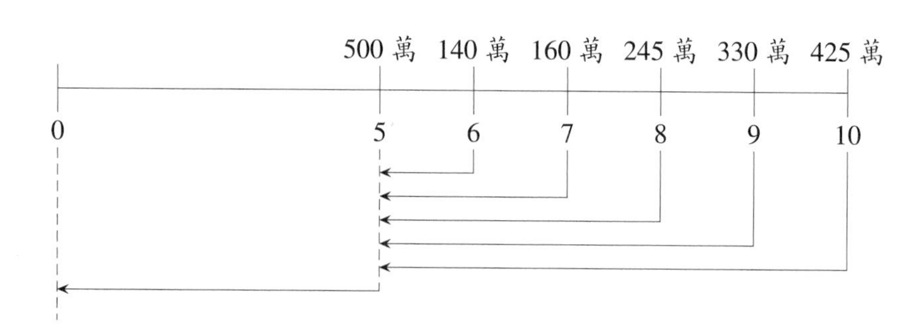

$$PV_0 = \frac{1}{(1+10\%)^5} \cdot [\$5,000,000 + \frac{\$1,400,000}{1+10\%} + \frac{\$1,600,000}{(1+10\%)^2}]$$

$$+ \frac{\$2,450,000}{(1+10\%)^3} + \frac{\$3,300,000}{(1+10\%)^4} + \frac{\$4,250,000}{(1+10\%)^5}]$$

$$= \frac{1}{1.1^5} \times \$98,286.2261$$

$$= \$61,028,013.55 > \$50,000,000$$

利潤 $= \$61,028,013.55 - \$50,000,000 = \$11,028,013.55$

∴應投資此計畫，可獲利 11,028,013.55 元。

貳、分期償還貸款

在日常生活當中，常可見到利用分期付款的方式來購買商品。分期償還貸款 (Amortized Loan) 即是將原本應按期支付利息和到期還本的貸款之現值，轉化成現值相等的年金來支付。在貸款期間分期償還相同的金額，並支付一個事先約定好的利息，通常會使用攤銷表，顯示每期償還的金額中，哪些屬於利息，哪些屬於本金的償還。現金流量示意圖如下:

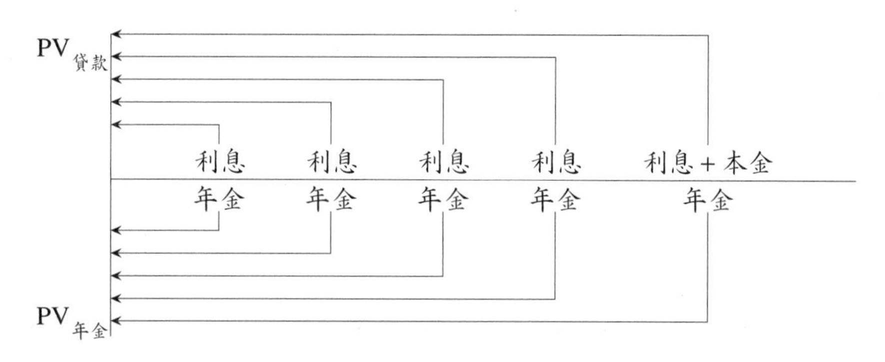

由示意圖可知，貸款的現值（$PV_{貸款}$）等於年金的現值（$PV_{年金}$）。

範例 3–9

宋先生購買一輛價值 120 萬元的新車，頭期款為 20 萬元，其餘金額以分期付款方式支付，預定 5 年攤還完畢，若年利率為 8%，則每年應還多少錢？其中利息和本金的償還又該如何分配？

解：餘款 = \$1,200,000 – \$200,000 = \$1,000,000

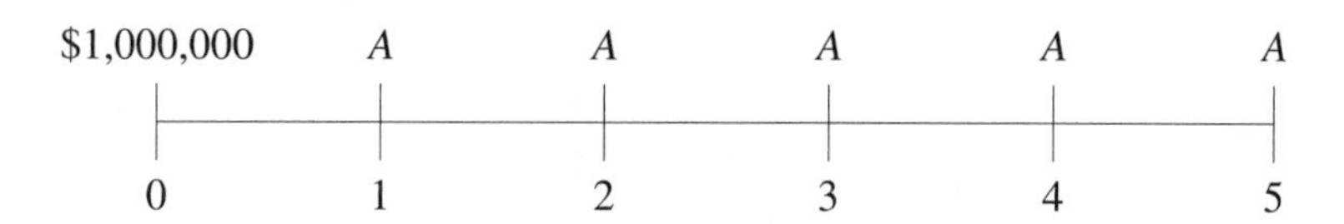

\$1,000,000 的餘款以年金方式償還，每年支付 A 元年金之現值為 \$1,000,000

$$\$1,000,000 = A \times PVIFA(8\%, 5) = A \times 3.9927$$

$$\therefore A = \$250,457$$

年	支付	利息	本金償還	餘額
0	–	–	–	\$1,000,000
1	\$ 250,457	\$ 80,000	\$ 170,457	829,543
2	250,457	66,363	184,094	645,449
3	250,457	51,636	198,821	446,628
4	250,457	35,730	214,727	231,901
5	250,457	18,552	231,901	0
	\$1,252,281	\$252,281	\$1,000,000	

註：利息＝上期餘額×8%
本金償還＝支付－利息
本期餘額＝上期餘額－本金償還

參、隱含利率

現值或終值的計算中，包含如時間、金額、利率及期數等四個變數，若其中一個變數未知，則在其他變數已知下，則可求出該值。若利率未知時，則利用其他已知變數所求算出來的利率便是隱含利率。

範例 3–10

湯臣公司評估一投資計畫的現金流量如下，則湯臣公司在此投資案的報酬率為何？

年	現金流量
0	–\$50,000
1	14,000
2	15,000
3	20,000
4	25,000

解：

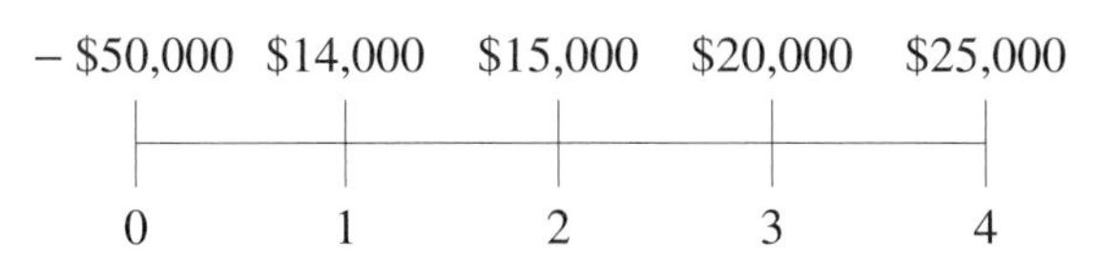

$$PV = -\$50{,}000 + \$14{,}000 \times PVIF(K\%, 1) + \$15{,}000 \times PVIF(K\%, 2) + \$20{,}000 \times PVIF(K\%, 3) + \$25{,}000 \times PVIF(K\%, 4)$$

利用試誤法的方式求出 K 值的接近數字。

當 $K = 15\%$，$PV = \$960.22884$

當 $K = 16\%$，$PV = -\$163.16005$

欲使 $PV = 0$ 之 K 值介於 15% ～ 16% 之間，再使用內插法求出更精細的近似值：

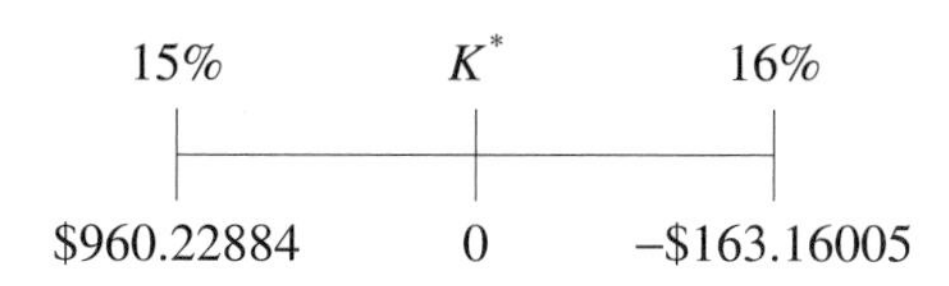

$$\frac{K^* - 15\%}{0 - \$960.22884} = \frac{16\% - 15\%}{-\$163.16005 - \$960.22884}$$

$$K^* = 15.8548\%$$

∴此投資案的報酬率為 15.8548%。

範例 3–11

成勝公司正在籌措周轉金 450 萬元，考慮以下兩種方案：

⑴甲銀行提供 4 年的貸款，年利率以 10% 計，於每年年底付息。

⑵乙銀行提出 4 年期貸款，但不收取任何利息費用，到期還本 650 萬元。

試問：成勝公司應採行何種方案較有利？

解：方法一：比較終值

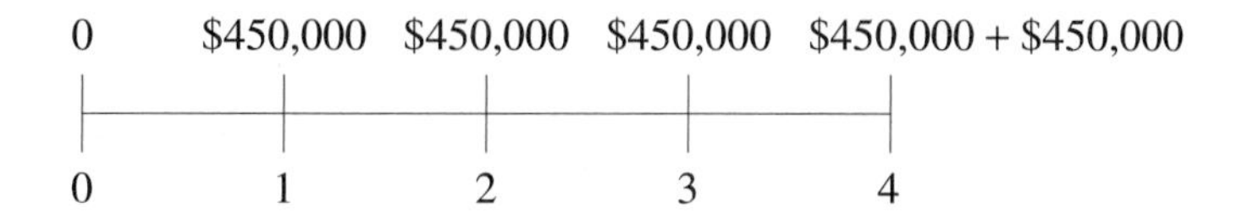

$$利息 = \$4,500,000 \times 10\% = \$450,000$$

$$\begin{aligned} FV &= \$450,000 \times FVIFA(10\%, 4) + \$4,500,000 \\ &= \$450,000 \times 4.6410 + \$4,500,000 \\ &= \$6,588,450 > \$6,500,000 \end{aligned}$$

∴乙方案較有利。

方法二：比較現值

若乙銀行提供給成勝公司的貸款利率也是 10%，則實際貸款金額應為多少才合理？

$$PV = \frac{\$6,500,000}{(1 + 10\%)^4} = \$4,439,587.46$$

到期還款 $6,500,000 之現值為 $4,439,587.46，即在利率為 10% 下，乙銀

行應借款成勝公司 \$4,439,587.46，但卻借給其 \$4,500,000。

∴乙方案較有利。

方法三：比較隱含利率

計算乙方案之隱含利率：

$$\$6,500,000 = \$4,500,000 \times \text{FVIF}(K^{*}\%, 4)$$

$$\text{FVIF}(K^{*}\%, 4) = 1.4444$$

$$\text{FVIF}(9\%, 4) = 1.4116$$

$$\text{FVIF}(10\%, 4) = 1.4641$$

9%	K^{*}	10%
1.4116	1.4444	1.4641

$$\frac{K^{*} - 9\%}{1.4444 - 1.4116} = \frac{10\% - 9\%}{1.4641 - 1.4116}$$

$$K^{*} = 9.6248\% < 10\%$$

∵乙方案提供的貸款利率為 9.6248% 比甲方案的 10% 為低。

∴乙方案較有利。

肆、有效利率

一般通稱的利率為名目利率，常以「年」表示，即利息 1 年複利 1 次。但由於複利期間並非皆為 1 年，因此不同複利期間所形成的有效利率也會有所不同。在相同的貸款期間內，當複利次數頻率增加時，會增加最終的本利和，所以真正的利率是不同的。

範例 3-12

小張有一筆 5 萬元的存款，在年利率為 16% 下，且每季複利 1 次，則 1 年後的本利和為何？此存款的有效利率為何？

解：年利率 = 16%

$$每季利率 = \frac{16\%}{4} = 4\%$$

$$\$50,000 \times (1 + 4\%)(1 + 4\%)(1 + 4\%)(1 + 4\%)$$
$$= \$50,000 \times (1 + 4\%)^4$$
$$= \$58,492.928$$

$$利息 = \$58,492.928 - \$50,000 = \$8,492.928$$

$$有效利率 = \frac{\$8,492.928}{\$50,000} = 16.99\%$$

有效利率是在特定付息條件下的真正利率水準，有助於比較當複利期間不同時，其所提供的實際報酬率為何。

$$有效利率 = (1 + \frac{K\%}{m})^m - 1$$

$K\%$：名目利率

m：1 年內複利次數

範例 3–13

有效利率為 12%，每個月複利 1 次，則有效利率為何？

解：$有效利率 = (1 + \frac{12\%}{12})^{12} - 1 = 12.68\%$

可將有效利率應用在終值與現值之計算。

範例 3–14

BILL 公司向銀行貸款 150 萬元，為期 2 年，年利率 15%，每 4 個月複利 1 次，則到期時應還銀行多少錢？

解：每 4 個月複利一次 ⇒ 1 年複利 3 次

$$\$1,500,000 \times (1 + \frac{15\%}{3})^{3 \times 2} = \$2,010,143.461$$

伍、作　業

1. 何謂貨幣的時間價值?
2. 終值與現值的關係為何?
3. 何謂利率因子?
4. 今日的新臺幣 1 元和 1 年後的新臺幣 1 元價值是否相等?
5. 何謂年金?
6. 何謂名目利率、有效利率?
7. 何謂永續年金?
8. 小偉現在是大一新鮮人，他想要在大四畢業的時候能夠出國遊學，假設現在利率每年 5%，且小偉打算採用定存的投資方法（每年複利一次），遊學預計的費用是新臺幣 30 萬元，請問他現在要存多少錢在銀行才可以?
9. 為了支應 10 年後小孩上大學的學費，小宏現在每年從薪資提撥 5 萬元放銀行定存，假設定存年利率 7%，則等到小孩子上大學的時候，請問教育基金已經有多少錢了?
10. 小偉借了小張 10 萬元，在年利率 10% 之下，且每半年複利一次，則 2 年後本利和為多少? 此存款的有效利率為何?
11. 小友購買了一張永續債券，每年支付 300 元，且年利率為 8%，請問此張永續債券現在的價值為何?
12. 劉先生買了一部 240 萬元的跑車，頭期款為 40 萬元，其餘金額以分期付款方式支付，預計 5 年攤還完畢，若年利率為 10%，則每年應該還多少錢? 而每年的利息和本金應該如何分配?
13. 卜蜂食品向銀行貸款 1,500 萬元周轉，為期 2 年，每季複利一次，且年利率為 12%，請問 2 年後卜蜂公司應該償還銀行多少錢?
14. 李媽媽跟會月初繳 1 萬元，已經有 5 個月的時間了，預計再 2 年後才會結會，會頭跟李媽媽說報酬率會有 5%，試問李媽媽可以拿到多少錢?
15. 小偉發現銀行牌告利率 1 年是 12%，但是 3 個月期的年利率卻沒有提供，請你幫小偉算 3 個月的年利率應該是多少?

第四章　風險與報酬

壹、報酬率的觀念

1. 何謂報酬 (Return)

投資人從事某投資活動，在扣除原始投資金額之後所得之金錢報酬。

2. 總報酬 (Total Return)

$$\text{總報酬} = \text{定期收益} + \text{資本利得（損失）}$$

如：股票總報酬 = 股利 + 股票資本利得

債券總報酬 = 債息收入 + 債券資本利得

3. 總報酬率 (Rate of Return)

$$\text{總報酬率} = \frac{(\text{資產期末價} - \text{資產期初價}) + \text{收益所得}}{\text{資產期初價}} \times 100\%$$

$$= \frac{\text{資本利得（損失）} + \text{收益所得}}{\text{資產期初價}} \times 100\%$$

範例 4–1

張先生 1 年前以 30 元買入一張宏電股票，期間得到 1 股 0.3 元的現金股利（一張股票有 1,000 股，故張先生得到 $0.3 \times 1{,}000 = 300$ 元的現金股利）。又張先生於今天以 33 元賣出，試求其投資報酬率。

解：期初股票價格：$30,000，期末股票價格：$33,000

期間股利收益：$300

$$故總報酬率 = \frac{(\$33,000 - \$30,000) + \$300}{\$30,000} \times 100\% = 11\%$$

4. 平均報酬率 (Average Rate of Return)

投資人從事某投資活動一段期間之後，平均每一期可賺得之報酬率。通常我們以符號 $\overline{R}$ 來代替平均報酬率。衡量平均報酬率的方法主要有兩種，一種為算術平均報酬率，另一種則為幾何平均報酬率。

(1)算術平均報酬率：

$$\overline{R} = \frac{R_1 + R_2 + R_3 + \cdots + R_n}{n} = \frac{\sum_{i=1}^{n} R_i}{n}$$

其中，n：取樣之期數

R_i：各期之報酬率

(2)幾何平均報酬率：

$$\overline{R} = \sqrt[n]{(1 + R_1) \times (1 + R_2) \times (1 + R_3) \times \cdots \times (1 + R_n)} - 1$$

5. 預期報酬率 (Expected Rate of Return)

前面介紹的報酬率皆是已經實際發生，「事後」計算之報酬率，然而預期報酬率卻是一種「事前」的觀念，它是在各種可能發生情況的加權平均結果。也就是說，預期報酬率是未來可能的發生情況與該情況發生機率之乘積的總和。公式說明如下：

$$E(R) = R_1 \times P_1 + R_2 \times P_2 + \cdots + R_n \times P_n = \sum_{i=1}^{n} R_i P_i$$

其中，R_i：各期可能發生狀況下的預期報酬率

P_i：各期可能發生狀況下的機率

範例 4–2

台積電預估明年景氣的狀況可能有復甦、持平或惡化三種，而這三種狀況的發生機率分別為 30%、30% 與 40%。在這三種狀況之下，可能發生的報

酬率分別為 20%、5% 與 –2%。試求出明年台積電的預期報酬率。

解：$\mathrm{E}(R) = R_1 \times P_1 + R_2 \times P_2 + \cdots + R_n \times P_n = \sum_{i=1}^{n} R_i P_i$

$= 0.2 \times 0.3 + 0.05 \times 0.3 + (-0.02) \times 0.4 = 0.067$

或者是 6.7% 的預期報酬率。

貳、風險的觀念

一、定義風險

⑴發生損失的風險 (Risk)，可能性愈高，風險愈大。

⑵針對「資本資產」的風險而言，可定義為在投資期間之內，實際報酬率與預期報酬率之間發生差異的可能性。可能性愈高，風險愈大，反之亦是如此。

二、風險的衡量方法

1. 變異數與標準差

⑴變異數 (Variance)：變異數是由各期報酬率與平均報酬率之差額的平方總和再除以期數得來。公式如下：

$$\sigma^2 = \frac{\sum_{t=1}^{n} (R_i - \bar{R})^2}{n} = \frac{(R_1 - \bar{R})^2 + (R_2 - \bar{R})^2 + \cdots + (R_n - \bar{R})^2}{n}$$

σ^2 代表報酬率之變異數，數值愈大，代表各期報酬率與平均值的差異就愈大，因此風險也就愈高。

⑵標準差 (Standard Deviation)：標準差即為變異數開根號所得之數值，數值的大小同樣可以用來表達風險的大小。

$$\sigma = \sqrt{\sigma^2}$$

σ 就是我們所謂的標準差。

(3)另一種表達變異數與標準差的方式：若加入了機率的觀念，則變異數與標準差可以用來表示該機率分配的離散程度，算法可改寫為：

$$\sigma^2 = \sum_{i=1}^{n} P_i \times [R_i - \mathrm{E}(R)]^2$$
$$= P_1 \times [R_1 - \mathrm{E}(R)]^2 + P_2 \times [R_2 - \mathrm{E}(R)]^2 + \cdots + P_n \times [R_n - \mathrm{E}(R)]^2$$

同理，標準差 σ 仍是變異數之開根號。

範例 4–3

年　度	年初股價	年底股價	報酬率
1990	–	\$20	–
1991	\$20	22	10%
1992	22	23	4.55%
1993	23	25	8.7%
1994	25	27	8%

在不發放股利的情形下，某公司之股價資料如上所示，試求出該公司股價之變異數與標準差。

解：我們先看看各期的報酬率如何求出：

$$R_{1991} = \frac{\$22 - \$20}{\$20} = 10\%，R_{1992} = \frac{\$23 - \$22}{\$22} = 4.55\%，$$

$$R_{1993} = \frac{\$25 - \$23}{\$23} = 8.7\%，R_{1994} = \frac{\$27 - \$25}{\$25} = 8\%，$$

$$平均報酬率\ \overline{R} = \frac{10\% + 4.55\% + 8.7\% + 8\%}{4} = 7.8\%$$

$$\sigma^2 = \frac{(10\% - 7.8\%)^2 + (4.55\% - 7.8\%)^2 + (8.7\% - 7.8\%)^2 + (8\% - 7.8\%)^2}{4}$$

$$= \frac{4.84\% + 10.5625\% + 0.81\% + 0.04\%}{4} \approx 4.06\%$$

$$\sigma = \sqrt{\sigma^2} \approx 2.02\%$$

範例 4–4

再以前題的台積電為例，分配表如下：

景氣狀況	發生機率	可能報酬	預期報酬
復甦	30%	20%	6.7%
持平	30%	5%	6.7%
惡化	40%	–2%	6.7%

試求出其變異數與標準差。

解：$\overline{R} = 6.7\%$

$$\sigma^2 = 0.3 \times (0.2 - 0.067)^2 + 0.3 \times (0.05 - 0.067)^2 + 0.4 \times (-0.02 - 0.067)^2$$
$$= 0.3 \times 0.017689 + 0.3 \times 0.000289 + 0.4 \times 0.007569$$
$$= 0.008421\ (= 0.8421\%)$$
$$\sigma = 0.091766\ (= 9.1766\%)$$

2. 變異係數

在前述的變異數與標準差中，所衡量的只是「單一資產」的風險。但由於每一資產的特性不同，若只單單以 σ^2 或 σ 來衡量風險似乎並不恰當。例如，甲、乙兩方案中，甲方案的 σ 為 9%，預期報酬率為 30%；乙方案的 σ 為 5%，預期報酬率為 15%。若只單就 σ^2 或 σ 來衡量風險，那甲方案勢必會被淘汰，卻也因此而忽略了它的高預期報酬率。因此，在選擇投資方案時，應該以「每單位預期報酬所承擔的風險」作為決策準則。變異係數 (Coefficient of Variance, CV) 的功能就是衡量不同方案之間的相對風險，解決了 σ^2 或 σ 的問題。它的公式如下：

$$CV = \frac{\sigma}{\mu} \times 100\%$$

CV：變異係數

μ：預期報酬率

因此，$CV_{甲} = \frac{0.09}{0.3} \times 100\% = 30\%$，$CV_{乙} = \frac{0.05}{0.15} \times 100\% = 33.33\%$。

由於 $CV_{甲} < CV_{乙}$，即甲方案的每單位預期報酬所承擔的風險小於乙方

案，基於風險的衡量，我們應該投資甲方案而不是投資乙方案。

參、風險的來源

以下我們討論風險的起源有哪些。

1. 利率風險 (Interest Rate Risk)

利率風險就是因為利率的波動導致實際報酬率產生變化之風險。通常利率波動對資產價值產生的作用是反向的，以債券為例，若利率上升，會使債券價格下跌，導致投資人有資本損失的風險。

2. 購買力風險（或通貨膨脹風險，Inflation Risk）

由於通貨膨脹會導致貨幣的購買力下降，實質財富也會降低，因而影響到投資者的「實質報酬率」。我們來看以下的說明。例如，若投資 1,000 元，報酬率為 10%，1 年後可得 100 元之淨報酬，也可以用 100 元買到相等價位的產品。若通貨膨脹率上升 5%，當初用 100 元買到的商品如今卻必須用 105 元才能買到，因此投資所獲得的「實質」報酬率未如當初所估算，這就是通貨膨脹導致購買力下降所產生之風險。

3. 流動性風險 (Liquidity Risk)

簡單的說，流動性的觀念❶應用在股市上可被用來解釋某股票是否可以隨時買賣的機動性與流通性。以臺灣上市和上櫃的股票來比較，上市公司的股票交易量較大，流通性也較大，價格能夠正確、客觀的表現出來，因此我們可以說上市公司的股票流動性風險較小；相反的，由於上櫃公司股票的市場較小，流通性相對於上市公司的股票也要來得差一點，所以流動性風險會比上市公司的股票還要高。

另外，市場上還有一種未上市也未上櫃的公司股票，由於沒有一個市場機制反映其合理價格，交易量不大，這些公司的股票就會有相當高的流動性

❶ 就是將資產變成現金的難易程度，所以亦可稱為變現性。

風險，而且遠大於上市和上櫃公司的股票。

4. 倒閉風險 (Default Risk)

倒閉風險也稱為倒帳風險或違約風險。通常是指債券賣方無法如期支付利息給買方，甚至於也無法支付本金給買方之風險。體質良好的公司，其所發行的公司債倒帳風險就會比較低。

5. 到期風險 (Maturity Risk)

債券的到期日有長有短，到期日較遠的公司債由於期間較長，不確定因素也較多，因此會有較高的到期風險。同樣的，到期日較短的公司債相對而言其到期風險就比到期日較長的公司債要來得小。

肆、風險溢酬

1. 前　言

對投資人而言，所投資之資產隱含的風險越高，則必須給予投資人所承擔的風險更高的回報。這種「回報」，我們就稱之為風險溢酬 (Risk Premium)。也就是說，風險愈高，所提供的溢酬也就愈高。就以一個高風險所發行的公司債為例，倘若公司沒有提供高於一般債息水準的債息來吸引一般投資人，投資人必定會因為該公司的高風險（例如：倒帳風險）而有所卻步，導致公司無法順利完成集資的工作。因此，投資人與公司對於風險溢酬的衡量是相當重要的，接下來我們再更進一步的介紹風險溢酬的內容。

2. 衡量風險溢酬的方法

我們通常以下列公式表達投資人所應得之溢酬水準：

$$
\begin{aligned}
\mathrm{E}(R_i) &= \text{預期報酬率} \\
&= r + \mathrm{IP} + \mathrm{LP} + \mathrm{DP} + \mathrm{MP} + \cdots
\end{aligned}
$$

其中，r 為實質利率，也是在無風險的情況下，整個金融市場所決定的利率水準。IP 為通貨膨脹風險溢酬 (Inflation Risk Premium)；LP 為流動性風險溢酬 (Liquidity Risk Premium)；DP 為倒帳風險溢酬 (Default Risk Premium)；MP 為到期風險溢酬 (Maturity Risk Premium)。

由上述公式可以看出，投資人所承擔的風險愈高、種類愈多，所獲得的溢酬就愈多。

有一個觀念必須釐清，並不是風險愈高，報酬率也會因為溢酬愈多而跟著提高。事實上，我們所說的「高風險、高報酬」，指的就是資產風險愈高，在風險溢酬的補償下，所得到的「預期報酬率」也就愈高，風險愈高並不是一定可以得到高報酬，而是預期能得到高報酬，這是需要釐清的。

伍、實際資料與計算

表 4–1 為美國 1970 至 1995 年度中各小型股票、大型股票、長期公債以及國庫券的收益率統計資料，我們以百分比的方式將數字表達出來。其中，所謂的大型股票是指 S & P 500 中市價的加權平均報酬資料，而小型股票則是 NYSE 所有上市公司規模大小後 20% 的企業。長期公債是以至少 20 年為到期日的政府債券來表達。

表 4–1　美國 1970 ～ 1995 年各類證券收益率統計資料

%

年　度	小型股票	大型股票	長期公債	國庫券
1970	−16.54	4.10	12.69	6.50
1971	18.44	14.17	17.47	4.34
1972	−0.62	19.14	5.55	3.81
1973	−40.54	−14.75	1.40	6.91
1974	−29.74	−26.40	5.53	7.93
1975	69.54	37.26	8.50	5.80
1976	54.81	23.98	11.07	5.06
1977	22.02	−7.26	0.90	5.10
1978	22.29	6.50	−4.16	7.15
1979	43.99	18.77	9.02	10.45

1980	35.34	32.48	13.17	11.57
1981	7.79	–4.98	3.61	14.95
1982	27.44	22.09	6.52	10.71
1983	34.49	22.37	–0.53	8.85
1984	–14.02	6.46	15.29	10.02
1985	28.21	32.00	32.68	7.83
1986	3.40	18.40	23.96	6.18
1987	–13.95	5.34	–2.65	5.50
1988	21.72	16.86	8.40	6.44
1989	8.37	31.34	19.49	8.32
1990	–27.08	–3.20	7.13	7.86
1991	50.24	30.66	18.39	5.65
1992	27.84	7.71	7.79	3.54
1993	20.30	9.87	15.48	2.97
1994	–3.34	1.29	–7.18	3.91
1995	33.21	37.71	31.67	5.58
平均數	14.75	13.15	10.05	7.04
變異數	751.60	258.12	96.40	7.60
標準差	27.42	16.07	9.82	2.76
風險溢酬	7.71	6.11	3.01	0

從上述的資料，以平均報酬率（或是持有期間報酬率）的角度看來，由高而低依序分別為小型股票、大型股票、長期公債以及國庫券，若以變異數或標準差當作風險衡量指標的話，順序也是一樣。可見，實際情形就如同我們之前所說的，投資者所承擔的風險愈高，所獲得的報酬率也會愈高；不想承擔高風險，報酬率就可能不會太高。「天下沒有白吃的午餐」這樣的道理永遠也不會改變。

而各種證券的報酬中，以國庫券 7.04% 的報酬是最沒風險，實務上，我們可以將它視為無風險報酬率 (Risk-Free Rate)，而其他各種證券的報酬率減去無風險報酬率，就可以得到它們的風險溢酬的實務估計值（見表 4–1 最後一欄）。

陸、作　業

1. 何謂報酬？何謂總報酬？
2. 何謂總報酬率？何謂平均報酬率？
3. 何以預期報酬率是「事前」報酬率，而實際報酬率是「事後」報酬率？
4. 何謂風險？請定義之。
5. 承受較高的風險，就代表著會享有較高的報酬嗎？
6. 標準差與變異係數均是衡量風險的方法，請比較兩者異同。
7. 風險的來源有哪些？請簡述之。
8. 何謂風險溢酬？請簡述之。
9. 假設臺灣股市過去 20 年來的平均報酬率是 20%，而中央政府公債殖利率是 5%，請問臺灣股票投資的風險溢酬是多少？
10. 假設仁寶 (2324) 的財務長預估明年的景氣波動與預期的報酬率如下表所示：

景氣狀況	發生機率	可能報酬	預期報酬
復甦	30%	35%	8%
持平	40%	10%	8%
惡化	30%	–15%	8%

試求出變異數與標準差。

11. 某兩家上市公司甲、乙的股價資訊如下：

	平均數	標準差
甲公司	0.25	0.09
乙公司	0.40	0.16

若投資人基於風險的衡量，應該投資甲公司還是乙公司？

12. 長榮海運預估明年兩岸間貿易限制之情形與可能發生的報酬如下所示：

貿易限制	報酬率	可能機率
低	30%	25%
中	20%	40%
高	15%	35%

試求出長榮海運明年的預期報酬率。

第五章　效率市場

壹、效率市場的意義

1. 效率市場的概念

效率市場的概念就是假設投資人在做投資決策時，能將所有的相關資訊 (Information) 反映在證券價格上。所以，目前在市場上看到的證券價格就代表反映了所有已知的資訊，不但包括過去的資訊，例如上一季的盈餘表現，還包括現在的資訊，像是已經宣佈但還沒有發生的事件，如宣告要發放股票股利，甚至合理預期的資訊也會反映在價格中，例如投資人認為利率很有可能會再次調降，雖然實際利率不見得會與預期利率相符，但是投資人的預期心理也會反映在證券價格上。

2. 效率市場的假設

效率市場能夠存在，需要有下列四點的假設：

(1)每個市場參與者都能同時且免費地獲得市場的資訊，也就是每一位投資人對於市場有相同的預期。

(2)沒有交易成本、稅賦及其他交易的障礙。

(3)個人的交易並不會影響證券的價格，亦即每位投資人均為價格的接受者。

(4)每位投資人都在追求利潤的極大化，藉由分析、評價、交易，積極地參與市場。

以上的四點假設其實落實在現實環境是非常困難的。例如，資訊的獲得並非是人人平等的，像是公司的董事、內部人員、財務分析師，或是政府官員、民意代表等都有可能利用較新的資訊在市場上獲得超額報酬；而一般社會大眾則很難有機會利用內部資訊來獲得超額報酬。所以第一個假設在現實生活中很難實現。對於第二個假設，大家也可以發現其實在目前的證券市場或多或少都會存在交易成本、稅賦以及法規的限制。

總之，效率市場是一個理想的境界，為什麼呢？大家可以想想——在效率市場中，證券市場中的價格隨時反映所有的相關資訊。前景堪慮的產業，其證券價格表現出來的就是較差的價格走勢；相對地，前景看好的產業，其證券價格就會以吸引人的價格走勢與之相呼應。除此之外，公司在發行證券籌資時，由於效率市場的存在，公司可以用合理的價格發行，不必擔心會賤賣自己公司的證券；另一方面，證券隨時都會維持在合理價位，投資人可以安心地投資。

貳、效率市場的種類

在完全效率市場中，證券價格是能夠立即反映所有可得的資訊，以至於投資人很難從所知的訊息賺取超額報酬。在這樣的市場裡，每一種證券的價格恰等於其真實價值，充分反映證券的相關資訊。但是並非所有的市場都能達到如此有效率的境界，有些時候市場資訊的反映程度會有落差或無法充分反映，此時市場的效率就比不上完全效率市場，所以，用市場價格所能反映的資訊種類來區分效率市場的種類，大致可分為三種：弱式、半強式及強式效率市場。

1. 弱式效率市場假說

弱式效率市場假說主張股價會反映市場的歷史資訊，例如過去價格、交易量或短期利率，這個假說暗示：技術分析是無用的，因為技術分析的技巧就是利用過去交易資訊去預測未來價格走勢（見第 17 章）。過去的價格資料是公開且不需成本就可獲得的，弱式效率市場認為：由於所有的歷史資訊都已反映在價格上，所以與未來的價格變化沒有直接的關聯性，因此無法用歷史資料來預測未來，進而賺取超額的報酬。而歷史資料又是技術分析的基礎，所以說技術分析在弱式效率市場無用武之地。

弱式效率市場的檢定主要在判斷歷史資料是否可為投資人帶來超額的報酬，或是過去的價格與未來的價格走勢是否有關聯。若結果是否定，則此市場就是所謂的弱式效率市場，反之則否。

2. 半強式效率市場假說

半強式效率市場假說主張：所有有關公司經營狀況的公開資訊（可獲得資料）必在股價上反映，這些資料除了過去價格之外，尚包括公司生產線上的基本資料、管理品質、財務報表、盈餘預測、新產品的研發、專利權的擁有、會計的執行等等。換句話說，如果任何投資人可以取得公司的公開、可獲得之資訊，則其將期望這些資訊已反映在股價上。

半強式效率市場的檢定主要是在驗證當資訊公開時，證券價格調整的落後程度。半強式效率市場假說隱含投資人不可能利用公開的新資訊來獲取超額的報酬，因為價格已經充分反映所有公開資訊；如果證券價格隨資訊的公開而調整的速度有落差時，投資人便能獲取超額報酬，然而此時的市場就不是所謂的半強式效率市場了。

3. 強式效率市場假說

強式效率市場假說主張：股價反映了公司所有資訊，甚至包括公司內線消息。這假說的說法非常極端，其所反映的資訊包括公開及非公開，幾乎所有可能在市場上發生的資訊都包括了，甚至連公司內部人員或董事才知道的訊息皆反映在價格上。所以，如果市場是強式效率，任何投資人都無法從市場中獲取超額報酬，不像弱式市場，只要擁有公開（非歷史資訊）或非公開的資訊；或是在半強式市場裡，擁有非公開資訊，均能從市場中享有超額的報酬，因此強式效率市場可說是效率市場中的最高境界，但也是最難達到的境界，如圖 5–1 即說明了三種效率市場的層次。

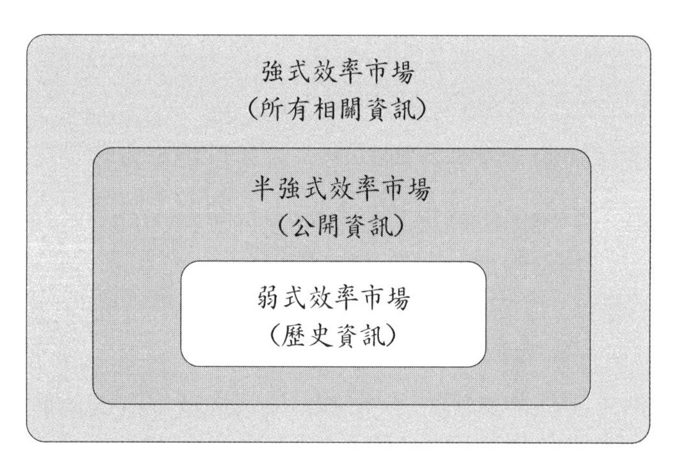

資料來源：Charles P. Jones, *Investment: Analysis and Management*, 5th., 1996, p. 615.

圖 5–1　效率市場的層次

參、效率市場的實證結果

對於證券市場是否合乎上述之效率市場定義，一直是財務管理學界想要證明，結果是贊成與反對均有以下我們將稍加探討幾項重要的實證結果。

一、弱式效率市場之實證

1. 序列相關檢定 (Auto Correlation Test)

檢定過去股價波動與未來價格波動之相關程度。若兩者無相關或非常小，則顯示未來價格波動並不受到過去價格波動之影響，故弱式效率市場假說成立。反之，則市場是無效率的。檢定方法是以迴歸方程式（1 期價格變動為因變數，落後 k 期之價格變動為自變數），估計前後時期價格變動的相關係數 b，如下式：。

$$P_t - P_{t-1} = a + b(P_{t-1-k} - P_{t-2-k}) + e_t$$

$P_t - P_{t-1}$：股價的變動

若 $k = 0$，表示落後 1 期。

若 $k = 1$，表示落後 2 期。

⋮

Fama (1965) 檢定道瓊工業平均指數中的 30 種證券之價格變化的序列相關係數，可以歸納出下列結論：

⑴沒有證據顯示價格變化或報酬率間有明顯的線性相關關係存在。

⑵即使股價報酬率有極小的一階自我相關存在，但我們卻無法利用它來獲得超額利潤。

這些結論意味市場是符合弱式效率，因為前期價格資訊與後期價格資訊不具相關程度。

2. 濾嘴法則 (Filter Rules)：一種 Trading Rule

所謂濾嘴法則是一種能夠產生購買訊號及出售訊號的數學方法。例如「上漲 3% 就買，下跌 3% 就賣」的順勢操作法則，或「上漲 5% 就賣，下跌 5% 就買」的逆勢操作法則。

⑴測試原理：假使濾嘴法則比單純的購買並持有 (Buy and Hold) 證券能獲得更高報酬，則技術分析有效，即弱式效率市場不成立，反之，則弱式效率市場成立。

⑵實證結果：Fama 和 Blume (1966) 的實證發現，運用濾嘴法則的報酬率比不上 Buy and Hold，且尚未考慮交易成本，和分析股市的資訊和時間成本。故弱式效率市場假說成立（隱含技術分析無效）。

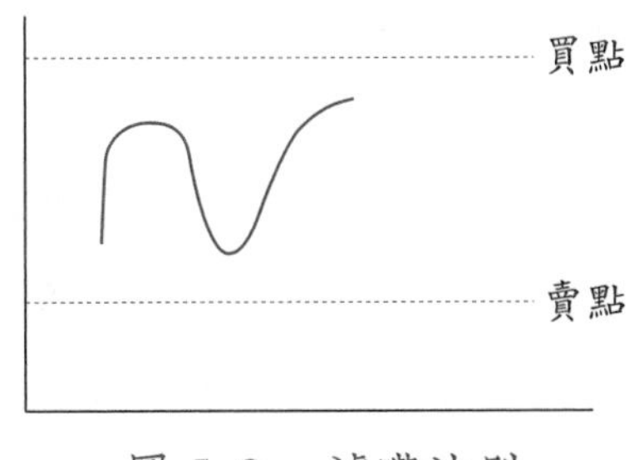

圖 5–2　濾嘴法則

二、半強式效率市場之實證

半強式效率市場的檢定，主要是在驗證證券價格是否能完全反映所有公

表 5–1　國外有關交易法則研究的實證結果

研究者	研究標的	研究方法	結論
Alexander	1887 ～ 1927 道瓊工業平均指數及 1929 ～ 1959 S & P 工業指數日資料	濾嘴法則	無效
Fama	1957 ～ 1962 道瓊工業平均指數中之 30 種股票日資料	濾嘴法則	無效
Van Horne & Parket	1960 ～ 1966 NYSE 之 30 種股票日資料	移動平均線	無效
James	1960 ～ 1962 NYSE 普通股	移動平均線	無效
Levy	1860 ～ 1965 NYSE 之 200 種股票週資料	相對強勢	無效
Jensen & Benington	1926 ～ 1966 NYSE 之 1,952 種股票月資料	相對強勢	無效

開的資訊。在效率市場中，當新資訊公開時，價格將會立即調整至合理價位。所以半強式效率市場的實證研究，在於檢定價格對於新資訊的公開之反映程度與準確度，檢定的方法通常是針對一些會影響證券價格變動的事件或題材做研究。例如股利的宣告、盈餘的宣告及股票的分割等等。

1. 股票分割

第一個研究的事件是 Fama, Fisher, Jensen 和 Roll (1969) 所進行的，他們研究 940 支 NYSE 股票價格調整。圖 5–3 為他們研究的一些股票樣本價格調整的累積異常報酬 (Cumulative Abnormal Return, CAR) 的圖形。

⑴測試原理：由於股票分割通常表示管理當局預期未來獲利成長，股利水準可提高的表現。因而，若半強式效率市場存在，則在股票分割前，投資人已預測公司股利及盈餘將增加，而將這情報反映在股價上，促使該股票具有超額報酬。但在股票分割後，由於利多消息已充分反映，故股票不再有超額報酬。

⑵實證結果：

(a)Fama, Fisher, Jensen, Roll 發現，就所有樣本而言，股票分割之前 29 個月，累積超額利潤逐漸上升，到分割前 3、4 個月，超額利潤累積

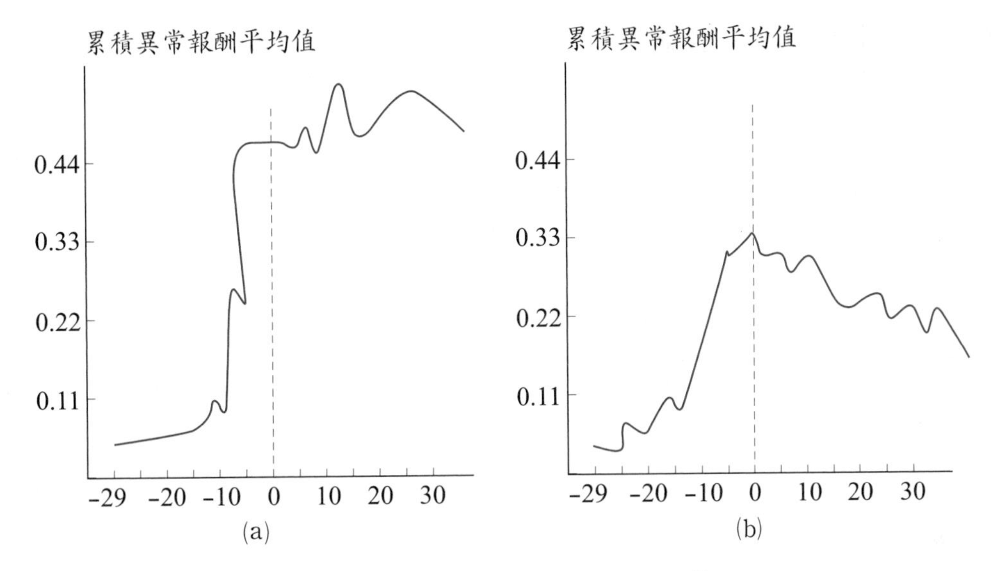

圖 5–3　與股票分割日相距月數

至最大。可是分割之後，累積超額利潤即無多大變化。

(b)若股票分割後，股利真如預期中增加，則累積超額利潤不致變化如圖 5–3(a)。但若股利並未如預期中增加，卻反而減少時，則累積超額利潤會下降，如圖 5–3(b)。

2. 會計資訊

(1)Sunder (1973, 1975) 實證指出公司存貨評價由 FIFO（先進先出法）改為 LIFO（後進先出法），發現在宣告前，CAR 已上升，而宣告後 CAR 就沒有多大變化。顯示會計方法改變（或盈餘操縱）不會愚弄市場。

(2)Ball & Brown (1968) 驗證年盈餘宣告，結果亦發現宣告後，股價有持續下滑的現象。

(3)Watts (1978) 對每季盈餘宣告做驗證，發現季盈餘宣告後存在異常報酬。

(4)Beaver (1968) 實證研究指出股價對年度及季盈餘做立即反映。

3. 新上市股票的檢定

如果市場是有效率的，所有資訊將反映在股價上，所以新上市股票的價格也應完全反映相關的訊息，而將價格調整至合理的價位。因此，股票上市初期的報酬率與當時的股價指數報酬率不應有太大的差別，如果有，則表示市場不具效率性。Ibbotson 曾經針對 1960 年 1 月至 1969 年 12 月美國 120 種新上市的股票，分析上市以後 60 個月的報酬率，結果發現投資於這些新上市股票的最初 1 個月期間，投資人可以獲得將近 11% ～ 12% 的超額報酬，但在上市後第 3 個月，新上市股票價格將逐漸調整至合理的水準，而使超額報酬消失。

國外學者所做的研究均認為股票上市初期有超額報酬的存在。究其原因，可能是當初發行股票時，承銷商為使股票銷售較順利，而將股票承銷價格壓低，以提高投資人的購買意願。或是因為上市初期，投資人持續高估新上市股票的價值，而使股價偏離其合理價位，造成超額報酬的存在。因此就新上市股票的檢定結果，很難判斷市場是否為半強式效率。

三、強式效率市場之實證

當市場達到強式效率的境界時，證券價格將反映所有的資訊，即使投資人擁有某些內線消息，亦無法獲得超額的報酬。因此強式效率市場的檢定可針對一些能先獲得內線消息的人士，檢驗其是否具有獲得超額報酬的能力，若有則表示市場不符合強式效率假說，這些可先取得內線消息的人士，包括公司內部人員、證券分析師及基金經理人等。

1. 共同基金經理人

Jensen (1968) 實證指出，並無明顯的證據證明共同基金的經理人具有較其他投資人為先的資訊。另外，Bogle (1991) 曾經比較「力伯一般股票基金指數」(Lipper Equity Fund Average) 與 S&P 500 指數的報酬率，結果發現基金的年報酬率比指數差 2.1 個百分比，其中 1.1 個百分比可歸因於基金的操作費用，而 0.7 個百分比為交易費用。但儘管如此，扣除所有費用後的基金投資績效仍然較 S & P 500 差，所以市場似乎符合強式效率市場假說。

2. 專業證券商

Neiderhoffer 和 Osborne (1966) 所做的研究指出，紐約證券交易所 (NYSE) 的證券專家 (Specialist)，常可使用壟斷的內線交易以獲取超額報酬，表示強式效率市場假說不成立。

3. 公司內部人員（董監事、經理人、重要股東）

Scholes (1972) 實證指出，公司的高階主管常可利用該公司的內部資訊而獲得超額利潤。Jaffee (1974) 實證指出，內線資訊未完全反映在股價上。

當公司內部人員的持股及交易情況公佈後，一般投資人在獲取這些資訊之後，是否可從市場中賺取超額報酬呢？若市場是有效率的，在這些資訊公佈當天，股價應會立即反映，使投資人無法從中賺取超額報酬。但經由 Jaffee 的研究結果發現，在這些內部人員公佈交易情形後的 2 個月，若一般投資人隨著這些資訊進行交易時，仍然可以獲得超額的報酬，表示市場並不符合強式效率市場假說。

綜合上面的討論，我們可知市場是否有效率難有定論。但是有效率的資本市場卻是財務決策（融資與投資）的重要假設。所以，我們可以推論，只要市場短暫不效率時，就有人利用有利資訊進行套利，獲得超額報酬，此一行為能使市場趨於更有效率，如此一來，我們就可以獲得一個有效率的市場，等到下一波資訊衝擊後，又變不效率，再重複，一直周而復始。

肆、作　業

1. 何謂效率市場？
2. 效率市場有哪些假設？
3. 分別解釋何謂弱式效率市場、半強式效率市場、以及強式效率市場。
4. 根據效率市場的實證結果，有哪些方法可以檢定弱式效率市場的有效性？
5. 舉例哪些可以作為半強式效率市場的實證題材？

6. 簡述 Jensen (1968) 對強式效率市場的實證結果。

7. 以下為效率市場的層次圖例，請將空白的部分依描述填滿。

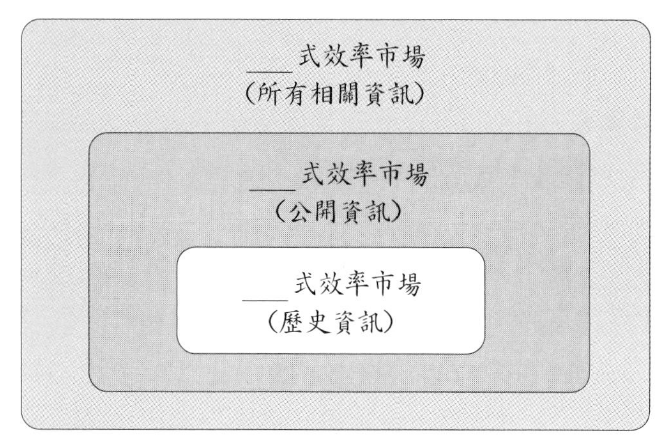

8. 請判斷下列有關效率市場描述的真假。

(1)在半強式效率市場下，於除權、除息日前買入股票，等除權、除息日後再賣出之投資行為可獲超額報酬。

(2)在強式效率市場之下，內部經理人可以獲得超額報酬。

(3)股票在某一週表現不好，下一週必定表現良好，這種現象表示市場為半強式效率。

第六章　資金成本

壹、前　言

資金成本是指企業運用籌措而來的資金，所需負擔的成本，在公司的財務管理上扮演一個非常重要的角色，尤其是在資本預算決策的過程中，必須估計公司的資金成本，其可說是投資所應有的必要報酬率或最低報酬率，以維持公司的價值。在決定是否要投資某一計畫時，依內部報酬率法 (IRR)，一投資計畫的內部報酬率必須大於或等於資金成本，將資金成本當作折現率，依所得之 NPV 是否為正，來判斷該採行何種投資計畫。

公司為使股價達到極大化，會尋求一最適資本結構，由負債、特別股及普通股所組成，因此，加權平均資金成本乃是將個別資金來源的成本加以平均，本章將介紹各個資本元素的資金成本如何估計和應用，以評估投資計畫的資金成本。

貳、加權平均資金成本 (Weighted Average Cost of Capital, WACC)

1. 資金成本是一個加權平均的成本

公司的資金來源一般可分為長期負債、特別股及股東權益，皆為形成資本結構的元素，所以公司的資金成本應為這些個別資金來源的資金成本之加權平均，而其權數是按公司現有最適資本結構的比例分配。

$$\text{權數和} = W_d + W_p + W_e = 1$$

$$\text{WACC} = W_d \times K_d + W_p \times K_p + W_e \times K_e$$

W_d：長期負債權數　　K_d：負債資金成本率

W_p：特別股權數　　K_p：特別股成本率

W_e：普通股權數　　K_e：普通股成本率

範例 6–1

公司有兩資金來源，一為向銀行借款 1,000 萬元，其舉債成本為 8%，另一為發行普通股 3,000 萬，其權益成本為 16%。公司現有兩投資計畫，A 方案需 500 萬，其投資報酬率為 10%；B 方案需 800 萬，其投資報酬率為 12%，則公司應投資何方案？

解：若只由投資報酬率來下判斷，以為 B 方案的報酬率 12% 高於 A 方案的報酬率 10%，因此選擇 B 方案而捨棄 A 方案，就犯下了一個很大的錯誤，應先計算公司的加權平均成本。

$$\text{WACC} = 8\% \times \frac{\$1,000}{\$1,000 + \$3,000} + 16\% \times \frac{\$3,000}{\$1,000 + \$3,000} = 14\%$$

A 方案投資報酬率 10% 低於加權平均成本 14%，應予捨棄；B 方案投資報酬率 12% 亦低於加權平均成本 14%，亦應予捨棄。

2. 資金成本是一個稅後的成本

公司的淨利為稅後收入減去稅後成本，因

$$\begin{aligned} \text{淨利} &= (\text{收入} - \text{成本}) \times (1 - \text{公司所得稅率}) \\ &= \text{收入} \times (1 - \text{稅率}) - \text{成本} \times (1 - \text{稅率}) \\ &= \text{稅後收入} - \text{稅後成本} \end{aligned}$$

由於舉債時所支付的利息費用屬於成本的一部分，公司並沒有負擔全部的利息費用，另一部分則是政府負擔，假設公司的成本皆為利息費用 1,000 元，借款利率為 10%，稅率為 35%，則稅後成本為 $\$1,000 \times (1 - 35\%) = \$650$，表示公司實際上只付了稅後成本 650 元。因此，在計算舉債成本時要用稅後舉債成本，即舉債成本 × (1 − 稅率)，由此可知公司稅後資金成本為 10% × (1 − 35%) = 6.5%，而不是名目上的 10%。

3. 資金成本是一個增量成本 (Incremental Capital)

使用資金成本時，主要是用於對未來的新投資計畫之評估，因此所計算的資金成本要用新增加的資金部分。

4. 資金成本是長期融資成本

基於穩健理財原則，長期投資的資金來源應由長期負債來融資，而不應該由短期負債，如銀行短期借款、發行商業本票等來支應，因其金額波動幅度很大，很難決定其資金來源的成本，應避免發生以短支長的情形，導致公司資金周轉不靈的問題。

5. 假設最適資本結構存在

最適資本結構是指長期負債、特別股及普通股等資本要素之比例維持在最適當的水準，此時資金成本最低。因此在計算資金成本時，隱含假設公司已維持一個最適的資本結構。

6. 資金成本是機會成本而非會計成本的概念

用於本投資案而不能用於其他投資機會的損失。

7. 加權平均資金成本的基本假設

(1)營業風險維持不變。

(2)財務風險維持不變。

(3)長期目標資本結構不變。

(4)股利政策不變。

參、資金成本的估計

資產負債表的右邊為資金來源(見第二章)，一般常見的資金來源為負債、

特別股、保留盈餘及普通股等，其為資本結構的組成要素，以下將介紹個別資金來源的成本：

(一)長期負債成本 (K_d)

長期負債成本是指新發行長期負債的利率 K_d，而非以往舊債的利率，因舊債的資金成本是反映公司目前所承擔的負債成本水準，而資本預算決策是對未來投資的評估，並以發行新債來融資所需資金，所以應以發行新債時所支付的資金成本來估計。由於舉債所支付的利息可當作會計費用抵減所得稅，故應以稅後形式來表示長期負債成本。

(二)特別股成本 (K_p)

特別股因對公司盈餘及資產的分配權利較普通股為先而得名，其特性為股息一般皆為固定，且若公司今年因故不能發放，可累積遞延至下期，特別股的成本是特別股股利 D_p 除以發行價格 P_0，即 $K_p = \frac{D_p}{P_0}$，由於特別股股利是由盈餘分配而來，不能用來抵減所得稅，所以沒有節稅效果，不需做稅負上的調整。

(三)保留盈餘成本 (K_e)（普通股成本）

公司的稅後淨利除了可以股利發放給股東，亦可以保留下來用於再投資，此即所謂的保留盈餘，屬於內部權益資金來源，因此保留盈餘成本即為盈餘再投資的報酬率，至少要等於股東的必要報酬率，否則股東可以將其所獲得的盈餘自行去投資在其他資產上，以獲取其理想的報酬，而不會使其財富蒙受機會上的損失。

評估保留盈餘成本的方式主要有三種：

1. 股利折現法

在普通股的股價評價模式中（見第十三章），假設未來股利以固定成長率 g 成長。

$$P_0 = \frac{D_1}{K_e - g} \Rightarrow K_e = \frac{D_1}{P_0} + g$$

K_e：普通股的必要報酬率

D_1：第一期期末的預期每股股利

P_0：期初股價

g：每股股利固定成長率

由此可知保留盈餘成本由股利率 $(\frac{D_1}{P_0})$ 與股利成長率 (g) 所組成。

範例 6-2

美華公司目前股價為 15 元，最近一期股利為 3 元，股利發放後有 2,500,000 元保留盈餘，股利成長率維持在 4%，則美華公司的保留盈餘成本為多少？

解：$K_e = \frac{D_1}{P_0} + g = \frac{\$3(1+4\%)}{\$15} + 4\% = 24.8\%$

2. 資本資產定價法

根據資本資產定價模型 (CAPM)(見第十六章)，在決定證券市場均衡時，投資人的必要報酬率為 $K_e = R_f + \beta(R_m - R_f)$，由 CAPM 來決定普通股的必要報酬率需要估計三個變數，分別為無風險利率 (R_f)、系統風險 (β) 及市場投資組合的預期報酬率 (R_m)，即可計算普通股的必要報酬率。

範例 6-3

目前國庫券利率 5%，市場投資組合之預期報酬率為 14%，新成公司的系統風險預期為 1.2，則新成公司普通股的必要報酬率為多少？

解：$K_e = 5\% + 1.2 \times (14\% - 5\%) = 15.8\%$

3. 債券收益率加風險溢酬

由於有些公司長年不支付股利或缺乏市場交易，要利用前二種方法來計算普通股的必要報酬率不易，因此實務上常利用債券的到期收益率 (YTM) 加上相當程度的風險貼水，作為簡易的估計值，即 K_e = YTM + 風險貼水。

㈣新普通股成本 (K_n)

公司由於保留盈餘不足，且在最適資本結構限制下，除了利用長期負債來融通外，可藉由發行新的普通股向外募集資金，即外部權益資金，然而發行新普通股要負擔發行成本 (Floating Cost)，所以新發行普通股成本要比保留盈餘成本高出一些，因此前述的股利折現法必須做些修正：

$$K_e = \frac{D_1}{P_0(1-f)} + g$$

f：發行成本率

其中，$P_0(1-f)$ 為扣除發行成本後，由每股實際獲得的資金。

範例 6–4

承範例 6–2，美華公司準備發行面額 10 元的新普通股，承銷價格為每股 20 元，共計 1,500,000 元以支應擴充設備不足資金，其發行成本率 5%，求其發行普通股的成本為何？其權益成本又為何？

解：$K_e = \frac{D_1}{P_0(1-f)} + g = \frac{\$3(1+4\%)}{\$20(1-5\%)} + 4\% = 20.42\%$

權益資金 = 保留盈餘 + 新發行普通股

$= \$2,500,000 + \$1,500,000 = \$4,000,000$

權益資金成本 $= \frac{\$2,500,000}{\$4,000,000} \times 24.8\% + \frac{\$1,500,000}{\$4,000,000} \times 20.42\%$

$= 23.1575\%$

範例 6–5

至威公司向銀行貸款利率是 9%，發行特別股價格為 20 元，特別股股利 2 元，普通股市價為 30 元，公司維持固定股利成長率 6%，已知公司剛發放普通股股利一股 2.5 元，假設稅率為 40%，公司將資本結構維持負債：特別股：普通股 = 2 : 1 : 3 的比例，求公司的加權平均資金成本為何？

解：$K_d = 9\%$

$$K_p = \frac{\$2}{\$20} = 10\%$$

$$K_e = \frac{\$2.5(1+6\%)}{\$30} + 6\% = 14.83\%$$

$$\text{WACC} = \frac{2}{2+1+3} \times 9\% + \frac{1}{2+1+3} \times 10\% + \frac{3}{2+1+3} \times 14.83\%$$

$$= 12.08\%$$

肆、邊際資金成本

邊際資金成本 (Marginal Cost of Capital, MCC) 是指公司為了獲得額外 1 元的新資金，所需負擔的加權平均資金成本。我們可依照各資金要素的個別成本，劃分出各個階段的不同邊際資金成本，且將隨著公司籌措新資金數額的增加而上升，在期初時，一般公司會由較低成本的長期負債、特別股及保留盈餘融資，等到需籌集更多資金時，則必須動用較高成本的抵押借款及發行新普通股，此時的邊際資金成本便上升了，因此也提高了加權平均資金成本，但邊際資金成本上升的速度將比加權平均資金成本上升的速度還要來得快。

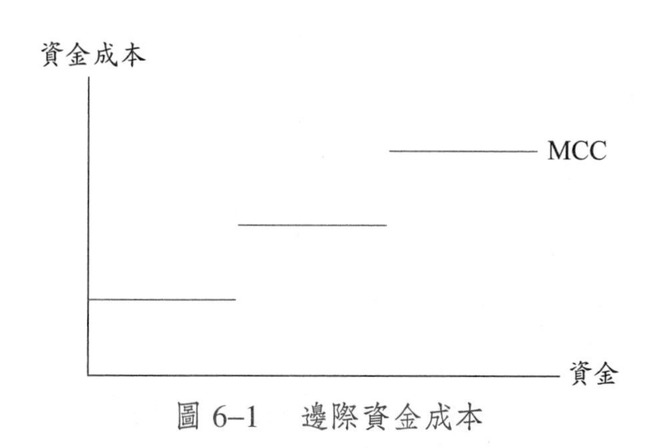

圖 6–1　邊際資金成本

範例 6–6

建元公司之資本結構如下：

負　債：300 萬

特別股：200 萬

普通股：500 萬

已知公司目前股價為 15 元，上期支付股利每股 2 元，假設公司股利維持固定成長率 3%，負債成本 10%，特別股成本 12%，稅率 30%。

⑴若公司擴充所需資金 400 萬仍依上述目標資金結構來籌措，且保留盈餘足以反映自有資本需求，無需對外籌措資金，試求公司的加權資金成本與邊際資金成本為何？

⑵若保留盈餘不足，公司需對外發行新股 200 萬，每股發行成本為 0.3 元，則公司的加權平均資金成本與邊際資金成本為多少？

解：⑴先計算個別資本權重：（以萬為單位）

$$W_d = \frac{\$300}{\$300 + \$200 + \$500} = \frac{3}{10}$$

$$W_p = \frac{\$200}{\$1,000} = \frac{2}{10}$$

$$W_e = \frac{\$500}{\$1,000} = \frac{5}{10}$$

再計算個別資金成本：

$$K_d = 10\% \times (1 - 30\%) = 7\%$$

$$K_p = 12\%$$

$$K_e = \frac{D_1}{P_0} + g = \frac{\$2(1+3\%)}{\$15} + 3\% = 16.73\%$$

$$\text{WACC}_1 = \text{MCC}_1 = \frac{3}{10} \times 7\% + \frac{2}{10} \times 12\% + \frac{5}{10} \times 16.73\% = 12.865\%$$

⑵發行成本率 $= \frac{\$0.3}{\$15} = 2\%$：

發行新股成本 $K_e^* = \frac{D_1}{P_0(1-f)} + g = \frac{\$2(1+3\%)}{\$15(1-2\%)} + 3\% = 17.01\%$

$$\text{MCC}_2 = \frac{3}{10} \times 7\% + \frac{2}{10} \times 12\% + \frac{5}{10} \times 17.01\% = 13.005\%$$

$$\text{WACC}_2 = \frac{\$400}{\$600} \times 12.865\% + \frac{\$200}{\$600} \times 13.005\% = 12.912\%$$

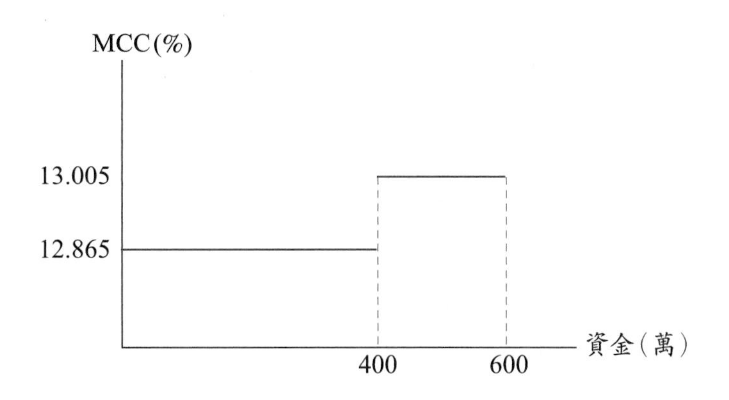

伍、突破點

MCC 隨著資金使用量的增加而上升，然而要用去多少資金，MCC 才會提高呢? 此即突破點 (Break Point) 的觀念。由 MCC 的曲線圖可以發現 MCC 呈階梯狀上升，由於資金需求增加時，額外獲得資金的成本將提高，故每種資本要素都有其突破點。雖然 MCC 不斷上升，但這是在目標資本結構下進行融資的加權平均資金成本，所以也是最小的 WACC，經由突破點可知資金使用程度與資金成本變化的關係。

$$BP = \frac{\text{資金數額}}{\text{資金數額佔總資金比例}}$$

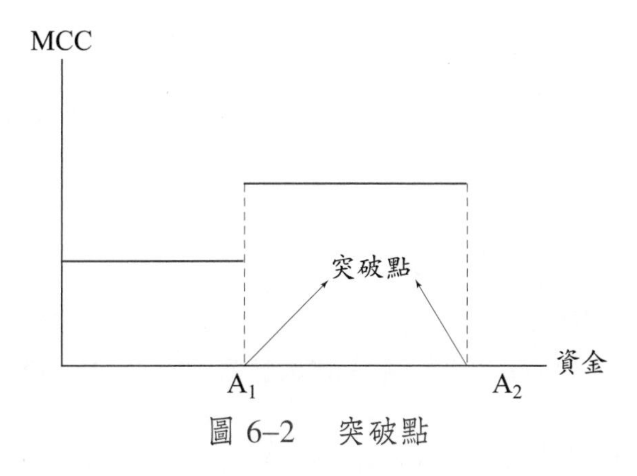

圖 6–2 突破點

範例 6–7

承範例 6–5，(1)建元公司預計本年度盈餘 300 萬，其股利發放率為 1/3，則保留盈餘的突破點為何？個別資金來源為多少？MCC？(2)當負債利率為 10% 時，公司最多只能籌到 300 萬，超過部分將以新債利率 12% 融資，其負債突破點為多少？MCC？

解：(1)扣除股利後，保留盈餘為 $300 \times (1 - \frac{1}{3}) = 200$ 萬。

$$BP = \frac{200}{\frac{1}{2}} = 400 \text{ 萬}$$

新增 400 萬元資金中，來自：

保留盈餘 $= 400 \times \frac{5}{10} = 200$ 萬

負　債 $= 400 \times \frac{3}{10} = 120$ 萬

特別股 $= 400 \times \frac{2}{10} = 80$ 萬

此時 MCC = 12.865%，超過 400 萬時，MCC 上升為 13.005%。

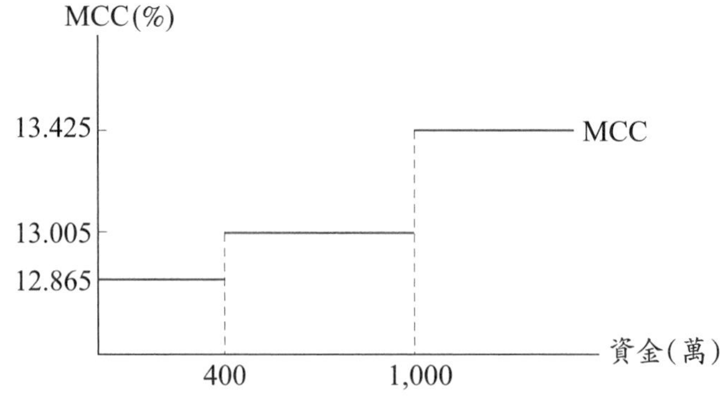

(2)負債 $BP = \frac{300}{\frac{3}{10}} = 1{,}000$ 萬

當資金超過 1,000 萬元，負債成本將為 $12\% \times (1 - 30\%) = 8.4\%$。

$$MCC = \frac{3}{10} \times 8.4\% + \frac{2}{10} \times 12\% + \frac{5}{10} \times 17.01\% = 13.425\%$$

陸、邊際資金成本與投資機會組合

將各投資計畫的內部報酬率 (IRR) 由高至低加以排列，可得一投資機會線 (Investment Opportunity Line)。

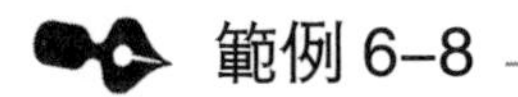

範例 6-8

建元公司有五個投資計畫如下：

投資計畫	投資金額 (萬)	IRR
A	240	13%
B	150	10%
C	200	18%
D	300	12%
E	400	16%

解：將其按 IRR 大小重新排列：

投資計畫	投資金額 (萬)	IRR
C	200	18%
E	400	16%
A	240	13%
D	300	12%
B	150	10%

可繪出投資機會線：

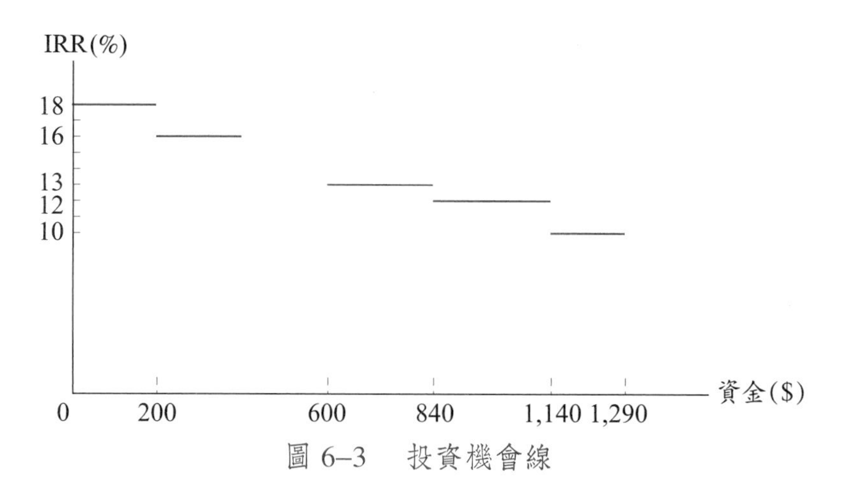

圖 6–3　投資機會線

將投資機會線與邊際資金成本線搭配使用，可決定最適的投資計畫和資本預算總額度。

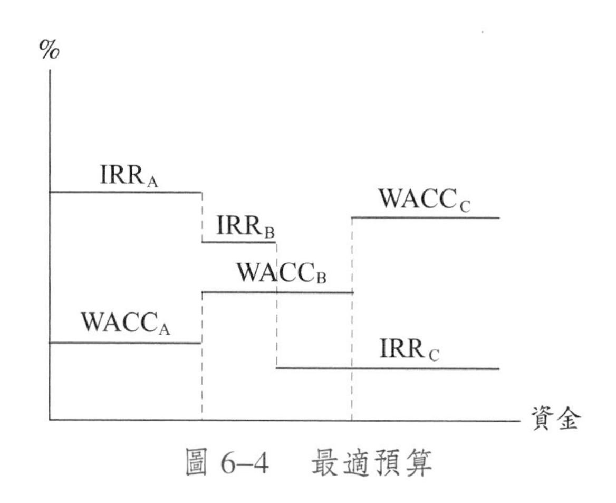

圖 6–4　最適預算

當 IRR > WACC 時，公司應投資該計畫，由上圖可知 $IRR_A > WACC_A$，$IRR_B > WACC_B$，則公司應投資 A、B 兩計畫。

柒、作　業

1. 何謂資金成本？
2. 何謂加權平均資金成本 (Weighted Average Cost of Capital)？
3. 何謂邊際資金成本 (Marginal Cost of Capital)？
4. 何謂突破點 (Break Point)？
5. 何謂投資機會線 (Investment Opportunity Line)？
6. 加權平均資金成本的假設有哪些？
7. 在估算資金成本時，保留盈餘成本的估計有哪些方法可以採用？
8. 長榮航空目前股價 $20，最近一期的股利為 $2，股利發放後有 $2,500,000 保留盈餘，股利成長率維持在 2%，則長榮航空的保留盈餘成本為多少？
9. 承上題，長榮航空準備發行面額 $15 的新普通股，承銷價格為 $25，共計 $2,000,000 已支應購買飛機設備的不足資金，其發行成本率為 5%，請求出其發行普通股的成本？以及權益成本？
10. 假設目前國庫券利率 3%，市場投資組合的報酬率為 13%，味全公司的系統風險預期為 1.5，則味全公司普通股的必要報酬率為多少？
11. 請判斷下列對於資金成本描述的正確性：
    (1)資金成本是稅後的成本。
    (2)資金成本是短期的融資成本。
    (3)資金成本是會計成本的概念。
    (4)資金成本是一個增量的成本。
    (5)資金成本的計算方式是幾何平均。
12. 遠東紡織公司有下列六個獨立的投資方案，相關資訊如下所示：

	IRR	Payback	投資額（萬）
A	14%	2.4	100
B	18%	1.2	200
C	11%	2.5	400
D	20%	3.6	300

又知遠紡的 MCC 結構如下，請問遠東紡織公司應接受哪幾個方案，其最適資本預算

金額為多少?

	新資金額度（萬）	WACC
WACC 1	0 ～ 500	9%
WACC 2	500 ～ 900	12%
WACC 3	900 以上	15%

13. 正捷公司向銀行貸款的利率為 5%，發行特別股價格為 \$30，特別股股利 \$2，普通股市價 \$36，公司維持固定股利成長率為 2%，已知公司剛發放普通股股利 \$3，假設稅率 40%，公司將資本結構維持在最適比率，負債 : 特別股 : 普通股 = 3 : 2 : 5，求公司的加權平均資金成本為何?

第七章　資本預算 (I)

壹、前　言

資本預算乃是探討公司在固定資產方面所做的投資決策，公司如何在眾多投資計畫中進行評估與選擇，以有效地利用公司資金，來提升公司整體價值，增加股東財富。因此，有關資本支出的決策，是公司最重要和最重視的決策，其成效攸關公司未來前景的榮枯，不可不慎。

在做投資決策時，應先蒐集投資計畫的各種相關資料，如未來現金流量、回收年限、資金成本、投入成本……等，我們將利用這些數據來做各種方案的評估，並介紹各個資本預算評估方法之優缺點。

一般投資計畫可分為兩種：獨立方案與互斥方案，獨立方案表示該計畫之可行與否與其他計畫無關，決策重點是要不要投資該計畫；而互斥方案係指在兩個或以上之計畫中，只能選取其中一個計畫，即有 A 方案就不能有 B 方案，決策重點是選擇何者較有利。

貳、回收期間法

回收期間法 (Payback Period Method) 是指公司預期能自投資方案的淨現金流量中，回收該專案的原始投資金額所需之年數。

$$C_0 = \sum_{t=1}^{n} C_t$$

C_0：原始投資金額

C_t：t 期的現金流入量

n：回收期間

t：期數

回收期間法之決策準則：

1. 獨立方案

若回收期間小於預定期限，則接受該方案。

2. 互斥方案

接受回收期間較短者。

範例 7–1

現有 A、B、C 三方案可供天成公司選擇去投資，預計回收期間為 4 年。

年	A	B	C
0	–$1,000	–$1,200	–$1,500
1	100	200	300
2	150	400	400
3	400	600	800
4	450	– 800	900
5	600	– 1,000	1,000

(1)當 A、B、C 三方案為獨立計畫。

(2)當 A、B、C 三方案為互斥計畫。

解：回收年限：

$$A = 3 + \frac{\$1000 - (\$100 + \$150 + \$400)}{\$450} = 3.78$$

$$B = 3$$

$$C = 3$$

(1)當 A、B、C 為獨立計畫時，因 A、B、C 三方案皆預期在 4 年內回收，所以 A、B、C 方案一樣好。

(2)當 A、B、C 為互斥計畫時，因 B、C 二方案回收年限較 A 方案短，所以選擇 B、C 方案。

1. 回收期間法之優點

(1)計算簡單，使用方便。

(2)可以衡量投資專案的變現力，對於資金並不充裕的公司來說，是一種非常有用的工具。

(3)回收期間法常被視為是方案相對風險的指標，在其他條件不變下，資金回收速度快的方案，其風險相對較小。

2. 回收期間法之缺點

(1)未將現金流量折現，可能接受淨現值（NPV，見後述）為負的方案，且忽略現金流量的先後順序。如上例中 B、C 方案雖為一樣好，但 B 方案於第 4 年年底和第 5 年年底時卻出現負的現金流量，計算 B 方案的 NPV 為負，回收期間法卻無法顯示 C 方案較 B 方案好。

(2)若不論方案期間的長短，一律採取相同的預計回收年數，將導致接受太多的短期方案，而忽略長期方案。

(3)若預計回收年數訂得太短，可能會拒絕部分 NPV 為正的方案。

(4)決策品質不佳，未能考慮投資方案所使用資金的機會成本。

參、折現回收期間法

由於回收期間法未考慮貨幣的時間價值，因而其所做出的決策品質不佳，因此，折現回收期間法 (Discount Payback Period Method) 乃將每期現金流量折現後加總，在還本期間內，等於投資的原始支出金額。

$$C_0 = \sum_{t=1}^{n} \frac{C_t}{(1+K)^t}$$

n：折現回收期間

k：折現率

C_t：第 t 年的現金流量

範例 7–2

承範例 7–1，使用折現回收期間法，在資金成本為 10% 下，還本年限為 4 年，則該採用何方案？

解：

年	A	PV_A	B	PV_B	C	PV_C
0	–$1,000	–$1,000	–$1,200	–$1,200	–$1,500	–$1,500
1	100	90.91	200	181.82	300	272.73
2	150	123.97	400	330.58	400	330.58
3	400	300.53	600	450.79	800	601.05
4	450	307.36	– 800	– 546.41	900	614.71
5	600	372.55	– 1,000	– 620.92	1,000	620.92

折現回收期間：

$$A = 4 + \frac{\$1{,}000 - (\$90.91 + \$123.97 + \$300.53 + \$307.36)}{\$372.55} = 4.48 \text{ 年}$$

B 無法還本

$$C = 3 + \frac{\$1{,}500 - (\$272.73 + \$330.58 + \$601.05)}{\$614.71} = 3.48 \text{ 年}$$

在還本年限為 4 年之條件下，應選擇 C 方案。

肆、會計報酬率法

$$ARR = \frac{\text{平均預期每年淨收益}}{\text{平均淨投資}}$$

會計報酬率 (Accounting Rate of Return, ARR) 之決策準則：

1. 獨立方案

當 ARR 大於預期報酬率，則接受該方案。

2. 互斥方案

接受 ARR 最大者。

範例 7–3

有一投資方案的現金流量如下，求其會計報酬率。

年	1	2	3
收　益	$12,000	$10,000	$8,000
成　本	6,000	5,000	4,000
現金流量	$ 6,000	$ 5,000	$4,000
折　舊	3,000	3,000	3,000
淨　利	$ 3,000	$ 2,000	$1,000

解：

年	0	1	2	3
投資毛額	$9,000	$9,000	$9,000	$9,000
累計折舊	0	3,000	6,000	9,000
投資淨額	$9,000	$6,000	$3,000	0

平均每年收益 = ($3,000 + $2,000 + $1,000) ÷ 3 = $2,000

平均每年淨投資 = ($9,000 + $6,000 + $3,000 + 0) ÷ 4 = $4,500

ARR = $2,000 ÷ $4,500 = 44%

會計報酬率法 (ARR) 之優缺點

(1)忽略貨幣的時間價值，未將現金流量予以折現。

(2)未考慮投資的現金流量，而只考慮到會計上的利潤，ARR 雖被稱為報酬率，但事實上並非真的報酬率。

(3)未考慮投資方案可能發生的機會成本。

(4)是否接受或拒絕投資方案的標準尺度，即會計報酬率應達到什麼水準才可以接受投資，是為較主觀上的判斷認定。

(5)惟一好處是計算數字直接採取自會計報表，不用換算或估計，但不合財務決策所用。

伍、淨現值法

在評估一投資決策時，必須考量目前所投入的成本與未來可回收的現金流量，然而各期現金流量所產生的時間點不同，因此尚須考慮貨幣的時間價值，將所有各期現金流量以適當的資金成本折現到同一時點上，再比較期初所投入的成本和未來收益折現值之大小，兩者之差稱為淨現值 (Net Present Value, NPV)，以此作為判斷投資計畫可行性之依據。

$$NPV = -C_0 + \frac{C_1}{1+K} + \frac{C_2}{(1+K)^2} + \cdots + \frac{C_n}{(1+K)^n}$$

$$= -C_0 + \sum_{t=1}^{n} \frac{C_t}{(1+k)^t}$$

C_0：期初投入成本

C_t：t 期的投資收益

n：投資年限

K：投資計畫的要求報酬率或資金成本

淨現值法 (NPV) 之決策準則：

1. 獨立方案

表示該計畫之可行與否與其他計畫無關。

當 NPV > 0，則接受該投資計畫，因此方案的報酬率高於最低要求的報酬率。當 NPV < 0，則拒絕該投資計畫，因此方案無法賺到正常報酬。

2. 互斥方案

在兩個或以上之計畫中，只能選取其中一個計畫，即有 A 方案就不能有 B 方案。

若 $NPV_A > 0$ 與 $NPV_B > 0$，且 $NPV_A > NPV_B$ 時，則接受 A 方案。

範例 7–4

在資金成本為 10% 下，求範例 7–1 中 A、B、C 三方案之 NPV，以決定何者為優。

解：$NPV_A = -\$1{,}000 + \frac{\$100}{1.1} + \frac{\$150}{1.1^2} + \frac{\$400}{1.1^3} + \frac{\$450}{1.1^4} + \frac{\$600}{1.1^5} = \$195.32$

$NPV_B = -\$1{,}200 + \frac{\$200}{1.1} + \frac{\$400}{1.1^2} + \frac{\$600}{1.1^3} - \frac{\$800}{1.1^4} - \frac{\$1{,}000}{1.1^5} = -\$1{,}404.15$

$NPV_C = -\$1{,}500 + \frac{\$300}{1.1} + \frac{\$400}{1.1^2} + \frac{\$800}{1.1^3} + \frac{\$900}{1.1^4} + \frac{\$1000}{1.1^5} = \$939.99$

由上述結果，可見 C 計畫 NPV 最高，再來是 A 計畫，均為正值，B 計畫則為最低，且為負值。

1.淨現值法之優點

(1)考慮貨幣的時間價值，一律以期初的貨幣價值作為衡量標準。

(2)比其他方法客觀：只需估計未來的現金流量與資金成本，不牽涉會計方法的選用、經營者的偏好等主觀因素的影響。

(3)具有相加性，易於計算。

$$NPV_{A+B} = NPV_A + NPV_B$$

(4) NPV 代表著投資計畫對公司價值的直接貢獻，最能反映其對股東財富的影響。

2.淨現值法之缺點

(1)無法反映成本效益的高低，即每 1 元投資能為公司增加多少利益。

(2)折現率的決定與現金流量預估的精準度為主觀上的認定。

陸、內部報酬率法

若在某一折現率下，投資計畫各期現金流量的折現值等於該計畫之資金成本，則稱之為該計畫之內部報酬率 (Interest Rate of Return, IRR)，亦即使計畫的 NPV 為零時之折現率。

$$C_0 = \frac{C_1}{1+\text{IRR}} + \frac{C_2}{(1+\text{IRR})^2} + \cdots + \frac{C_n}{(1+\text{IRR})^n}$$

$$= \sum_{t=1}^{n} \frac{C_t}{(1+\text{IRR})^t}$$

可改寫成

$$0 = -C_0 + \sum_{t=1}^{n} \frac{C_t}{(1+\text{IRR})^t} = \text{NPV}$$

表示當投資計畫之資金成本 K 等於 IRR 時，該計畫之 NPV = 0。

內部報酬率法之決策準則：

1. 獨立方案

若 $\text{IRR}_A > K_A$，K_A 為公司之資金成本，則接受 A 計畫。因此方案能滿足股東的必要報酬率外，亦提供額外報酬。

2. 互斥方案

若 $\text{IRR}_A > \text{IRR}_I > K$，I 為其他計畫，則接受 A 計畫。

若沒有財務計算機或電腦協助，IRR 的計算可用試誤法 (Try and Error) 方式反覆推算而得，可先以任意的折現率帶入評估方案的 NPV，若所得到的 NPV 為負值，表示所用的折現率太大，應換個較小的折現率再試一次；反之，若 NPV 為正值，則應換較大的折現率試行，直到找到使 NPV 為 0 的折現率為止，此折現率即所謂的 IRR。

範例 7–5

求範例 7–1 A 方案之 IRR。

解：折現率 = 14%

$$\text{NPV}_A = -\$1{,}000 + \frac{\$100}{1.14} + \frac{\$150}{1.14^2} + \frac{\$400}{1.14^3} + \frac{\$450}{1.14^4} + \frac{\$600}{1.14^5} = \$51.19$$

折現率 = 15%

$$NPV_A = -\$1{,}000 + \frac{\$100}{1.15} + \frac{\$150}{1.15^2} + \frac{\$400}{1.15^3} + \frac{\$450}{1.15^4} + \frac{\$600}{1.15^5} = \$18.98$$

折現率 = 16%

$$NPV_A = -\$1{,}000 + \frac{\$100}{1.16} + \frac{\$150}{1.16^2} + \frac{\$400}{1.16^3} + \frac{\$450}{1.16^4} + \frac{\$600}{1.16^5} = -\$11.86$$

因此，IRR 介於 15% 與 16% 之間，再以內插法求出正確的 IRR。

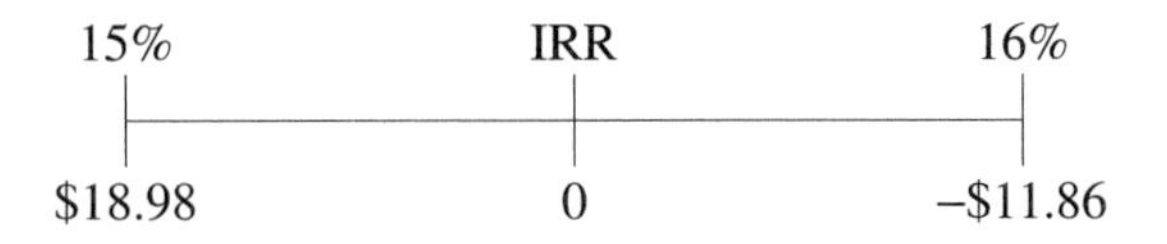

$$\frac{IRR - 16\%}{0 - (-\$11.86)} = \frac{15\% - 16\%}{\$18.98 - (-\$11.86)}$$

IRR = 15.9962% > 資金成本 10%

由上例可知，當 IRR 大於資金成本時，在扣除該方案的資金成本後，還會有資金剩餘產生，將由公司的股東所享有，因此，接受該方案可增加股東的財富和公司的價值。

將範例 7–1 A 方案的 IRR 與 NPV 關係整理如下：

折現率	0%	5%	10%	15%	15.9962%	16%	20%	∞
NPV	$700	$417.16	$195.31	$18.98	0	–$11.86	–$122.88	–$1,000

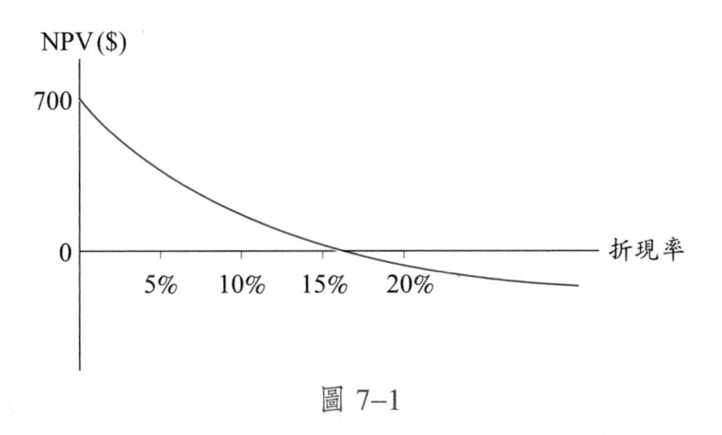

圖 7–1

由圖 7–1 可知，隨著折現率的提高，其 NPV 之值會逐漸降低。當折現率為 0 時，NPV 為每年現金流量的總和 \$700，當折現率趨於 ∞ 時，NPV 趨近於目前的現金流量 –\$1,000，當 NPV = 0 時，折現率為 15.9962%，即為其內部報酬率。

1. 內部報酬率法之優點

⑴考慮貨幣的時間價值。

⑵是一比率的觀念，易於與其他比率數據共同使用。

2. 內部報酬率法之缺點

⑴先借後貸或先貸後借會產生相同的 IRR，但其 NPV 卻截然不同。

年	0	1	IRR	NPV at 10%
A	–\$1,000	+\$1,500	50%	+\$364
B	+\$1,000	–\$1,500	50%	–\$364

A 方案為先貸出後借入，B 方案為先借入後貸出，經計算後，兩方案的 IRR 皆相同，但 NPV 卻不同，由於 A 方案產生正的 NPV，因此較 B 方案來得好。

⑵在計畫進行期間，當現金流量呈正負相間時，IRR 的結論會與 NPV 不一致，而接受不適當的投資方案。

年	0	1	2	3
現金流量	+\$1,000	–\$3,600	+\$4,320	–\$1,728

$$NPV = \$1,000 - \frac{\$3,600}{1.1} + \frac{\$4,320}{1.1^2} - \frac{\$1,728}{1.1^3} = -\$0.75$$

$$0 = \$1,000 - \frac{\$3,600}{1+IRR} + \frac{\$4,320}{(1+IRR)^2} - \frac{\$1,728}{(1+IRR)^3}$$

$$IRR = 20\%$$

雖然 IRR = 20% 大於資金成本 10%，但其 NPV 卻為負，可能導致錯誤地接受此計畫。

(3)在 IRR 的方法下，可能產生多重解 (Multiple Roots) 或虛解 (Imaginary Roots)，使 IRR 無法判斷。

(a)多重解情形：

一投資計畫之現金流量如下所示，資金成本為 10%：

年	0	1	2
現金流量	−$4,000	+$25,000	−$25,000

$$NPV = -\$4{,}000 + \frac{\$25{,}000}{1.1} - \frac{\$25{,}000}{1.1^2} = -\$1{,}934$$

$$0 = -\$4{,}000 + \frac{\$25{,}000}{1+IRR} - \frac{\$25{,}000}{(1+IRR)^2}$$

$4(1+IRR)^2 - 25(1+IRR) + 25 = 0$（以千為單位）

$$1 + IRR = \frac{25 \pm \sqrt{25^2 - 4\times 4\times 25}}{8}$$

$1 + IRR = 5$ 或 1.25

$IRR = 400\%$ 或 25%

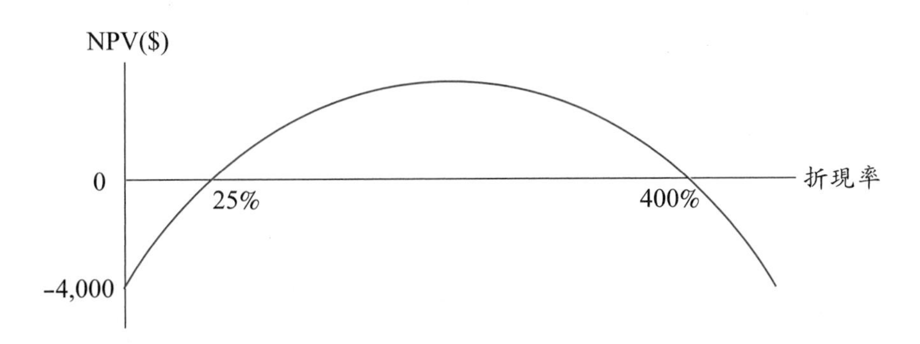

(b)虛解情形：

年	0	1	2
現金流量	+$1,000	−$3,000	$2,500

$$NPV = \$1{,}000 - \frac{\$3{,}000}{1.1} + \frac{\$2{,}500}{1.1^2} = \$339$$

$$0 = \$1{,}000 - \frac{\$3{,}000}{1 + IRR} + \frac{\$2{,}500}{(1 + IRR)^2}$$

$10(1 + IRR)^2 - 30(1 + IRR) + 25 = 0$（以百為單位）

∵判定式 $= (-30)^2 - 4 \times 10 \times 25 = -100 < 0$ ❶

∴無解。

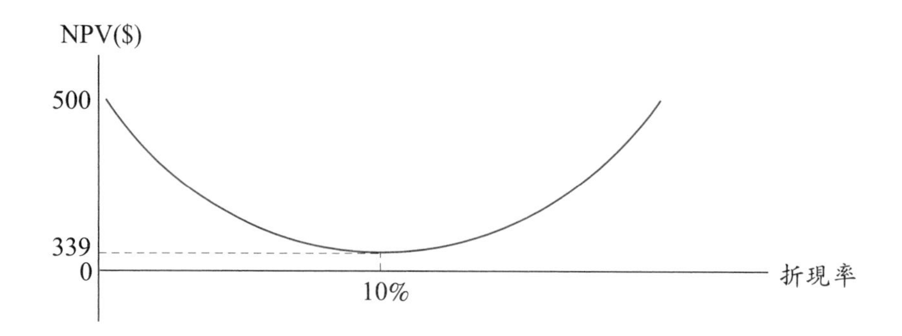

(4) IRR 法不適用於互斥的投資計畫。

現有 A、B 兩方案：

年	A	B
0	–$1,000	–$1,000
1	500	100
2	400	300
3	300	400
4	100	600

使用 IRR 法評估：

$$\$1{,}000 = \frac{\$500}{1 + IRR_A} + \frac{\$400}{(1 + IRR_A)^2} + \frac{\$300}{(1 + IRR_A)^3} + \frac{\$100}{(1 + IRR_A)^4} \cdots \text{(i)}$$

$IRR_A = 14.5\%$

$$\$1{,}000 = \frac{\$100}{1 + IRR_B} + \frac{\$300}{(1 + IRR_B)^2} + \frac{\$400}{(1 + IRR_B)^3} + \frac{\$600}{(1 + IRR_B)^4} \cdots \text{(ii)}$$

$IRR_B = 11.8\%$

❶ 此為數學判定式，藉以決定二次方程式有無實根。

因 $IRR_A > IRR_B$，所以 A 方案優於 B 方案。

使用 NPV 法評估：

折現率	0%	5%	7.16%	10%	15%
NPV_A	$300	$180	$135	$79	–$ 8
NPV_B	400	207	135	49	– 80

當折現率 = 7.16% 時，$IRR_A = IRR_B = 7.16\%$，$NPV_A = NPV_B = \$135$。

當折現率 < 7.16% 時，$NPV_A < NPV_B$，B 方案較佳。

當折現率 > 7.16% 時，$NPV_A > NPV_B$，A 方案較佳。

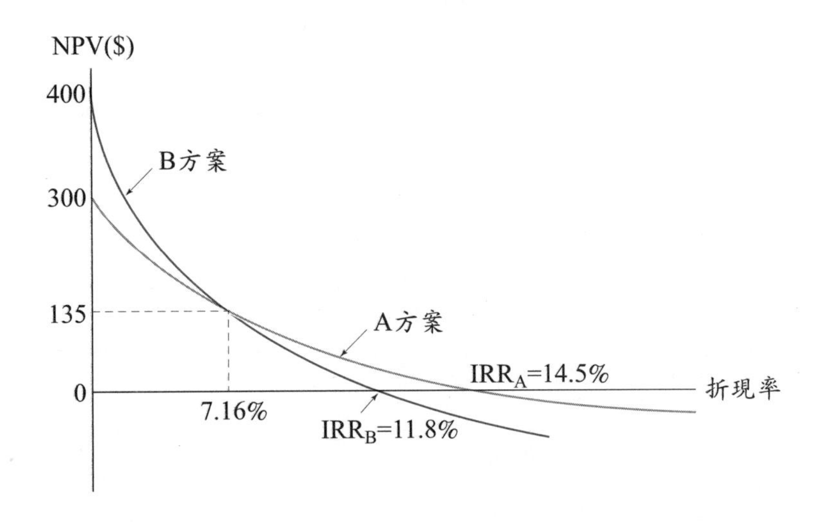

因此，在互斥方案下，以 NPV 法選擇適當的折現率來評估投資計畫較佳。

造成 IRR 偏失的原因為：長期利率結構不同於短期利率結構，因此當利率期間結構 (Term Structure of Interest Rate) 變化時，IRR 的評估會失去其正確性。使用 IRR 法是假設在投資計畫期間內，其再投資報酬率均相同，且等於內部報酬率，但當投資計畫期間較長時，IRR 根本無法反映不同時期的利率水準及計畫本身的風險水準，故使用 IRR 來評估有其缺失。

(5)NPV 法則適用價值相加法則 (Value Additive Principle)，而 IRR 卻不

適用。可由上例中加以印證。

年	0	1	2	3	4	NPV at 10%	IRR
A	–$1,000	$500	$400	$300	$100	$79	14.5%
B	– 1,000	100	300	400	600	49	11.8%
A – B	0	$400	$100	–$100	–$500	$30	2.7%

$NPV_A - NPV_B = \$79 - \$49 = \$30$

$IRR_A - IRR_B = 14.5\% - 11.8\% = 2.7\% \neq 7.16\%$

柒、獲利率指數

獲利率指數 (Profitability Index, PI) 亦稱為成本效益比，其公式為：

$$PI = \frac{\text{現金流量之現值總和}}{\text{期初投資}} = \frac{\sum_{t=1}^{n} \frac{C_t}{(1+K)^t}}{|C_0|}$$

$$NPV = \sum_{t=1}^{n} \frac{C_t}{(1+K)^t} - |C_0|$$

獲利率指數 (PI) 之決策準則：

⑴若 PI > 1，即 NPV > 0，接受該方案。

⑵若 PI < 1，即 NPV < 0，拒絕該方案。

PI 與 NPV 之比較

⑴當 PI > 1 時，表示預期現金流量之現值必大於期初投資，亦即 NPV > 0，當 PI < 1 時，表示預期現金流量之現值必小於期初投資，亦即 NPV < 0。因此，對於評估獨立計畫而言，PI 與 NPV 會獲得相同的結論。

⑵當評估兩個或以上的互斥計畫時，PI 與 IRR 有相同的缺陷：無法判別，造成 PI 與 NPV 不一致之現象。PI 愈大愈好，但其仍是相對的概念，意指每 1 元期初投資可回收的現金流量之現值，因此為解決上述問題，

將使用「增額投資法」，再以 PI 求得其值是否大於 1，來判斷該方案之優劣。

範例 7–6

A、B 二互斥方案，在資金成本為 10% 下，哪一個方案為佳？

年	0	1
A	–$10,000	$20,000
B	–$20,000	$35,000

解：$PI_A = \dfrac{\dfrac{\$20,000}{1.1}}{\$10,000} = 1.82$

$PI_B = \dfrac{\dfrac{\$35,000}{1.1}}{\$20,000} = 1.59$

$NPV_A = -\$10,000 + \dfrac{\$20,000}{1.1} = \$8,182$

$NPV_B = -\$20,000 + \dfrac{\$35,000}{1.1} = \$11,818$

以 PI 法來評估，$PI_A > PI_B$，則 A 方案較佳，但以 NPV 法評估，$NPV_A > NPV_B$，則 B 方案較佳。因此，進一步利用增額投資法，再求 PI 來判斷方案之優劣。

年	0	1
B – A	–$10,000	$15,000

$$NPV = -\$10,000 + \frac{\$15,000}{1.1} = \$3,636 > 0$$

$$PI = \frac{\dfrac{\$15,000}{1.1}}{\$10,000} = 1.36 > 1$$

∴B 方案較好。

綜合以上資本預算決策的方法，將其特點歸納整理如下：

表 7–1　各種資本預算決策方法優缺點比較表

資本預算評估準則	考慮貨幣時間價值	考慮所有現金流量	互斥方案評估決策	價值相加性	無雙重解
回收期間法	×	×	×	×	×
折現回收期間法	✓	×	×	×	×
ARR	×	✓	×	×	×
NPV	✓	✓	✓	✓	×
IRR	✓	✓	×	×	✓
PI	✓	✓	×	×	×

由上表觀之，NPV 法符合以上條件，但在實務上，公司經營管理者並非只選用一種評估方法，而是同時考慮數種評估準則的結果來決定資本預算的可行性，以提升資本預算決策的品質。因為各種方法，均有其優點。

捌、作　業

1. 何謂資本預算？
2. 何謂獨立方案？何謂互斥方案？
3. 回收期間法和折現回收期間法有何異同？
4. 簡述利用淨現值法來評估資本預算決策時的優缺點。
5. 簡述利用內部報酬率法來評估資本預算決策時的優缺點。
6. 考慮以下兩個投資方案，試求出兩個方案的還本期間？

年　度	0	1	2	3	4
A 方案	–$6,000	$2,000	$3,000	$1,500	$2,500
B 方案	–$6,000	$1,000	$1,500	$2,000	$3,000

7. 承上題，若使用折現回收期間法，在資金成本為 8% 下，公司經理人限定的還本期間要在 3 年內，請問應該採用哪個方案？
8. 大豐公司決定投資一個方案，於期初時投入 $2,000,000，預計每年在扣除折舊費用前的稅前純益為 $400,000，經濟年限為 9 年，採用直線折舊法，殘值為 $200,000，假定

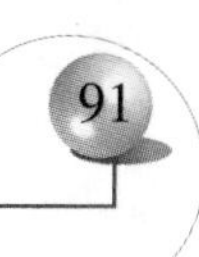

稅率為 20%，試求平均會計報酬率。

9. 承第 6 題，在資金成本為 8% 的情形下，試求出兩個方案的淨現值？

10. 假設有兩個互斥 (Mutually Exclusive) 的投資方案，其現金流量估計如下表，試依內部報酬率 (Internal Rate of Return) 法來判斷兩個方案的優劣？

年　度	0	1	2
A 方案	–$100,000	$50,000	$80,000
B 方案	–$100,000	$60,000	$68,900

11. 承上題，在資金成本為 8% 的情形下，利用獲利率指數 (The Profitability Index) 法來判斷兩個方案的優劣。

12. 綜合資本預算決策的評估方法，試完成下表（○代表符合，×則不符合)：

資本預算評估準則	考慮貨幣時間價值	考慮所有現金流量	互斥方案評估決策	價值相加性	無雙重解
回收期間法					
折現回收期間法					
ARR					
NPV					
IRR					
PI					

第八章　資本預算 (II)

壹、前　言

在前一章資本預算 (I) 中介紹了各種評估資本預算可行的決策準則，並說明各種決策方法所隱含的優缺點，由於實際上在應用這些決策法則並沒有想像中的簡單容易，本章將延續前一章資本預算決策的相關課題，說明解決上述問題的基本方式，並介紹現金流量的估計過程，不同類型的投資方案之評估，及年限不同的互斥方案該如何判斷其優劣，最後探討投資計畫風險對資本預算的影響。

貳、資本預算的基本類型

公司如何去建構最佳的資本預算，必須先瞭解有哪些投資計畫可供選擇，而隨著投資計畫的背景不同，評估過程也要有所修正，按投資計畫間的關聯性來區分，資本預算有三種基本類型：

1. 獨立型 (Independent)

獨立型投資計畫不會影響到其他計畫的採行與否，即個別計畫間沒有關聯性。例如台泥公司考慮擴建新廠房，並打算同時更換舊機器設備，並增加員工的僱用，若三者的評估結果對公司皆十分有利，則都應採行。

2. 互斥型 (Mutually Exclusive)

在多個投資計畫中，若接受某個投資計畫就無法接受其他計畫，通常屬於相同投資目的之替代性投資計畫，例如公司欲增添運送商品的一輛貨車，可能就有好幾種新的貨車類型可供選擇，如 TOYOTA、豐田……等，但最後只能選擇其中之一來購買。

3. 權變型 (Contingent)

權變型投資計畫是指欲接受某個投資計畫，必須在一個或數個其他投資計畫已被接受的前提下才行。例如台泥公司想在擴建新廠房後，再增添新的包裝機器設備來因應擴產，後者即是以新廠房確定可以擴建的前提下所提出的權變型計畫。

前述的資本預算分類，僅能區分出計畫間的關係，以作為評估方向的參考而已，並不能對資本預算內容的編製提供詳細的資訊，而就公司經常面臨的投資計畫，按內容可分為三種：

1. 重置型 (Replacement)

重置型投資計畫，就是更換生產設備所需要的額外投資，一為維持公司基本營運所必須，或將老舊的機器出售換成新機器的「汰舊換新」，另一為公司為降低經營成本與創造競爭優勢的「提升經營效率」，如將公司電腦升級，以更快速有效地處理資料。

2. 擴充型 (Expansion)

在公司營運進入正常軌道後，可能面臨需求大幅成長，而需提升公司產能水準或購買新機器來滿足市場需求，例如台積電因訂單大量增加而斥資興建 8 吋晶圓廠。

3. 管制型 (Regulatory)

管制型投資計畫乃為配合政府法令，具強制性或無收益性的投資計畫，對以追求利潤極大的公司而言，無實質上的貢獻，只是符合道德規範或遵守法律規定，例如環保署為了防止工廠排放廢氣而污染空氣品質，強制規定必須建造污氣處理系統，避免影響大眾權益，才可發放營業執照。

較常見的資本預算一般為重置型與擴充型投資計畫，以下將以此二種計畫為主要探討內容。

參、現金流量的評估

在進行資本預算評估時，必須預測一系列的現金流量，按其組成結構常可分為「原始淨投資額」、「營運現金流量」及「期末現金流量」三類，以下將分別介紹：

一、原始淨投資額

通常在投資計畫施行之初，必須投入資金購買各種所需的資產，包括使買進的資產達到可使用的運送成本及安裝成本。

其他相關成本包括：

1. 增加的淨營運資金

在擴充型計畫中，因業務成長而造成應收帳款、存貨等流動資產的增加，同時亦伴隨應付帳款及短期借款等流動負債的增加，但當流動負債的增加不足以應付流動資產的增加時，便產生了對淨營運資金的需求，即流動資產與流動負債的差額。

2. 舊資產處分所得

在重置型計畫中，舊資產因汰換成新資產而作廢，若舊資產尚可以合理價格賣出以補貼購買新資產的支出，可作為投資抵減項目。

3. 購買與處分資產的所得稅效果

當投資計畫符合相關政府法令規定的條件，常可享受稅賦上的好處，如投資計畫開始的前幾年，可免納所得稅。而在處分舊資產時，市價未必會等於帳面價值，當市價大於帳面價值時，產生帳面利得而必須課稅，降低了對原始淨投資額的補貼效果；反之，當市價低於帳面價值時，產生的帳面損失可減少稅賦的支出，增加了對原始投資淨額的補貼作用。

二、營運現金流量 (Operating Cash Flow, OCF)

在投資計畫開始進行後，將會產生一系列的現金流量，稱為營運現金流量，然而現金流量的評估以稅後盈餘為基準，但在會計上沒有實際現金支出的費用科目，卻包含在損益的計算之內，如折舊費用，因此真正的現金流量應為稅後盈餘加上原先扣除的非現金科目。

由於營運現金流量是增量現金流量的觀念，可定義為因採用此投資計畫後，各期額外增加的現金流量。

$$
\begin{aligned}
CF &= NI + Dep \\
&= (1-t)(R-C-Dep) + Dep \\
&= (1-t)(R-C) + t \times Dep
\end{aligned}
$$

NI：淨利

Dep：折舊

R：計畫產生之收入

C：計畫產生之成本

t：稅率

$$
\begin{aligned}
\text{OCF} &= \Delta NI + \Delta Dep \\
&= (1-t) \times \Delta(R-C-Dep) + \Delta Dep \\
&= (1-t) \times (\Delta R - \Delta C - \Delta Dep) + \Delta Dep \\
&= [(S_{t+1} - S_t) - (C_{t+1} - C_t)](1-t) + (Dep_{t+1} - Dep_t)
\end{aligned}
$$

會計上之折舊費用在實際上並無真正的現金流出，雖然列為費用項目使得公司的盈餘減少，但現金流量並不因而減少，反而在公司盈餘需繳納所得稅的情況下，折舊費用的提列使得淨利下降可有節稅效果，在稅率為 t 時，每提列 1 元折舊即可節省 t 元的稅賦，當折舊總額為 Dep 元時可創造之租稅價值為 $t \times Dep$ 元，因此，儘管公司可提列折舊總額應等於其購置成本減去殘值，但在各種不同折舊方法中，若提列折舊速度愈快，則其可愈早享受折舊之租稅價值，因而對公司價值之貢獻愈大。

常見的折舊提列方法有：

1. 直線法 (Straight-Line Method)

$$Dep = \frac{C - S}{n}$$

Dep：折舊費用

C：資產成本

S：殘值

n：使用年限

2. 定率餘額遞減法 (Fixed Rate Decreasing Balance Method)

$$r = 1 - \sqrt[n]{\frac{S}{C}}$$

$$Dep_t = F_t \cdot r$$

r：折舊率

F_t：資產在第 t 年年初之帳面價值

3. 倍數餘額遞減法 (Double Declining Balance Method)

$$r = \frac{1}{n} \times 2 = \frac{2}{n}$$

$$d_t = F_t \cdot r$$

4. 年數合計法 (Sum-of-Year's-Digit Method)

$$r_t = \frac{n - t + 1}{\frac{n(n+1)}{2}}$$

$$Dep_t = (C - S) \cdot r_t$$

範例 8–1

運達公司添購機器一臺，成本為 1,000,000 元，使用年限 4 年，估計其殘值為 200,000 元，在公司稅率為 20%，資金成本為 10% 下，則上述四種折舊方法中，何者對公司最有利？

解：(1)直線法：

$$d=\frac{\$1{,}000{,}000-\$200{,}000}{4}=\$200{,}000$$

年	折舊費用
1	\$200,000
2	200,000
3	200,000
4	200,000

$$\text{折舊的租稅價值}=\frac{0.2\times\$200{,}000}{1.1}+\frac{0.2\times\$200{,}000}{1.1^2}+\frac{0.2\times\$200{,}000}{1.1^3}+\frac{0.2\times\$200{,}000}{1.1^4}=\$126{,}795$$

(2)定率餘額遞減法：

$$r=1-\sqrt[4]{\frac{\$200{,}000}{\$1{,}000{,}000}}=33\%$$

年	帳面價值	折舊費用
0	\$1,000,000	0
1	670,000	$\$1{,}000{,}000\times33\%=\$330{,}000$
2	448,900	$\$670{,}000\times33\%=\$221{,}100$
3	330,763	$\$448{,}900\times33\%=\$148{,}137$
4	200,000	$\$330{,}763\times33\%=\$109{,}152$

$$\text{折舊的租稅價值}=\frac{0.2\times\$330{,}000}{1.1}+\frac{0.2\times\$221{,}100}{1.1^2}+\frac{0.2\times\$148{,}137}{1.1^3}+\frac{\$100{,}763}{1.1^4}=\$132{,}570$$

(3)倍數餘額遞減法：

$$r = \frac{2}{4} = 50\%$$

年	帳面價值	折舊費用
0	\$1,000,000	0
1	500,000	$\$1,000,000 \times 50\% = \$500,000$
2	250,000	$\$500,000 \times 50\% = \$250,000$
3	200,000	\$50,000
4	200,000	0

$$\text{折舊的租稅價值} = \frac{0.2 \times \$500,000}{1.1} + \frac{0.2 \times \$250,000}{1.1^2} + \frac{0.2 \times \$50,000}{1.1^3} + \frac{0}{1.1^4} = \$139,745$$

⑷年數合計法：

$$1 + 2 + 3 + 4 = 10$$

年	折舊費用
1	$(\$1,000,000 - \$200,000) \times \frac{4}{10} = \$320,000$
2	$(\$1,000,000 - \$200,000) \times \frac{3}{10} = \$240,000$
3	$(\$1,000,000 - \$200,000) \times \frac{2}{10} = \$160,000$
4	$(\$1,000,000 - \$200,000) \times \frac{1}{10} = \$80,000$

$$\text{折舊的租稅價值} = \frac{0.2 \times \$320,000}{1.1} + \frac{0.2 \times \$240,000}{1.1^2} + \frac{0.2 \times \$160,000}{1.1^3} + \frac{0.2 \times \$80,000}{1.1^4} = \$132,822$$

由於倍數餘額遞減法所產生的租稅價值最大，故對公司最有利。

肆、期末現金流量

期末現金流量 (Terminal Cash Flow) 亦是營運現金流量的一種，在投資計畫的最終階段，除了正常營運所產生的現金流入量外，還包括在計畫結束時，期初所購買的資產尚可使用加以處分，產生非營運現金流量會有所得稅效果，而在計畫期初所投入的淨營運資金，因存貨的出清及應收帳款的變現而回收，期末現金流量的評估如下：

期末現金流量 = 當期營運現金流量 + 處分資產所得 ± 處分資產之所得稅效果 + 淨營運資金的回收

1. 擴充型投資計畫

範例 8–2

安華公司欲購買一部新機器，售價為 200,000 元，安裝費為 50,000 元，公司依直線法分 5 年攤提折舊費用，無殘值，但公司預估 5 年後將機器出售尚可獲得 10,000 元，為了使用這部機器，公司的淨營運資金必須增加 80,000 元，預期每年將增加收入 150,000 元，且省下 50,000 元的營運成本，已知公司的稅率為 40%，資金成本為 12%，列出公司每年的現金流量，並評估公司是否應購買此機器？

解：(1)原始淨投資額 (C_0) = 機器購置成本 + 周轉金之增加

$$= (\$200,000 + \$50,000) + \$80,000 = \$330,000$$

(2)各期營運現金流量：

$$CF_t = (1 - t)(\Delta R - \Delta C) + t \cdot \Delta Dep$$

$$\Delta R = \$150,000$$

$$\Delta C = \$50,000$$

$$Dep = \$250,000 \div 5 = \$50,000$$

$$CF_1 = CF_2 = CF_3 = CF_4 = (1 - 0.4)(\$150,000 - \$50,000) + 0.4 \times \$50,000$$

$= \$80,000$

⑶期末現金流量 = 當期營運現金流量 + 處分機器之稅後所得 + 周轉金回收

$= \$80,000 + \$10,000 \times (1 - 0.4) + \$80,000$

$= \$166,000$

⑷計算投資計畫之淨現值：

$$NPV = -\$330,000 + \frac{\$80,000}{1.12} + \frac{\$80,000}{1.12^2} + \frac{\$80,000}{1.12^3} + \frac{\$80,000}{1.12^4} + \frac{\$166,000}{1.12^5} = \$7,180.81 > 0$$

∴公司應購買該機器。

由於周轉金不像資本支出會隨著時間而喪失價值，其只是維持公司營運的潤滑劑，當營運計畫終止時，周轉金自當回流，故應將周轉金視為期初支出，而在最後一期回收。

處分資產之稅後現金流量乃資產售價減去出售利得應納之所得稅，而出售利得為售價減去出售當時資產之帳面價值，即購置成本減累計折舊；若出售價格低於帳面價值，則其損失可抵稅。

2. 重置型投資計畫

範例 8–3

源全公司於 3 年前購入一部卡車，成本為 1,000,000 元，估計可使用 6 年，殘值為 90,458 元，依倍數餘額遞減法提列折舊，今廠商介紹新型卡車售價為 1,200,000 元，殘值為 43,124 元，在其 3 年的經濟壽命中，可使每年銷貨提高 50,000 元，運輸成本每年降低 10,000 元，公司若重置則現有卡車尚可售得 300,000 元，已知公司資金成本為 10%，稅率 40% 下，則公司是否應重置新卡車?

解：舊機器之折舊率 $= \frac{2}{6} = \frac{1}{3} = 33\%$

新機器之折舊率 $= \frac{2}{3} = 67\%$

折舊攤銷表

	t_{-3}	t_{-2}	t_{-1}	t_0	t_1	t_2	t_3
舊機器							
帳面價值	$1,000,000	$670,000	$448,900	$ 300,763	$201,511	$135,012	$90,458
折舊費用		330,000	221,100	148,137	99,252	66,499	44,554
新機器							
帳面價值				1,200,000	396,000	130,680	43,124
折舊費用					804,000	265,320	87,556
ΔDep					$704,748	$198,821	$43,002
$t \cdot \Delta Dep$					281,899	79,528	17,201

$R = \$50,000$，$\Delta C = \$10,000$

	t_{-3}	t_{-2}	t_{-1}	t_0	t_1	t_2	t_3
$(\Delta R - \Delta C)(1 - t)$					$ 16,000	$16,000	$16,000
CF_t				–$199,695	– 297,899	– 95,528	– 14,133

$$CF_0 = -(\$1,200,000 - \$1,000,000) - (\$300,000 - \$300,763) \times 0.4$$
$$= -\$199,695$$
$$CF_1 = \$16,000 + \$281,899 = \$297,899$$
$$CF_2 = \$16,000 + \$79,528 = \$99,528$$
$$CF_3 = \$16,000 + \$17,201 + (\$43,124 - \$90,458) = -\$14,133$$
$$\text{NPV} = -\$199,695 + \frac{\$297,899}{1.1} + \frac{\$99,528}{1.1^2} - \frac{\$14,133}{1.1^3} = \$142,758 > 0$$

∴公司應重置。

伍、不同經濟年限的投資計畫

前一章裡的投資計畫之評估是假設投資計畫之經濟年限相同或該計畫無法重複投資，但若計畫可重複投資且投資效益不變，則在不同經濟年限下，投資計畫的評估將較為複雜。

範例 8–4

現有二互斥計畫 A、B 方案，現金流量如下，資金成本為 10%。

年	A	B
0	–$1,000	–$1,000
1	600	700
2	1,600	800
3	0	900

解：$NPV_A = -\$1,000 + \frac{\$600}{1.1} + \frac{\$1,600}{1.1^2} = \$867.77$

$NPV_B = -\$1,000 + \frac{\$700}{1.1} + \frac{\$800}{1.1^2} + \frac{\$900}{1.1^3} = \$973.7$

A 方案係用 2 年時間賺得 867.77 元，而 B 方案係用 3 年時間賺得 973.7 元，因此若藉由此選擇 B 方案可能不甚妥當，因 A 方案的期限較短，在 A 方案結束後 B 方案仍在進行，故其 NPV 較大，若將 A 方案再延續一年，其 NPV 說不定比 B 方案大，所以不能僅由 NPV 的大小來斷定方案的優劣。

以下介紹二種方法來解決因年限不同而造成的問題：

1. 連續重置法

假設互斥方案可以不斷重複進行，利用最小公倍數找出使兩個方案的總投資年限相同，以此為基準，再比較其總淨現值的大小。

範例 8–5

在範例 8–3 中，A、B 二方案的年限最小公倍數為 6 年，因此 A 方案重置 3 次，B 方案重置 2 次，即可使二方案的年限相同。

解：A 方案：

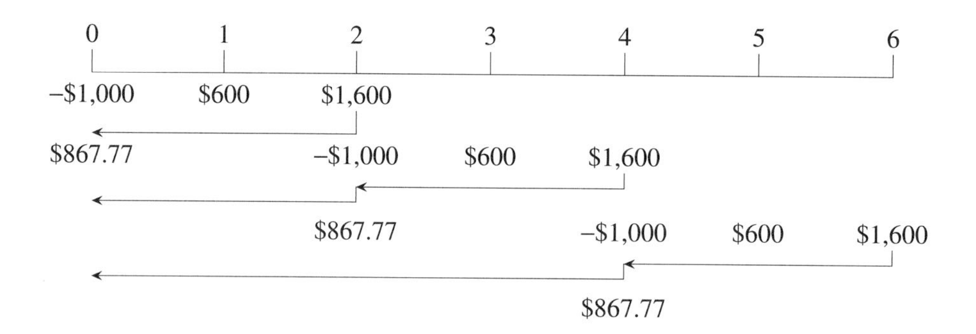

$$NPV_A = \$867.77 + \frac{\$867.77}{1.1^2} + \frac{\$867.77}{1.1^4} = \$2,177.63$$

B 方案：

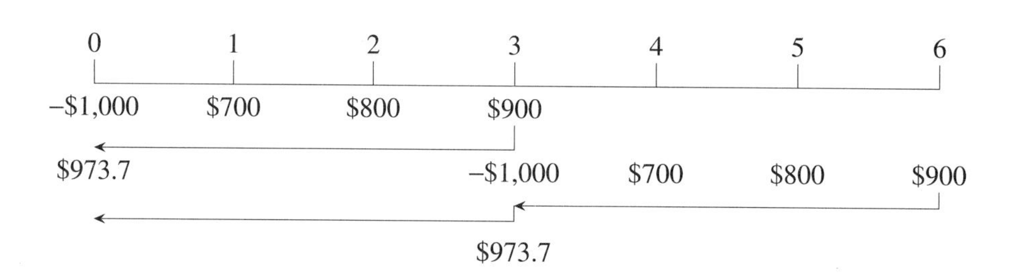

$$NPV_B = \$973.7 + \frac{\$973.7}{1.1^3} = \$1,705.26$$

因 $NPV_A > NPV_B$，故實際上 A 方案才是較好的計畫，而不是在未考慮再投資時有較大 NPV 的 B 方案。

2. 約當年金法 (Equivalent Annual Annuity Series, EAS)

連續重置法的評估在實際上有實行的困難，尤其在最小公倍數愈大時，愈難以重複複製，另一個替代的評估方法可解決上述問題，即約當年金法，將各計畫年限縮短到一年，並把年限不同的投資計畫的淨現值予以年金化 (Annualize)，換算成每年產生多少等額現金，才會得到相同的淨現值。

範例 8–6

承範例 8–3、範例 8–4 加以說明：

$$\$867.77 = EAS_A \times PVIFA(10\%, 2) \Rightarrow EAS_A = \$500.59$$

$$\$973.7 = EAS_B \times PVIFA(10\%, 3) \Rightarrow EAS_B = \$391.53$$

NPV_A = \$867.77，表示 A 方案平均每年可獲得之約當年金 (EAS) 為 \$500.59。

NPV_B = \$973.7，表示 B 方案平均每年可獲得之約當年金為 \$391.53。

由此可知，NPV 較小的 A 方案其實有較多的年金收入，而投資期間較長的 B 方案並沒有為投資者帶來較佳的利益。

若 A、B 二方案可無限制重複投資，則可利用永續年金之觀念來求得其 NPV。

$$NPV_A = \frac{EAS_A}{K} = \frac{\$500.59}{10\%} = \$5,005.9$$

$$NPV_B = \frac{EAS_B}{K} = \frac{\$391.53}{10\%} = \$3,915.3$$

因 $NPV_A > NPV_B$，A 方案較 B 方案有價值。

陸、中途放棄的投資計畫

在資本預算中，可能受到其他因素的影響，而使得公司不得不中途放棄某項投資計畫，將資產轉售他人，比繼續執行該計畫還有利，這種因放棄該投資而增加的價值，稱為放棄價值。

範例 8–7

大田公司購買一部機器價值 52,000 元，可使用 4 年，預期每年可帶來的現金流量和放棄價值如下，公司之資金成本 10%，試問該機器之最適使用年限為何？

年	現金流量	放棄價值
0	–\$52,000	–\$52,000
1	16,000	38,000
2	16,000	36,000
3	16,000	25,000
4	16,000	10,000

解：第 1 年年底放棄：

$$NPV_1 = -\$52{,}000 + \frac{\$16{,}000}{1.1} + \frac{\$38{,}000}{1.1} = -\$2{,}909.09$$

第 2 年年底放棄：

$$NPV_2 = -\$52{,}000 + \frac{\$16{,}000}{1.1} + \frac{\$16{,}000}{1.1^2} + \frac{\$36{,}000}{1.1^2} = \$5{,}520.66$$

第 3 年年底放棄：

$$NPV_3 = -\$52{,}000 + \frac{\$16{,}000}{1.1} + \frac{\$16{,}000}{1.1^2} + \frac{\$16{,}000}{1.1^3} + \frac{\$25{,}000}{1.1^3}$$
$$= \$6{,}572.5$$

第 4 年年底放棄：

$$NPV_4 = -\$52{,}000 + \frac{\$16{,}000}{1.1} + \frac{\$16{,}000}{1.1^2} + \frac{\$16{,}000}{1.1^3} + \frac{\$16{,}000}{1.1^4}$$
$$+ \frac{\$10{,}000}{1.1^4} = \$5{,}547.98$$

因使用 3 年該機器之淨現值最大，其最適使用年限為 3 年。

柒、通貨膨脹對資本預算的影響

一般評估資本預算的現金流量和折現率皆以名目貨幣衡量，但為了反映通貨膨脹的水準，應將名目現金流量和名目折現率調整為實質型態——實質現金流量與實質利率，以反映現在貨幣的購買力。

1. 名目現金流量 vs. 實質現金流量

若一現金流量其未來收入或支出之金額已確定者，或其收入或支出已隨未來之貨幣購買力之變動而調整者為名目現金流量；反之，若未來之現金流量是以基期購買力表示者，為實質現金流量。

範例 8–8

陳先生欲購買一棟價格為 800 萬元的別墅，預期未來通貨膨脹為每年 2%，然而市場預期房價每年以 4% 的速度成長，若 2 年後才購買，則名目支出為何？若按基期調整，則實質支出為何？

解：名目支出 $= \$8,000,000 \times (1+4\%)^2 = \$8,652,800$

實質支出 $= \dfrac{\$8,652,800}{(1+2\%)^2} = \$8,316,801$

2. 名目利率 vs. 實質利率

當現金流量是以名目貨幣衡量，則折現率應以名義上的利率為準；反之，現金流量以真實貨幣衡量，則折現率應以真實利率為準。根據經濟學者 Fisher 假設：

$$1+R=(1+r)(1+\pi)$$

$$r=\frac{1+R}{1+\pi}-1$$

R：名目利率

r：實質利率

π：通貨膨脹率

範例 8–9

大華公司進行一投資案之評估，其各年實質現金流量如下：已知公司的名目折現率為 12%，每年通貨膨脹率預估為 10%，求其 NPV 為何?

年	0	1	2	3	4
現金流量	–\$1000	\$150	\$250	\$400	\$500

解：因其為實質現金流量，所以要用實質折現率去計算 NPV。

$$r=\frac{1+12\%}{1+10\%}-1=0.018$$

$$\text{NPV}=-\$1{,}000+\frac{\$150}{1.018}+\frac{\$250}{1.018^2}+\frac{\$400}{1.018^3}+\frac{\$500}{1.018^4}=\$233$$

或是可以調整時值現金流量成各目現金流量。

$$\text{NPV}=-\$1{,}000+\frac{\$150(1+10\%)}{1.12}+\frac{\$250(1+10\%)^2}{1.12^2}+\frac{\$400(1+10\%)^3}{1.12^3}+\frac{\$500(1+10\%)^4}{1.12^4}=\$233$$

因此，無論以何種方式計算 NPV，其值相等。

捌、資本配額

實際上，公司在某一段時間內所能用於投資的資本額度，往往有所限制，因而產生所謂的**資本配額** (Capital Rationing) 問題。公司只能在有限的資本額度內，選擇能夠提供最大利潤的投資計畫，以下將介紹如何在這些投資計畫中做抉擇。

假設公司所考慮的投資計畫都是獨立的，在已知的資金成本下，計算各

計畫的淨現值 (NPV)，但若公司要執行所有 NPV 為正的投資計畫，其總支出會超過公司的資本預算限額，為了將有限的資金做最佳的配置，將所有淨現值為正的投資計畫由大排列至小，選擇在資本限額內的幾個最高 NPV 的投資計畫。

範例 8–10

公司現有六個投資計畫可供選擇，在資本限額為 3,500,000 元下，應投資何計畫？

投資計畫	投資成本	淨現值
A	$ 400,000	–$ 10,000
B	1,000,000	460,000
C	2,500,000	1,200,000
D	500,000	100,000
E	200,000	– 40,000
F	2,000,000	420,000

解：先按正的淨現值大小重新排列：

投資計畫	投資成本	淨現值
C	$2,500,000	$1,200,000
B	1,000,000	460,000
F	2,000,000	420,000
D	500,000	100,000

在投資限額為 $3,500,000 下，應投資 C、B 二計畫。

玖、資本預算與風險

一、投資計畫風險

投資計畫之事前現金流量的估計通常不會等於事後實際發生的現金流

量，造成投資計畫原先評估的可行結果無法實現，此為投資計畫風險。

可簡單分為二類：

⑴公司風險：執行該計畫對公司盈餘變化幅度的影響。

⑵市場風險：在投資計畫中，無法以多角化投資分散掉的風險，通常以 β 係數衡量。

二、CAPM 評價法

資金成本法之主要缺點在於無法考慮個別投資計畫的風險，每一計畫適用之折現率完全一致的結果，可能造成錯誤接受某些高風險的投資計畫，或錯誤拒絕了某些低風險的投資計畫。

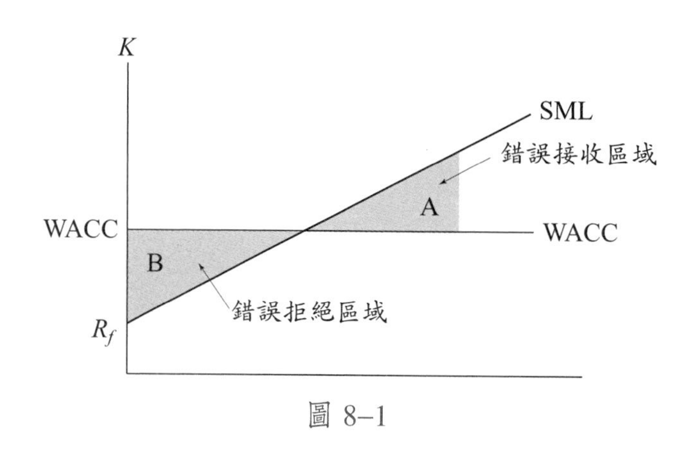

圖 8–1

在相同風險水準下，若依 WACC 法，因 A 計畫的預期報酬率大於 WACC，所以接受 A 計畫，但在 CAPM 下，A 計畫的預期報酬率低於該風險應有的報酬率，導致錯誤地接受 A 計畫；相反地，依 WACC 法，因 B 計畫的預期報酬率小於 WACC，所以拒絕 B 計畫，但依 CAPM，B 計畫提供了高於同等級風險的報酬率，應該接受 B 計畫。

為了糾正上述錯誤，在實務上可利用 CAPM 中的 β 值來衡量投資計畫之風險，藉以推算其適當折現率。

1. 風險調整折現率

(1) $K_a = R_f + \beta(R_m - R_f)$ 稱為風險調整折現率 (Risk-Adjusted Discount Rate)，將現金流量折現法中的折現率調整而使其反映風險係數程度。

(2)投資計畫的 β 值可以下列方式估計：

$$\beta_A = \beta_D \cdot \frac{D}{D+E} + \beta_E \frac{E}{D+E}$$

2. 確定等值法 (Certainty Equivalents)

將有風險的現金流量調整成無風險的現金流量，再以無風險利率去折現，其步驟如下：

(1)求確定等值因子 (CE_t)：

$$CE_t = \left(\frac{1+R_f}{1+K}\right)^t$$

R_f：無風險利率

K：有風險利率

(2)無風險現金流量 = 各期預期現金流量 × 確定等值因子

(3)將各期無風險現金流量以無風險利率折現，求其 NPV。

範例 8–11

一投資計畫期初需投資 5,000 元，未來 3 年可產生的現金流量為 2,000 元，無風險利率 5%，市場風險貼水 10%，估計此投資計畫之 β 值為 0.8，則以：

(1)風險調整折現率法，

(2)確定等值法，

評估此投資計畫。

解：(1) $K_a = R_f + \beta(R_m - R_f)$

$$= 5\% + 0.8 \times 10\% = 13\%$$

$$\text{NPV} = -\$5{,}000 + \frac{\$2{,}000}{1.13} + \frac{\$2{,}000}{1.13^2} + \frac{\$2{,}000}{1.13^3} = -\$277.69 < 0$$

因 NPV < 0，不應投資。

$$(2)CEQ_1 = CF_1 \times (\frac{1+R_f}{1+K_a}) = \$2,000 \times \frac{1+5\%}{1+13\%} = \$1,858.41$$

$$CEQ_2 = CF_2 \times (\frac{1+R_f}{1+K_a})^2 = \$2,000 \times (\frac{1+5\%}{1+13\%})^2 = \$1,726.84$$

$$CEQ_3 = CF_3 \times (\frac{1+R_f}{1+K_a})^3 = \$2,000 \times (\frac{1+5\%}{1+13\%})^3 = \$1,604.58$$

$$NPV = -\$5,000 + \frac{\$1,858.41}{1+5\%} + \frac{\$1,726.84}{(1+5\%)^2} + \frac{\$1,604.58}{(1+5\%)^3}$$

$$= -\$277.69 < 0$$

因 NPV < 0，不應投資。

拾、作　業

1. 何謂「原始淨投資額」?
2. 何謂「營運現金流量」?
3. 何謂「期末現金流量」?
4. 何謂「資本配額」?
5. 何謂「投資計畫風險」?
6. 資本預算有哪三種基本類型?
7. 公司經常面臨的投資計畫，按內容而言可分為哪三種?
8. 由於不同經濟年限下的投資方案不能僅由 NPV 的大小來斷定其優劣，因此請舉出兩個方法來解決因年限不同而造成的問題。
9. 某公司添購機器一臺，成本為 \$15,000，使用年限 5 年，估計 5 年後無殘值，在公司稅率為 40%，資金成本為 10% 下，請分析直線法、倍數餘額遞減法與年數合計法三種折舊方法中，何者對公司最有利?
10. 某公司正考慮購買一部新機器，售價為 \$100,000，安裝費 \$20,000，公司依直線法分 5 年攤提折舊費用，無殘值，但公司預估 5 年後將機器出售尚可獲得 \$10,000，公司預估使用這部機器，其淨營運資金必須增加 \$50,000，預期每年將增加收入 \$50,000，且省下 \$20,000 的營運成本，已知公司的稅率為 40%，資金成本為 10%，列出公司每年的現金流量，並評估公司是否應購買此機器？

11. 某公司現有二互斥計畫 A、B 方案，預估現金流量如下，資金成本為 12%，請問該公司該採取哪一方案？

年	A	B
0	–$100	–$100
1	20	70
2	60	50
3	80	20

12. 某公司現有二個互斥的投資方案 A、B，預估現金流量如下，已知資金成本為 10%，由於此兩方案的經濟年限不同，請分別利用連續重置法替公司評估該採取哪一方案？

年	A	B
0	–$100	–$100
1	50	60
2	70	40
3		30

13. 大田公司購買一部機器價值 $30,000，可使用 4 年，預期每年可帶來的現金流量和放棄價值如下，公司之資金成本 10%，試問該機器之最適使用年限為何？

年	現金流量	放棄價值
0	–$30,000	–$30,000
1	12,000	24,000
2	12,000	20,000
3	12,000	18,000
4	12,000	10,000

14. 某公司進行一投資案之評估，其各年實質現金流量如下：已知公司的名目折現率為 15%，每年通貨膨脹預估為 10%，求其 NPV 為何？

年	0	1	2	3	4
現金流量	–$1,000	$200	$280	$360	$500

15. 公司現有六個投資計畫可供選擇，在資本限額為 $500,000 下，應投資何計畫？

投資計畫	投資成本	淨現值
A	$200,000	−$10,000
B	100,000	14,000
C	250,000	22,000
D	300,000	100,000
E	200,000	−40,000
F	150,000	20,000

16. 一投資計畫期初需投資 $100,000，未來 3 年每年可產生 $38,000 的現金流量，無風險利率 4%，市場風險貼水 10%，估計此投資計畫之 β 值為 0.85，則以(1)風險調整折現率法，(2)確定等值法評估此投資計畫。

第九章　資本結構理論 (I)

壹、前　言

公司都有一特定的理想資本結構，其融資決策應配合此一特定的資本結構目標，當實際的負債比率低於理想中的負債比率，則擴充所需的資金將以舉債來籌措；反之，當實際的負債比率高於理想中的負債比率，則以發行新股來籌措所需資金。

資本結構理論所探討的是如何在風險與報酬之間做抉擇，因使用過多的負債將會增加公司的風險，從而導致公司的股價下跌，但另一方面使用過多的負債卻能提高公司的預期報酬率，使公司股價上漲，因此，最適的資本結構必須在風險與報酬之間求其平衡以使公司的價值極大化，同時使整個公司的資金成本極小。影響資本結構決策的因素有許多，其中以下列為最重要：

第一為事業風險，當公司的事業風險愈大，則最適的負債比率就愈小。

第二為稅盾效果，公司使用舉債的主要理由是所支付的利息可以抵稅，降低稅負的支出，以增加公司的淨利。

第三為融資彈性，即公司在不利的情況下，能以合理條件來籌措資金的能力，乃因穩定的資金來源與供應，為公司長期順利營運的重要關鍵。

貳、事業風險

事業風險 (Business Risk) 為公司未來息前稅前盈餘 (EBIT) 的不確定程度。不同產業的事業風險不同，即使是同產業的各公司其事業風險亦不相同。

影響事業風險大小的主要因素：

1. 需求的變動性

在其他條件不變下，當產品的需求愈穩定，則公司的事業風險愈小。

2. 售價的變動性

當產品的售價愈容易受到市場力量所影響，則公司的事業風險愈大。

3. 生產因素價格的變動性

當生產因素價格波動性愈大，則公司的事業風險愈大。

4. 調整價格的能力

當生產因素價格上漲時，若公司愈能有調整產品售價的能力，則其事業風險愈小。

5. 固定成本所佔的比例

此即營運槓桿的大小，若公司的成本中有很大的比例是固定成本，不會隨著產品的減少而減少，則公司的事業風險很大。

事業風險是影響資本結構的最重要因素，當事業風險愈大，則公司的負債比率宜愈低。

參、營運槓桿

營運槓桿 (Operating Leverage) 意指在公司營運中，固定成本使用的程度。固定成本佔總成本的比例愈高，則公司營運槓桿就愈大，即銷貨的小量變動會引起息前稅前盈餘 (EBIT) 大幅的變動。一般說來，自動化程度愈高、資本愈密集的產業，其固定成本也愈大，如電力公司、水利公司、航空公司等。

一、損益兩平點 (Breakeven Point)

意指當總收入等於總成本時的銷售量或銷售額。

$$P \times Q = V \times Q + F$$

$$P \times Q - V \times Q - F = 0$$

$$\text{EBIT} = 0$$

P：每單位的平均售價

Q：銷售量

V：每單位的變動成本

F：固定成本

由上式可解出，損益兩平點的銷售量：

$$Q^* = \frac{F}{P - V}$$

或損益兩平點之銷售額：

$$P \times Q^* = \frac{F}{1 - \frac{V}{P}}$$

範例 9–1

以不同的營運槓桿程度來說明營運槓桿的觀念，大成公司有 A、B 兩個營運計畫：

營運計畫	A	B
單位售價	$3	$3
固定成本	$15,000	$40,000
單位變動成本	$2	$1

解：A 計畫

銷售量 Q	銷售額 $P \times Q$	固定成本 F	變動成本 V	息前稅前盈餘 EBIT
0	$　　0	$15,000	$　　0	–$15,000
10,000	30,000	15,000	20,000	–　5,000
15,000	45,000	15,000	30,000	0

20,000	60,000	15,000	40,000	5,000
25,000	75,000	15,000	50,000	10,000
30,000	90,000	15,000	60,000	15,000

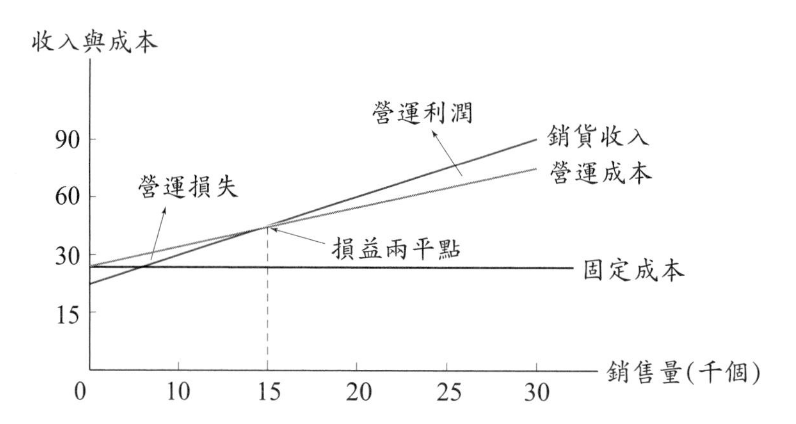

B 計畫：

銷售量 Q	銷售額 $P\times Q$	固定成本 F	變動成本 V	息前稅前盈餘 EBIT
0	$ 0	$40,000	$ 0	−$40,000
10,000	30,000	40,000	10,000	− 20,000
15,000	45,000	40,000	15,000	− 10,000
20,000	60,000	40,000	20,000	0
25,000	75,000	40,000	25,000	10,000
30,000	90,000	40,000	30,000	20,000

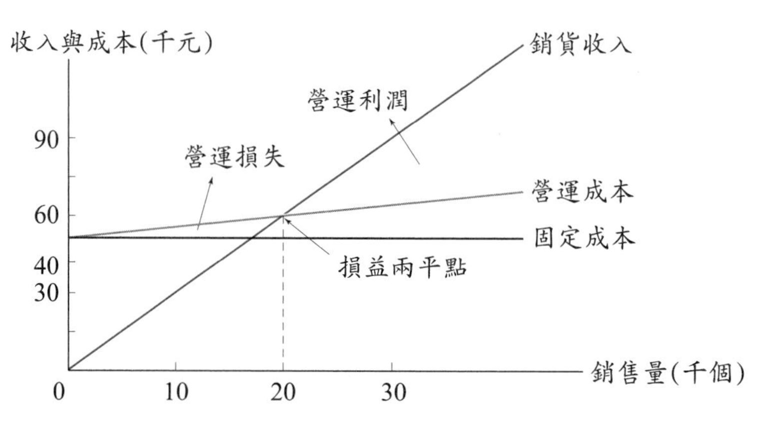

A 計畫之損益兩平點 $Q_A^* = \dfrac{\$15,000}{\$3-\$2} = 15,000$

B 計畫之損益兩平點 $Q_B^* = \dfrac{\$40{,}000}{\$3 - \$1} = 20{,}000$

由此可知，B 計畫的風險較大，因其固定成本較高，即營運槓桿程度較大，事業風險也就愈大。

二、營運槓桿程度 (Degree of Operating Leverage, DOL)

衡量營運槓桿大小的方法稱為營運槓桿程度，是指當銷售額變動 1% 時，息前稅前盈餘 (EBIT) 會變動多少百分比。

$$\text{DOL} = \frac{\Delta\text{EBIT}/\text{EBIT}}{\Delta Q/Q} = \frac{\Delta\text{EBIT}}{\text{EBIT}} \times \frac{Q}{\Delta Q}$$

$$\text{又 EBIT} = P \times Q - V \times Q - F$$

$$= Q(P - V) - F$$

$$\therefore \text{DOL} = \frac{\Delta Q(P - V)}{Q(P - V) - F} \times \frac{Q}{\Delta Q}$$

$$= \frac{Q(P - V)}{Q(P - V) - F}$$

$$= \frac{\text{EBIT} + F}{\text{EBIT}}$$

$$= 1 + \frac{F}{\text{EBIT}}$$

營運槓桿程度為 1 加上固定成本佔息前稅前盈餘的百分比。當固定成本為 0 時，營運槓桿程度是 1，隱含銷售量百分比和息前稅前盈餘變動百分比為 1 對 1 的關係，不存在放大效果，即沒有槓桿效果。

範例 9–2

東芝公司生產燈泡，每只售價 120 元，變動成本佔售價的 25%，行銷和包裝費用每年固定投入 54 萬元，則：

(1)會計損益兩平點是多少?

(2)若目前每年可銷售 1 萬個，在此一銷售量下之 DOL 為何?

(3)又銷售量增加 50%，則息前稅前盈餘為多少？

解：變動成本 $V = \$120 \times 25\% = \$30$

(1)損益兩平點 $= \dfrac{F}{P - V} = \dfrac{\$540{,}000}{\$120 - \$30} = 6{,}000$

(2) $\text{EBIT} = 10{,}000(\$120 - \$30) - \$540{,}000 = \$360{,}000$

$$\text{DOL} = \frac{\text{EBIT} + F}{\text{EBIT}} = \frac{\$360{,}000 + \$540{,}000}{\$360{,}000} = 2.5$$

(3) $\text{DOL} = \dfrac{\Delta\text{EBIT}/\text{EBIT}}{\Delta Q/Q}$

$$2.5 = \frac{\Delta\text{EBIT}/\$360{,}000}{0.5}$$

$\Delta\text{EBIT} = \$450{,}000$

$\therefore\ \text{EBIT} = \$360{,}000 + \$450{,}000 = \$810{,}000$

肆、財務風險

營運槓桿是指使用固定的營運成本，即固定設備或資產，而財務槓桿是指使用固定收益的證券，即負債與股票，因此使用財務槓桿而「額外」增加的風險，稱為「財務風險」(Financial Risk)。公司本來就有某種營運風險，即事業風險，而現在若公司又使用了財務槓桿來融通其營運，就普通股股東的立場而言，其原來的風險就會比以前為大。

公司的價值是否因使用舉債而增加？且若公司以舉債來取代權益，則公司應使用財務槓桿至何種程度，才能使公司價值極大化？因此，我們將探討公司如何選擇能使其股價極大的資本結構。

由於股價是一系列預期股利的折現值之和，倘若財務槓桿的使用會影響股價，則一定是以改變未來的預期股利或以改變權益的必要報酬率 K_e，或是同時改變兩者的方式來影響股價，以下將探討。

範例 9–3

以實全公司為例，基本公司資料：未來經濟情況有三種可能 A、B、C，機率為下：

PART 1：

（單位：千元）

EBIT 的計算	A	B	C
銷貨機率	0.2	0.5	0.3
銷　貨	$ 500	$ 1,000	$ 1,500
固定成本	(200)	(200)	(200)
變動成本	(300)	(600)	(900)
EBIT	$ 0	$ 200	$ 400

PART 2：負債／資產＝0%

（單位：千元）

	A	B	C
EBIT	$0	$200	$ 400
所得稅 (25%)	0	(50)	(100)
淨　利	$0	$ 150	$ 300
EPS（100,000 股）	$0	$1.5	$3

$$E(EPS) = 0.2 \times 0 + 0.5 \times \$1.5 + 0.3 \times \$3 = \$1.65$$

$$Var(EPS) = 0.2(0 - \$1.65)^2 + 0.5(\$1.5 - \$1.65)^2 + 0.3(\$3 - \$1.65)^2$$

$$= \$1.1025$$

$$SD(EPS) = 1.05$$

PART 3：負債／資產＝50%　負債＝100　利率＝15%

（單位：千元）

	A	B	C
EBIT	$ 0	$ 200	$ 400
利 息	(15)	(15)	(15)
所得稅 (25%)	3.75	(46.25)	(96.25)
淨 利	$(11.25)	$ 138.75	$ 288.75
EPS（50,000 股）	$(2.25)	$ 2.775	$ 5.775

$$E(EPS) = 0.2 \times \$(2.25) + 0.5 \times \$2.775 + 0.3 \times \$5.775 = \$3.165$$

$$Var(EPS) = 0.2[\$(2.25) - \$2.67]^2 + 0.5[\$2.775 - \$2.67]^2 + 0.3[\$5.775 - \$2.67]^2 = \$7.7391$$

$$SD(EPS) = \$2.782$$

因此，舉債可能提高 E(EPS)，但卻使 EPS 的波動變大，即 SD(EPS) 變大，使股東報酬更加不確定。

範例 9–4

若大成公司總資產為 100 萬，K_d (Earning Power) = EBIT/A = 20%，t = 20%。

解：(1) $K_d = 10\%$：

（單位：千元）

	A ($D/A = 0$)	B ($D/A = 50\%$)	C ($D/A = 80\%$)
EBIT	$20	$20	$20
I	0	(5)	(8)
EBT	$20	$15	$12
T	(4)	(3)	(2.4)
NI	$16	$12	$9.6
EPS	$1.6	$2.4	$4.8
ROE	16%	24%	48%

(2) $K_d = 20\%$：

（單位：千元）

	A ($D/A=0$)	B ($D/A=50\%$)	C ($D/A=80\%$)
EBIT	\$ 20	\$ 20	\$ 20
I	0	(10)	(16)
EBT	\$ 20	\$ 10	\$ 4
T	(4)	(2)	(0.8)
NI	\$ 16	\$ 8	\$3.2
EPS	\$1.6	\$1.6	\$1.6
ROE	16%	16%	16%

(3) $K_d=30\%$；

（單位：千元）

	A ($D/A=0$)	B ($D/A=50\%$)	C ($D/A=80\%$)
EBIT	\$ 20	\$ 20	\$ 20
I	0	(15)	(24)
EBT	\$ 20	\$ 5	\$ (−4)
T	(4)	(1)	(0.8)
NI	\$ 16	\$ 4	−\$ 3.2
EPS	\$1.6	\$0.8	−\$ 1.6
ROE	16%	8%	−16%

結論：

(1)財務槓桿愈大，其 ROE 愈不穩定。

(2)當 $K_d=\text{EBIT}/A$ 時，ROE 不受資本結構影響。

(3)當 EBIT $>K_d$，舉債愈多，ROE 愈大。

(4)當 EBIT $<K_d$，舉債愈多，ROE 愈小。

伍、財務槓桿程度

衡量財務風險大小的財務指標，稱為財務槓桿程度 (Degree of Financial Leverage, DFL)。財務風險（使用負債的風險）原是指「當 EBIT 變動時，EPS 變動的幅度」，而財務槓桿程度是指「當 EBIT 變動 1% 時，EPS 隨之變動多少百分比」。

$$DFL=\frac{\Delta EPS/EPS}{\Delta EBIT/EBIT}=\frac{\Delta EPS}{EPS}\times\frac{EBIT}{\Delta EBIT}$$

又 $EPS=\frac{(EBIT-I)(1-t)-D_p}{N}$

I：利息支出

t：稅率

D_p：特別股股利

1. 當沒有特別股存在，即 $D_p=0$ 時

$$DFL=\frac{(\Delta EBIT-\Delta I)(1-t)/N}{(EBIT-I)(1-t)/N}\times\frac{EBIT}{\Delta EBIT}$$

$\Delta I=0$，因利息支出為固定

$$DFL=\frac{EBIT}{EBIT-I}$$

由此可知：

(1)當其他條件不變下，利息費用 (I) 愈高，DFL 愈大。

(2)當其他條件不變下，EBIT 愈高，DFL 愈小。

2. 公司同時發行債券與特別股時

$$DFL=\frac{EBIT(1-t)}{(EBIT-I)(1-t)-D_p}$$

3. 公司僅發行特別股時，即 $I=0$

$$DFL=\frac{EBIT(1-t)}{EBIT(1-t)-D_p}$$

範例 9–5

元林公司今年的息前稅前盈餘為 90 萬元，適用稅率為 25%，求下列情形之 DFL。

(1)公司舉債，利息費用為 300,000 元。

(2)僅發行特別股，今年股息為 200,000 元。

(3)同時舉債和發行特別股，利息費用 150,000 元，特別股股利 60,000 元。

解：$\text{DFL}=\dfrac{\text{EBIT}}{\text{EBIT}-I}=\dfrac{\$900{,}000}{\$900{,}000-\$300{,}000}=1.5$

$$\text{DFL}=\frac{\text{EBIT}(1-t)}{\text{EBIT}(1-t)-D_P}=\frac{\$900{,}000(1-0.25)}{\$900{,}000(1-0.25)-\$200{,}000}=1.421$$

$$\text{DFL}=\frac{\text{EBIT}(1-t)}{(\text{EBIT}-I)(1-t)-D_P}$$

$$=\frac{\$900{,}000(1-0.25)}{(\$900{,}000-\$150{,}000)(1-0.25)-\$60{,}000}=1.343$$

陸、總槓桿程度

由於營運槓桿會使銷貨的變動對 EBIT 具有擴張效果，若財務槓桿被加在營運槓桿之上，則 EBIT 的變動將對每股盈餘 (EPS) 具有擴張效果，因此當公司同時使用大量的營運槓桿與財務槓桿時，即使銷貨水準有小小的變動，也將會引起其 EPS 產生大幅的變動。

我們將營運槓桿和財務槓桿程度合併在一起，可得總槓桿程度 (Degree of Total Leverage, DTL)，又稱合併槓桿程度 (Degree of Combined Leverage)，以便瞭解銷貨變動 1% 對每股盈餘所產生的總槓桿作用。

$$\text{DTL}=\frac{\Delta\text{EPS}/\text{EPS}}{\Delta Q/Q}$$

$$=\frac{\Delta\text{EPS}/\text{EPS}}{\Delta\text{EBIT}/\text{EBIT}}\times\frac{\Delta\text{EBIT}/\text{EBIT}}{\Delta Q/Q}$$

$$=\text{DFL}\times\text{DOL}$$

$$=\frac{\text{EBIT}}{\text{EBIT}-I}\times\frac{\text{EBIT}+F}{\text{EBIT}}$$

$$=\frac{\text{EBIT}+F}{\text{EBIT}-I}$$

柒、作　業

1. 影響資本決策最重要的因素有哪幾個?
2. 何謂事業風險? 影響事業風險的因素為何?
3. 何謂營運槓桿? 何謂營運槓桿程度?
4. 何謂財務風險?
5. 何謂財務槓桿程度?
6. 何謂總槓桿?
7. 在其他情況不變下,若公司的固定成本較高,則其營運槓桿程度較其他公司有何不同?
8. 當公司存有特別股時,其財務槓桿程度與不存有特別股時有何不同?
9. 當公司舉債增加時,對公司的 ROE 會有什麼影響?
10. 若公司不存在特別股時,且其他情況不變下,若舉債利率上升,則公司的 DFL 會如何變動?
11. 吉林公司今年的營業利潤為 $1,000,000,稅率為 25%,求下列情況下之 DFL?
    ⑴公司舉債,利息費用為 $200,000。
    ⑵僅發行特別股,今年股息 $200,000。
    ⑶同時舉債與發行特別股,利息費用 $200,000,特別股股利 $60,000。
12. ABC 公司是一間以生產飲料為主的公司,已知其目前銷售量為 500,000 瓶,其行銷與其他固定費用為 $2,000,000,變動成本為每瓶 $11,售價為每瓶 $20,股利為 $24,000,稅率為 30%,利息為 $100,000,試求:
    ⑴營運槓桿程度。
    ⑵財務槓桿程度。
    ⑶總槓桿程度。
13. 承上題,請求出損益兩平點下之銷售量?
14. SS 公司目前銷售額為 $1,000,000,其變動成本率為售價的 60%,固定成本為 $100,000,舉債為 $2,000,000,借款利率為 5%,試問:
    ⑴ DTL。
    ⑵若銷貨增加 1 倍,則 EPS 的變動幅度是否也為 1 倍?

第十章　資本結構理論 (II)

壹、前　言

公司的主要資金來源包括負債與權益，而資本結構意指由負債資金和權益資金構成的融資組合。資本結構理論所探討的重點在於：如果管理當局的首要目標是使股東的財富極大化，那麼資本結構的決定是否能為股東創造出價值？即經由適當的負債與權益組合，管理當局是否能使公司的資金成本降到最低，導致普通股每股股價的最大化？

本章先介紹傳統的資本結構理論，並說明 MM 的資本結構無關論，再加入個人所得稅與公司所得稅在內後的米勒模式，最後探討其他影響資本結構的因素。

貳、傳統學派的資本結構

傳統學派認為舉債成本 K_d 與權益成本 K_e 在負債比率較小的時候不會有大變動，乃因此時財務風險很小，故加權平均成本 K_a 會隨著負債的增加而下降。但當舉債額度逐漸增加後，投資人和債權人意識到公司之風險增加，使得原來的舉債成本 K_d 和權益成本 K_e 隨之上升，以致 K_a 隨之上揚。

在加權資金成本的變化過程中，可以找出一個最低點，此時的負債 / 權益比 (D/E) 為公司之最適資本結構，能使公司價值最大化。

因此，傳統學派認為每一公司均存在有一最適資本結構，而使公司的價值極大化。

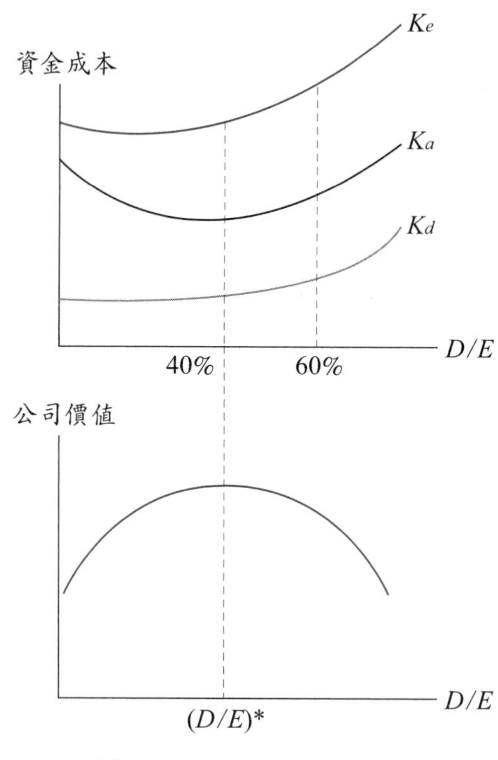

圖 10–1　最適資本結構

參、資本結構無關論

1958 年，Modigliani 和 Miller 兩位美國經濟學者共同發表一篇在財務學術上之重要文獻——「資本結構無關論」(Capital Structure Irrelevance Theory)，又稱為「MM 理論」，主張在某些假設情況下，資本結構不會影響公司的價值，亦不會影響資金成本。

MM 理論——無稅情況

基本假設：

⑴完全資本市場，沒有稅、交易成本……等。

⑵債券利率為無風險利率：個人與公司可無限制以無風險的利率從事借款或放款。

(3)沒有破產成本。

(4)同質性預期：所有投資人對同一公司的預期 EBIT 和風險均有相同的預期。

(5)不考慮股利政策，全部的 EBIT 均作為股利發放給股東。

1. 定理 I

公司的價值是由其營運能力所決定，即取決於 EBIT 的大小，再除以適當的加權平均資金成本而得，其與資本結構無關。

若有兩家公司的事業風險、預期 EBIT 等條件皆相同，只有資本結構不同，MM 理論認為其公司價值不同之差異，終將因套利而消失，兩公司的價值會趨於相等。即：

$$V_L = V_U = \frac{\text{EBIT}}{K_a}$$

V_L：有舉債公司價值

V_U：沒有舉債公司價值

結論：在無稅的情況下，公司價值決定於 EBIT，而與資本結構無關，有舉債公司價值與沒有舉債公司價值相等。

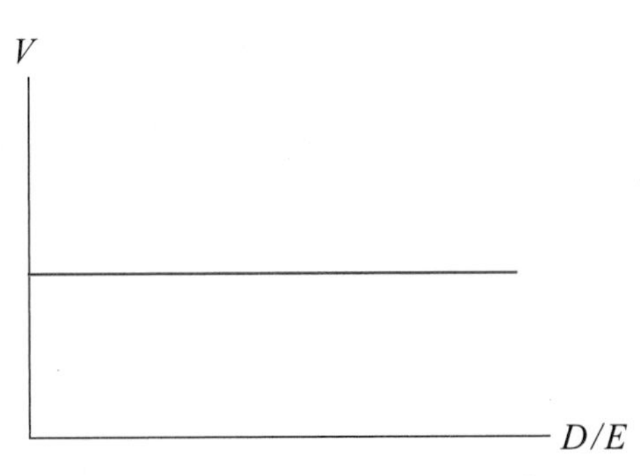

圖 10–2　資本結構無關論

2. 定理II

權益成本 K_e 等於加權平均資金成本 K_a 加上風險貼水，而該風險貼水隨著負債權益比之增加而增加。

$$K_a = \frac{D}{A} \times K_d + \frac{E}{A} \times K_e$$

$$A \times K_a = D \times K_d + E \times K_e$$

$$K_e = \frac{A}{E}K_a - \frac{D}{E}K_d$$

$$K_e = \frac{D+E}{E}K_a - \frac{D}{E}K_d$$

$$K_e = K_a + \frac{D}{E}(K_a - K_d)$$

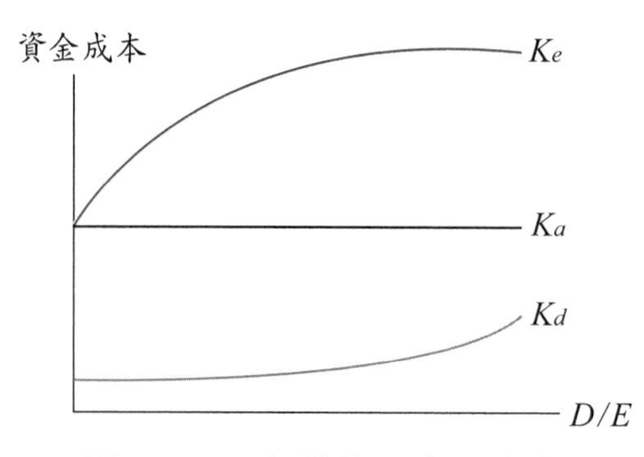

圖 10–3　無關論之資金成本

當公司開始使用負債時，由於負債的資金成本較低，故隨著負債比率上升時，WACC 應愈小，但財務槓桿的使用會提高股東預期報酬率，但此報酬率的增加乃股東預期其所承受的風險增加所致，因而抵消負債帶來的好處，故 WACC 不因資本結構改變而有所改變。

結論：資本結構對公司資金成本沒有影響，亦即有無舉債的 WACC 都相等，最適資本結構不存在。

肆、資本結構有關論

在無稅的假設情況下，MM 理論證明了公司價值不受資本結構影響，但畢竟其基本假設與現實世界相差太遠，因而 MM 理論在考慮有稅情況下做了修正，利息支出可產生稅盾效果，使得公司價值隨著負債的增加而增加。

一、MM 理論——有稅情況

原始 MM 無關論存在於一些不合理的基本假設，打破這些假設，資本結構之決策就不再無關於公司價值。例如有稅的考慮。

1. 定理 I 修正

舉債公司價值等於無舉債公司價值加上使用負債所產生的抵稅效果。

$V_L = V_U + t_c \times D$

t_c：公司所得稅稅率

其中，$t_c \times D$ 乃利息費用

在有公司所得稅存在時，舉債的利息可以列為費用予以扣減，具有節稅效果，因此，有舉債公司價值 V_L 超過無舉債公司價值 V_U 的部分，即為 $t_c \times D$ 之稅盾效果。

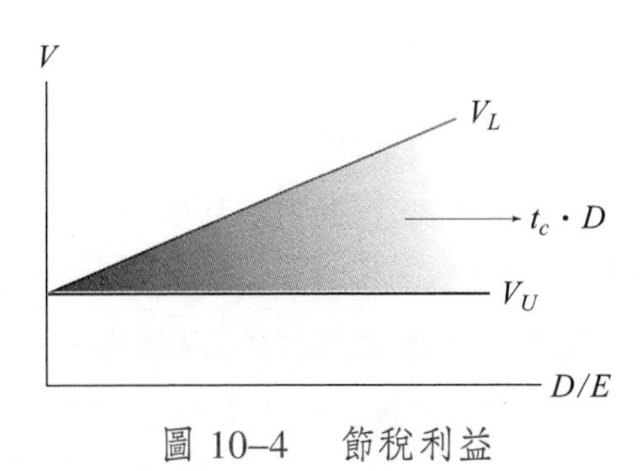

圖 10–4　節稅利益

範例 10–1

比較無舉債公司和有舉債公司的公司稅的節省:

	無舉債公司	有舉債公司
EBIT	\$ 5,000	\$ 5,000
利息費用	(0)	(2,000)
EBT	\$ 5,000	\$ 3,000
所得稅 (34%)	(1,700)	(1,020)
淨　利	\$ 3,300	\$ 1,980
股東所得	3,300	1,980
債權人所得	0	2,000
支付給股東及債權人總額	\$ 3,300	\$ 3,980*
利息之租稅價值	0	680**

*\$3,300 + \$680 = \$3,980

**\$2,000 × 0.34 = \$680; \$1,700 − \$1,020 = \$680

有舉債公司較無舉債公司可以少支付公司所得稅 \$1,700 − \$1020 = \$680，此即所謂的利息之租稅價值，亦等於稅率乘上利息費用 \$2,000 × 0.34 = \$680，因節稅效果所產生多餘的金額，可用來支付給股東和債權人。

2. 定理II之修正

有舉債公司的權益資金成本等於無舉債公司的權益資金成本加上一風險貼水，此風險貼水之大小由所得稅率和負債比率所決定。

$$K_e = K_U + \frac{D}{E}(1 - t_c)(K_U - K_d)$$

K_e 會隨著負債比率的提高而增加，但此時多了稅率因子 $(1 - t_c)$，使得 K_e 增加速度變慢了。此外，由於 $K_d < K_U$，當公司的負債比率上升時，WACC 將隨之下降，在百分之百負債之極端情形下，公司價值最大。

結論：當公司所得稅率存在時，公司可透過舉債方式增加公司的總價值，亦即加權平均資金成本 K_a 隨著負債比率之上升而下降。

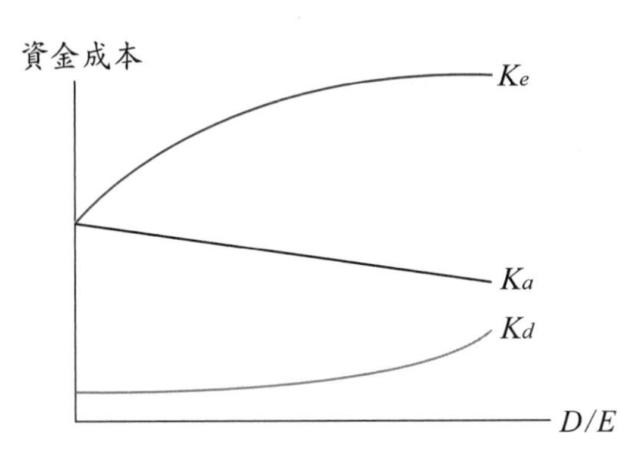

圖 10–5　考慮稅後之資金成本

範例 10–2

假設 $K_U = 12\%$，則無舉債公司和有舉債公司之價值各為何？有舉債公司的權益資金成本及加權平均資金成本為多少？

	無舉債公司	有舉債公司
總資產	\$1,000	\$1,000
負　債	\$　0	\$　500
股東權益	1,000	500
EBIT	\$　200	\$　200
利息費用 (10%)	0	50
EBT	\$　200	\$　150
所得稅 (40%)	80	60
淨　利	\$　120	\$　90

$$V_U = \frac{\text{EBIT}(1 - t_c)}{K_U} = \frac{\$200(1 - 0.4)}{0.12} = \$1{,}000$$

$$V_L = V_U + t_c \cdot D = \$1{,}000 + 0.4 \times \$500 = \$1{,}200$$

$$E = V_L - D = \$1{,}200 - \$500 = \$700$$

$$K_e = K_U + \frac{D}{E}(1 - t_c)(K_U - K_d)$$

$$= 12\% + \frac{\$500}{\$700}(1 - 0.4)(12\% - 10\%)$$

$$= 12.86\%$$

或 $K_e=\frac{NI}{E}=\frac{\$90}{\$700}=12.86\%$

$$K_a=K_d(1-t_c)\times\frac{D}{V_L}+K_e\times\frac{E}{V_L}$$
$$=10\%(1-0.4)\times\frac{\$500}{\$1,200}+12.86\%\times\frac{\$700}{\$1,200}$$
$$=10\%$$

二、當個人所得稅和公司所得稅並存時

1. 稅後股東收入除以股東報酬率所得之值為無舉債公司價值

$$V_U=\frac{\text{EBIT}(1-t_c)(1-t_e)}{K_U}=\frac{\text{EBIT}(1-t_c)(1-t_e)}{K_e}$$

$\because K_U=K_e$

t_c：公司所得稅稅率

t_d：債權人所得稅稅率

t_e：股東個人所得稅稅率

2. 有舉債公司的稅後現金流量，將分配給股東及債權人

$$\text{現金流量}=\text{股東可得現金流量}+\text{債權人可得現金流量}$$
$$=(\text{EBIT}-r\times D)(1-t_c)(1-t_e)+r\times D(1-t_d)$$
$$=\text{EBIT}(1-t_c)(1-t_e)-r\times D(1-t_c)(1-t_e)+r\times D(1-t_d)$$

3. 舉債公司價值為現金流量除以適當的資金成本

$$V_L=\frac{\text{EBIT}(1-t_c)(1-t_e)}{K_e}-\frac{r\times D(1-t_c)(1-t_e)}{K_d}+\frac{r\times D(1-t_d)}{K_d}$$
$$=V_U+[(1-t_d)-(1-t_c)(1-t_e)]\times D$$
$$=V_U+\left[1-\frac{(1-t_c)(1-t_e)}{1-t_d}\right]\times D$$

$(\because r = K_d)$

(1)當 $t_c = t_d = t_e = 0$，則 $V_L = V_U$，此即在無稅情況下之 MM 理論。

(2)當 $t_c > 0$，$t_d = t_e = 0$，則 $V_L = V_U + t_c \times D$，此即在有稅情況下之 MM 理論 I。

(3)當 $t_c > 0$，$t_d = t_e \neq 0$，則 $V_L = V_U + t_c \times D$。

(4)當公司稅稅率和個人所得稅稅率同時存在下，公司舉債雖有節稅利益，但當投資人利息收入愈多，所適用的個人稅率等級也愈高，將抵銷更多的節稅利益。

(a)若 $(1 - t_c)(1 - t_e) < (1 - t_d)$，則 $V_L > V_U$，表示舉債有利。

(b)若 $(1 - t_c)(1 - t_e) = (1 - t_d)$，則 $V_L = V_U$，表示有無舉債對公司價值沒有影響。

(c)若 $(1 - t_C)(1 - t_e) > (1 - t_d)$，則 $V_L < V_U$，表示舉債不利。

此即所謂的米勒模型 (Miller Model)：有舉債公司的價值等於無舉債公司的價值加上負債的節稅利益，而此節稅利益除由公司所得稅率決定外，尚包括股東及債權人所得稅率。

米勒模型認為在加入個人所得稅率後，舉債要享有節稅利益須有條件限制，否則公司價值反而減低。

伍、影響資本結構的其他因素

一、資訊不對稱

由於公司的內部經營管理者擁有較外部投資人未知且精確的資訊內容，因此會產生資訊不對稱 (Information Asymmetry) 的情形。在資訊不對稱的情形下，公司的資本結構隱含了某些關於公司未來前景的資訊內容，因此投資人可將公司資本結構的改變視為一種信號 (Signal)，藉由此信號來改變對公司價值的預期，此即所謂的信號發射理論 (Signalling Theory)。

當資訊不對稱的情形存在時，公司發行新股會被認為目前股價被高估，公司未來前景不佳，故會導致股價下跌，因此為避免公司股價下跌，公司會盡量避免利用發行新股去籌資，而利用其他決策所產生的決策信號，來傳達公司未來展望的資訊給市場投資大眾。

二、破產成本

當公司所得稅存在時，MM 理論定理 I 認為舉債可增加公司價值，當公司舉債比例愈高時，會導致預期的破產成本 (Bankruptcy Cost) 提高，且權益市值降低。因此，破產成本的存在，使得公司的資本結構中，使用負債的額度將受到限制。

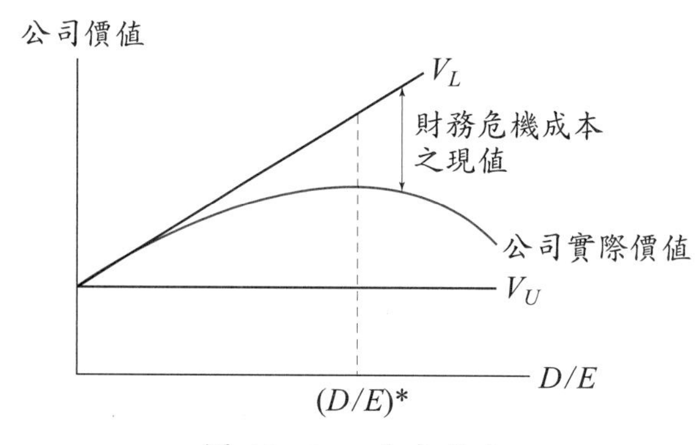

圖 10–6　破產成本

破產成本大致可分為下列幾種：

(1)財務成本明顯上升，融資條件惡化。

(2)上游供應商不再以優惠條件供料。

(3)下游客戶轉移訂單至其他競爭者。

(4)外部資金取得不易。

(5)必須降價賣出固定資產來融通營運資金而產生的變現損失。

(6)宣告破產保護相關的法律、會計及行政費用。

(7)公司面臨財務危機時，股東與債權人的代理問題。

三、代理成本

由於股東與管理當局及債權人與股東間存有代理關係，為確保管理當局所做的行為決策都能符合股東最大利益，公司必須負擔各種費用和代理成本(Agent Cost)。然而為避免因股東會的決議而傷害到債權人應有的利益時，債權人通常是藉由在債務契約中加入保護條款，或是增加公司舉債的資金成本，用以限制公司的不利舉動，以解決發生在股東與債權人之間的代理問題。

四、融資順位理論

融資順位理論 (Pecking Order Theory) 結合了公司的投資、融資與股利決策：

⑴公司偏好內部融資 (Internal Finance) 勝於外部融資 (External Finance)，因使用公司自有資金來進行融資活動，可省去發行成本和受外部人士的監督和限制。

⑵公司嚴守股利政策，股利發放盡量保持穩定，但對內部融資及投資決策所需要的資金保持若干彈性。

⑶由於盈餘的波動及投資機會的變化，當內部資金大於投資所需資金時，公司會將多餘的資金用於還款或將其投資於有價證券。反之，若內部資金小於投資所需資金時，公司才會考慮使用外部融資，出售其短期投資或向銀行借款。

⑷當公司需要外部融資時，會考慮成本的高低，優先使用成本較低的負債，其次為負債與權益混合證券，最後才會發行成本較高的普通股。

在融資順位理論中，公司沒有目標資本結構，因權益中包含了優先使用的保留盈餘及最後才使用的普通股，負債比率只是投資決策、股利政策、外部融資及內部融資決策相互影響的結果。

陸、作　業

1. 何謂「資本結構」?
2. 請敘述傳統學派的資本結構理論。
3. 資本結構無關論，也就是所謂的 MM 理論，有哪些基本假設?
4. 何謂「信號發射理論」?
5. 何謂「代理成本」?
6. 破產成本大致可分為哪幾種?
7. 請說明融資順位理論。
8. MM 理論與 MM 理論之修正的最大不同處為何?
9. MM 理論的主要結論為何?
10. A 公司是個沒有舉債的公司，且預期未來每年都可以產生 $303.03 的息前稅前盈餘。目前 A 公司考慮改變其資本結構，舉債 $200。已知 A 公司的公司稅率為 34%，舉債成本為 10%，相同產業中無舉債公司的權益成本為 20%。請問公司改變其資本結構後的新價值為何?
11. 有一無舉債公司與一有舉債公司，兩家公司的資產都為 $1,000，EBIT 都為 $300，所得稅率為 40%，$K_U = 12\%$。有舉債公司的負債比率為 30%，每年須付 10% 的利息。則無舉債公司和有舉債公司之價值各為何? 有舉債公司的權益資金成本及加權平均資金成本為多少?
12. A 公司預期有一 $100,000 永久的息前稅前盈餘，且面臨 34% 的公司稅率，已知股東要求的報酬率為 15%。股東的個人所得稅率是 12%，債權人的所得稅率為 20%。目前 A 公司沒有舉債，但考慮舉債 $120,000，求未舉債的公司價值與舉債後公司價值?
13. 假設有一公司的公司稅率為 34%，股東的個人所得稅率為 15%，目前公司正在考慮是否該舉債，假設債權人的所得稅率為 28%，請問公司該進行何種決策?

第十一章　營運資金管理政策 (I)

壹、前　言

營運資金管理是指如何管理短期資產與短期負債。短期資產應考量其期限結構及流動性，短期負債則應考慮其融資方法及長期的適合性，再根據管理者及公司的風險偏好來決定其營運資金管理政策，以達成公司最適的風險與報酬組合。

營運資金管理政策是指對流動資產與流動負債的管理與控制，企業的財務管理人員必須訂定個別流動資產的目標水準，以及融資的方式，以尋求最適的營運資金投資政策和營運資金融資政策。

本章將介紹現金轉換循環的概念與營運資金政策，而營運政策又分為營運資金投資政策和營運資金融資政策兩種，其涉及到流動資產目標水準的決定與流動資產的融資方式。相對於長期融資而言，由於短期融資擁有速度快、彈性高且成本低等優點，因此，儘管短期融資的使用會提高公司的風險，但仍有很多公司使用若干短期融資來籌措其流動資產所需的資金。

貳、營運資金的涵義

何謂營運資金？乃是指與公司的日常運作有密切關係的資產，以下將介紹其定義：

1. 營運資金 (Working Capital)

營運資金是指現金、有價證券、存貨及應收帳款等流動資產，通常以流動資產總額來代表營運資金，稱為毛營運資金 (Gross Working Capital)。這些資產在公司營運期間周轉速度快，資產數量的增減變動情形常與公司的銷售量呈正比，故稱為營運資金。

2. 淨營運資金 (Net Working Capital)

淨營運資金等於流動資產減流動負債，亦即將現金、有價證券、存貨及應收帳款等流動資產加總後，扣除應付帳款、應付費用等流動負債總和而得。

範例 11-1

興成公司的資產負債表如下，其營運資金為何？淨營運資金為何？

資產負債表

	2003/1/1	2003/12/31		2003/1/1	2003/12/31
現　金	$1,000	$2,200	應付票據	$ 500	$ 900
有價證券	2,000	2,400	應付帳款	1,000	1,500
應收帳款	2,500	1,000	應付費用	2,000	1,800
存　貨	900	2,200			
流動資產合計	$6,400	$7,800	流動負債合計	$3,500	$4,200

解：營運資金 = 總流動資產 = \$6,400 (2003/1/1)

= \$7,800 (2003/12/31)

營運資金增加額度 = \$7,800 − \$6,400 = \$1,400

淨營運資金 = 流動資產 − 流動負債

= \$6,400 − \$3,500 = \$2,900 (2003/1/1)

= \$7,800 − \$4,200 = \$3,600 (2003/12/31)

淨營運資金增加額度 = \$3,600 − \$2,900 = \$700

興成公司在 2003/1/1～2003/12/31 間，營運資金共增加了 \$1,400，此意味著公司必須設法籌措 \$1,400 來支應營運資金的增加，而營運本身會產生一些自發性的資金，如應付帳款和應付費用，其增加 \$300 (= \$1,500 + \$1,800 − \$1,000 − \$2,000)，因此公司僅需要對外籌措 \$1,400 − \$300 = \$1,100 的資金來因應流動資產的投資需求。

3. 營運資金管理

營運資金管理是指公司根據其所制定的政策性指導方針，去管理流動資產與流動負債，以在獲利性和流動性間取得平衡。

4. 營運資金政策

營運資金政策指的是和下列事項有關的基本政策：

⑴現金、有價證券、應收帳款及存貨等個別流動資產的目標水準。

⑵公司應採用何種融資方式來取得這些個別流動資產所需的資金。

參、現金轉換循環

假設公司現以一信用融資的方式向廠商購買原料，可賒帳 1 個月，若公司在購買原料後立即生產，則可在 1 個月後將其銷售給客戶，所獲得的銷貨收入可用來償付應付帳款，則沒有任何周轉不靈的問題。但若超過 1 個月才收到貨款，則公司將無法如期支付其應付帳款；但若公司提早製造完成銷售給客戶，則公司可預先收到貨款，但如果收到的錢未用於投資，將產生所謂的機會成本，而且當投資出去時，是否能在付帳時間立即變現以償債應付帳款。

因此，一般公司的情況多屬於以上兩種情形，不是該付錢時錢不夠多，就是未到付錢時錢又太多，亦即資金的進出並不是配合得很完美，因而產生營運資金管理的問題。於此將以現金轉換循環的觀念來說明資金進出配合的時點，並指出如何調整資金進出差距的方式。

1. 營業週期 (Operate Cycle)

營業週期是指從存貨購入到應收帳款收現的期間，等於存貨銷貨期間加上應收帳款收現期間。

2. 現金轉換循環 (Cash Conversion Cycle)

又稱現金周轉週期，是指從購買存貨的應付帳款付現到銷貨的應收帳款收現的期間，亦等於存貨銷貨期間加上應收帳款收現期間，再減去應付帳款遞延支付期間。

3. 應付帳款遞延支付期間

公司下單購料至實際支付貨款的期間。

4. 存貨轉換期間

指將原料投入生產，經過加工、製造的處理階段，最後產出、出售所需的平均期間。

5. 應收帳款轉換期間

由賒銷產品至應收帳款收現所需的平均期間。

6. 營業循環

整個營業活動自購料投入生產至應收帳款收現的期間。

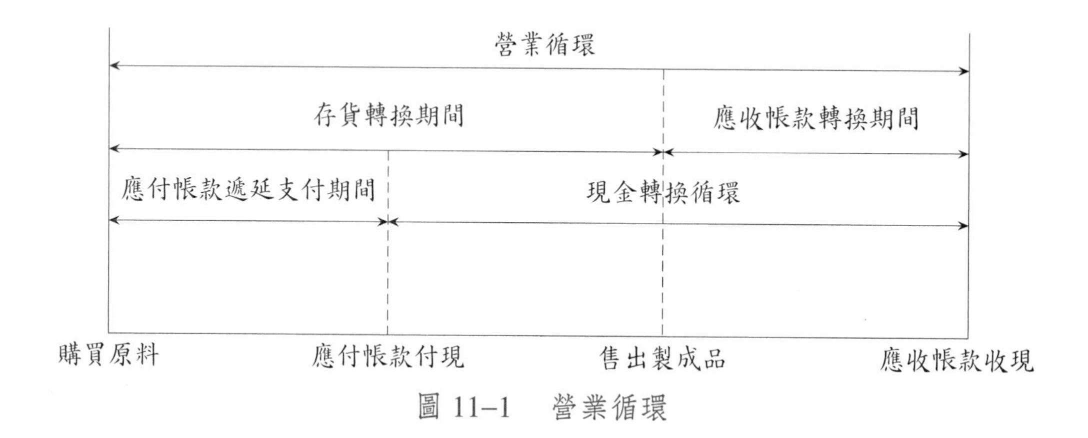

圖 11–1　營業循環

∴營業循環＝存貨轉換期間＋應收帳款轉換期間

＝應付帳款遞延支付期間＋現金轉換循環

現金轉換循環＝營業循環－應付帳款遞延支付期間

＝存貨轉換期間＋應收帳款轉換期間－應付帳款遞延支付期間

其中，$存貨轉換期間 = \dfrac{365\text{ 天}}{存貨周轉率}$

$$存貨周轉率 = \frac{銷貨成本}{平均存貨}$$

$$應收帳款轉換期間 = \frac{365\text{ 天}}{應收帳款周轉率}$$

$$應收帳款周轉率 = \frac{銷貨收入}{平均應收帳款}$$

$$應付帳款遞延支付期間 = \frac{365\text{ 天}}{應付帳款周轉率}$$

$$應付帳款周轉率 = \frac{銷貨成本}{平均應付帳款}$$

範例 11–2

承範例 11–1，若銷貨收入為 6,000 元，銷貨成本為 3,500 元，則求興成公司的存貨轉換期間、應收帳款轉換期間、應付帳款遞延支付期間、現金轉換循環及營業循環？

解：銷貨收入 = \$6,000

銷貨成本 = \$3,500

平均應收帳款 = (\$2,500 + \$1,000) ÷ 2 = \$1,750

平均應付帳款 = (\$1,000 + \$1,500) ÷ 2 = \$1,250

平均存貨 = (\$900 + \$2,200) ÷ 2 = \$1,550

$$存貨周轉率 = \frac{\$3{,}500}{\$1{,}550} = 2.258$$

$$存貨轉換期間 = \frac{365\text{ 天}}{2.258} = 161.65\text{ 天}$$

$$應收帳款周轉率 = \frac{\$6{,}000}{\$1{,}750} = 3.429$$

$$應收帳款轉換期間 = \frac{365\text{ 天}}{3.429} = 106.45\text{ 天}$$

$$應付帳款周轉率 = \frac{\$3{,}500}{\$1{,}250} = 2.8$$

$$應付帳款遞延支付期間 = \frac{365\ 天}{2.8} = 130.36\ 天$$

$$\therefore 營業循環 = 存貨轉換期間 + 應收帳款轉換期間$$

$$= 165.64 + 106.56 = 272.2\ 天$$

$$現金轉換循環 = 營業循環 - 應付帳款遞延支付期間$$

$$= 272.2 - 130.36 = 141.84\ 天$$

一般而言，公司能夠利用下列方式來縮短現金轉換循環的期間：

⑴減少存貨轉換期間：以較前為快的速度處理並且賣出製成品。

⑵減少應收帳款轉換期間：提高應收帳款的收現速度。

⑶延長應付帳款遞延支付期間：延緩應付帳款的支付。

因此，公司在現金轉換循環的過程中會產生短期融資需求，因此如何規劃、預測，乃至滿足此一融資需求，便成為財務經理的重要工作之一。透過以上三方面的互相配合，必能有效地縮短現金轉換循環，然而要達成以上目的，公司需要靠有效的營運資金管理政策。

肆、營運資金投資政策

營運資金投資政策是指決定現金、有價證券、應收帳款及存貨投資水準的政策，公司應該投資多少的流動資產，使公司無論在個別的流動資產或流動資產總額，都能維持一最適的水準，以提高資金運用的效率。依流動資產對銷售額的比例來衡量，可分為寬鬆、緊縮、適中的營運資金投資政策。

1. 寬鬆的營運資金投資政策

在既定的銷貨水準下，公司投資了相當高的比例於流動資產，如此會使公司的風險降低，但投資報酬率會隨之降低。例如銀行的經營重心在於放款客戶的信用，以從未償還的貸款賺取利息，而投資於較多的應收帳款。

2. 緊縮的營運資金投資政策

在既定的銷貨水準下，公司儘量使流動資產降到最低限度，如此會增加

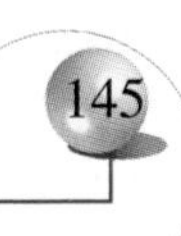

公司的風險，但投資報酬率會提高。例如電腦升級速度快，廠商不敢大量囤積電腦存貨，以免滯銷。

3. 適中的營運資金投資政策

介於上述兩者之間。

範例 11-3

公司為了支應銷售額 300 萬元所需的流動資產金額，在寬鬆、適中、緊縮的營運資金投資政策之下各為下表所示。

營運資金投資政策	為了支應銷售額 300 萬元所需的流動資產金額
寬鬆	80 萬元
適中	60 萬元
緊縮	40 萬元

比較圖示如下：

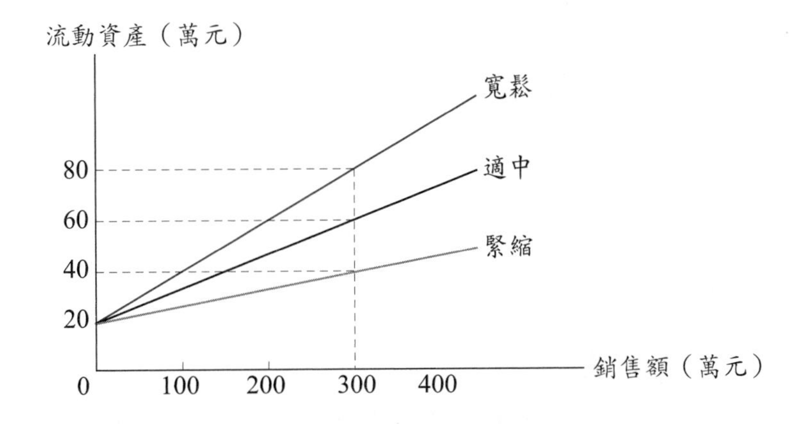

以「每 1 元銷售額所對應的流動資產」來定位營運資金投資政策的型態，其中斜率愈大的直線，表示營運資金的相對使用量愈大，亦即較寬鬆的投資政策；反之斜率較小的直線，表示緊縮的投資政策。

伍、營運資金融資政策

公司的融資方式會在風險與報酬之間權衡取捨，在短期負債中，應付帳款及應付費用為自發性負債，會隨著銷售額的成長而增加，扣除自發性負債所需的資金，必須向外籌措以支應其資產的投資。營運資金融資政策即是探討公司運用長短期的融資方式時，其長短期資金的來源是否有效配合長短期資金用途，使公司可控制其風險，維持較低的資金成本。

利用配合原則 (Matching) 可以做出適當的融資政策，即資產的到期日和融資來源的到期日要互相配合，季節性或短期的投資應以短期負債來融資，而長期資產或永久性短期資產的投資，則應以長期負債或股東權益的方式融資，如此融資的成本和風險會較低。若以長支短，會產生閒置資金及多餘的利息負擔；若以短支長，將不斷重複舉債而增加融資成本的負擔，提高財務危機的風險。

一、流動資產的分類

1. 永久性流動資產

當公司營業循環跌到谷底時，公司依舊保有的流動資產，不會隨著公司短暫性銷售額的變動而變動。

2. 暫時性流動資產

會隨著公司營業循環而變動的流動資產，當銷售額成長時會隨之增加，當銷售額下降時會隨之減少。

二、營運資金融資政策的種類

由於融通資產的長短期資金來源的使用程度不同，可分為三種政策：

1. 積極型營運資金融資政策

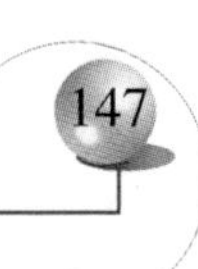

又稱為擴張政策，是指短期融資支應暫時性流動資產和永久性流動資產，以長期融資支應固定資產和永久性流動性資產，會使公司面對的風險增加，必須不斷地應付即將到期的債務，並尋找新的資金來源，但當公司無法找到新的資金來源時，公司將面臨周轉不靈的情形，導致財務困難發生。

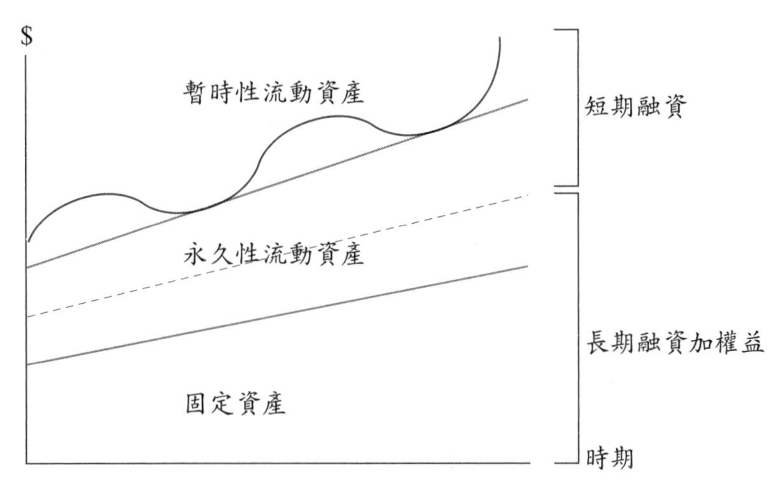

圖 11–2　積極型營運資金融資政策

2. 中庸型營運資金融資政策

使資產和負債的到期期間相互配合，公司使用短期融資的方式來籌措暫時性資金，至於永久性流動資產和固定資產所需的資金則以長期負債和權益資金支應，採取此種融資政策可使公司得以降低其無法償還即將到期負債的風險。

大多數使用短期貸款來融通長期投資的情況下，來自長期投資的現金流入量往往不足以償還 1 年後就到期的貸款，所以公司通常必須將貸款展期。若基於某些原因使得銀行不答應將貸款展期，則公司通常必須面臨周轉不靈的問題。但如果公司使用長期負債或權益資金來融通長期投資，則和利息與貸款本金的償還有關的現金流出量，就更能配合來自利潤與折舊的現金流入量，而公司就不會面臨貸款展期的問題。

3. 保守型營運資金融資政策

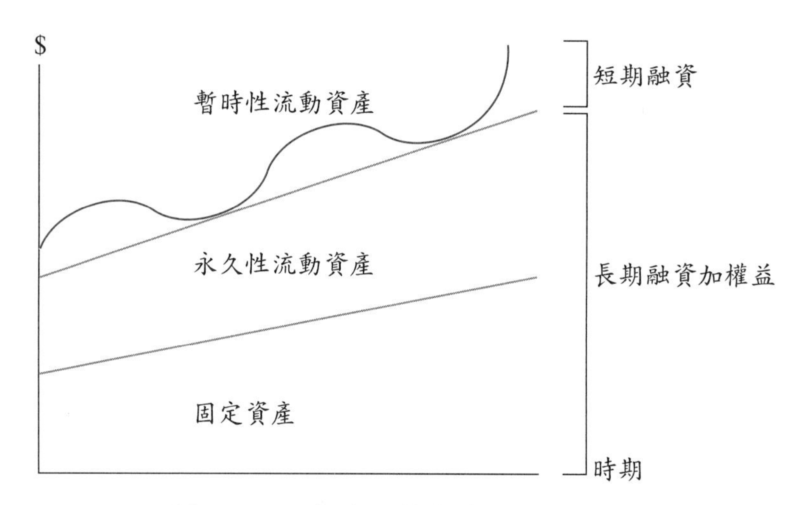

圖 11–3　中庸型營運資金融資政策

公司不但以長期資金（長期負債加權益）融通永久性資產（永久性流動資產加固定資產），而且以長期資金滿足由於季節性或循環性波動而產生的部分或全部的暫時性資金需求。公司在淡季時對於暫時性資金的需求會下降，此時代表短期融資需求的曲線會位於代表長期資金水準的虛線的下方，而公司可以將因而產生的閒置資金投資到短期有價證券上頭。經由此種方式的運用，公司不但能夠賺到若干報酬，還可以將部分變現力儲存起來，以備旺季使用。但在旺季時，代表短期融資需求的曲線會位於代表長期資金水準的虛線上方，此時公司除了必須將所持有的有價證券出售外，還要使用少量的短期負債才能籌到足夠的資金，以滿足其暫時性資金需求。圖 11–4 由短期融資需求曲線和長期資金虛線所形成的高峰代表公司對短期融資的需求，而低谷則代表公司對短期有價證券的投資。

陸、短期融資

企業的短期融資方法可以分為二類:

一、自發性融資

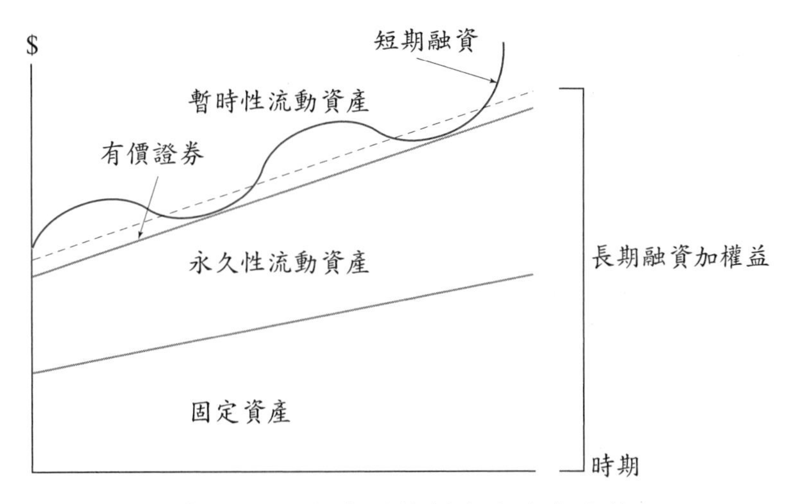

圖 11–4　保守型營運資金融資政策

來源包含應付帳款與應付費用，當公司經營規模擴大、銷售增加，此類負債多會自動提升，而構成投資資產的一部分資金來源。

1. 應付帳款

應付帳款是指公司賒購原料或貨物所產生的貨款，應付而未付的負債。由於應付帳款會隨著交易的進行而產生，因此屬於自發性融資來源。

範例 11–4

科源公司每年向供應商賒購 950,000 元的原料，供應商給的信用條件為 (2/15，n/30)，表示公司在 30 天內需償還該筆應付帳款，而 15 天內付款則能享受 2% 的折扣，因此公司有三種選擇：

⑴15 天內付款：假設公司第 15 天付款，相當於公司向供應商融資了 15 天，因此融資額度為：

$$\text{融資額度} = \text{付款時支付金額} \times \frac{\text{融資天數}}{360}$$

$$= \$950{,}000 \times (1 - 2\%) \times \frac{15}{360} = \$38{,}791.67$$

因公司已於 15 天內付款，所以在這 15 天內並不會發生損失現金折扣而產生之融資成本。

(2)15 天後，30 天之內付款：一旦公司決定要放棄現金折扣的優惠，則公司必然會將應付帳款拖至第 30 天才付清。

$$融資額度 = \$950{,}000 \times \frac{30}{360} = \$79{,}166.67$$

公司延後付款，可以運用所增加的融資額度購買更多原料擴充營業規模，或提供更優惠的信用條件給客戶。但這 15 天的融資期間是有成本的，其融資成本為：

$$融資成本 = \frac{損失的現金折扣}{額外的融資金額}$$

$$= \frac{\$950{,}000 \times 2\%}{\$79{,}166.67 - \$38{,}791.67} = 47.06\%$$

(3)30 天後付款：若公司無法在 30 天內付款，會產生於信用期間外付款的情形，而公司選在 90 天後才支付貨款，其融資額度 $= \$950{,}000 \times \frac{90}{360} = \$237{,}500$，明顯較前兩種方式為高，表示公司擁有更充裕的資金可供運用。

$$融資成本 = \frac{\$950{,}000 \times 2\%}{\$237{,}500 - \$38{,}791.67} = 9.56\%$$

顯示拖延至信用期間以外的融資成本較低。

從融資額度與融資成本的角度來看，公司選擇信用期間外付款似乎才是最明智的抉擇，然而此舉可能會造成供應商不滿，而視公司為信用不佳的客戶，甚至可能被列為拒絕往來戶，將影響公司未來之正常營運。

2. 應付費用

包括應付薪資與應付所得稅費用，會隨著銷售額的成長而增加，由於薪資是每月支付，而所得稅費用是每年支付，而這兩項費用的遞延並不會產生額外的利息負擔，因此為不須支付利息的信用融資方式。

二、非自發性融資

經由公司安排協議而得的資金來源，包含短期銀行貸款、有擔保短期融資及商業本票。

(一)短期銀行貸款

公司的銀行短期貸款有三種付息方式：

1.收取式付息方式

利息是以本金乘上利率計算而得，借款到期時，本金與利息一併償還。

範例 11–5

天成公司向銀行借 \$200,000，其年利率為 12%，期滿償還 \$200,000 × (1 + 12%) = \$224,000。

2.貼現式付息方式

此一付息方式即借款利息預先從借款的本金扣除，而在期末時，則以借款之本金償還，所以借款利息金額為預扣貼現之部分。此一貼現基礎下的借款利率，實際上要比借款契約之約定利率來得高。

範例 11–6

天成公司借款 \$500,000，貼現率為 10%，到期日時必須支付 \$500,000，但是在取得借款時金額為 \$500,000 – \$500,000 × 10% = \$450,000，所以：

$$\text{實際負擔利率} = \frac{\text{貼現利息}}{\text{本金} - \text{貼現利息}} = \frac{\$50,000}{\$500,000 - \$50,000} = 11.11\%$$

3.附加利率

當公司以附加利率向銀行借款時，銀行會先計算利息費用，並將其加入本金作為貸款面額，而公司只須在各個時期分期償付貸款面額即可。

範例 11–7

承範例 11–6，天成公司的半年期貸款之本利和為：

$$\$200,000 + \$200,000 \times 12\% \times \frac{6}{12} = \$212,000$$

若每個月付款一次，則共付 6 期，即借款日起公司每個月必須付給銀行 $212,000 ÷ 6 = $35,333。

$$附加利率下的有效利率 = (1 + \frac{I}{L/2})^m - 1$$

I：利息費用

L：貸款金額

m：每年貸款次數

因此天成公司以附加利率融資之有效利率為：$(1 + \frac{\$12,000}{\$200,000/2})^2 - 1 =$ 25.44%。

(二)有擔保短期融資

銀行通常會要求公司提出擔保品作為擔保，如應收帳款、存貨等，此即所謂的有擔保短期融資，若公司能提出良好的擔保品，則銀行所承受的風險可以降低，而公司也可取得較高的融資額度。良好的擔保品所具有的特質：價值的穩定性、在市場上的流通性、收益年限及擔保品本身隱含的風險，如房地產通常具備多數特質。

然而公司以非現金之應收帳款或存貨等流動資產作擔保以轉換為現金，公司可運用這筆現金投入生產，但這種融資方式的成本通常相當高，除了先前對擔保品價值之評估手續繁雜外，銀行通常會提高利率以因應其所面臨的風險，一旦預期該應收帳款之付款人信用不佳或存貨價值下跌太快，銀行會將此額外風險反映在利率上。

(三)商業本票

商業本票分為二類：一為自償性商業本票，公司基於合法交易所產生，具有自償性的交易票據；一為融資性商業本票，屬於公司為了籌措短期資金，經由金融機構保證發行，或依規定可無須保證而發行的本票。

對具有短期資金需求的公司而言，由於商業本票的發行金額和期限都可按公司實際需要做機動性調整，故在時間與數量的掌握上十分有益。發行商業本票之利率通常較銀行貸款低，因此公司可藉由商業本票取得較便宜的資金，同時發行商業本票手續簡便且相關費用不高，對於公司降低營運成本提供相當大的助益。

柒、作　業

1. 解釋「營運資金」與「淨營運資金」。
2. 何謂「營業週期」?
3. 何謂「現金轉換循環」?
4. 何謂「應付帳款遞延支付期間」?
5. 何謂「應收帳款轉換期間」?
6. 一般而言，公司能夠利用哪些方式來縮短現金轉換循環的期間?
7. 某公司的部分財務資料如下:

銷貨成本	$ 3,600,000
期初存貨	800,000
期末存貨	1,000,000
應收帳款	1,600,000
應付帳款	950,000
銷貨收入	4,800,000

試問此公司的存貨轉換期間、應收帳款轉換期間、應付帳款遞延支付期間、現金轉換循環及營業循環為何?

8. 分別說明寬鬆、適中、緊縮的營運資金投資政策。
9. 營運資金融資政策分為哪三種種類? 試分別說明之。
10. 企業的短期融資方法可分為哪二類?
11. 商業本票分為哪二類?
12. 若某公司有一應付貨款 $100,000，付款條件為 (2/10, n/30)，表示須在 30 天內償還該筆款項，於 10 天內付款則能享受 2% 的折扣。此公司目前打算放棄現金折扣，試求其融資額度?
13. 若借款金額 $100，借款利率為 10% 且採貼現方式，請問實際負擔利率為多少?
14. 某公司以附加利率的方式向銀行借 $100,000，其年利率為 12%，借款期間為半年，採每個月付款一次，請問此公司未來每期的付款金額與以附加利率融資之有效利率為何?

第十二章　營運資金管理政策 (II)

壹、前　言

本章主要介紹營運資金之各類流動資產的管理課題，分為現金管理、有價證券管理、應收帳款管理與存貨管理等四部分。現金管理主要探討公司為何要持有現金，並說明公司如何決定目標現金餘額及現金管理技術；有價證券管理則在考慮選擇持有有價證券時所須注意的因素，使公司能將閒置資金做適合的有價證券投資，以提升短期投資效率；應收帳款管理探討信用政策的因素與客戶信用的衡量方法；存貨管理則是介紹關於存貨的成本，存貨管理技術與方式，包括訂購量及存貨數量的決定。

貳、現金管理

公司持有現金而不用於投資，便產生所謂的「機會成本」，但若完全不持有現金將無法正常運作，如支付零用金、員工薪資……等日常開支，因此，如何持有最少的現金，卻能使公司所有活動維持有效率的運作，乃現金管理的基本目標。

一、持有現金的原因

公司持有現金的動機：

1. 交易動機 (Transaction Motive)

公司必須持有現金以支付日常的開銷費用，如進料、薪資、稅賦及股利等支出。

2. 預防動機 (Precautionary Motive)

公司為防範突如其來而不可預知的事件，必須備有現金以應付急需。例如高科技產業因未來現金流量的不確定性高，則要維持較高的預防性現金水準。

3. 投機動機 (Speculative Motive)

公司有時持有現金之目的是為了掌握各種投資機會，追求獲利較高之報酬，例如預期石油原料將上漲，則可先利用投機性現金買進原料，以規避生產成本大幅上升，影響獲利水準。

4. 補償性餘額需求 (Compensating Balance)

與銀行建立信用額度或要求融資時，有時銀行要求客戶在存款帳戶中維持一定的餘額，稱為補償性餘額。

二、目標現金餘額之決定

公司基於上述理由持有現金，但相對的公司亦必須承擔機會成本，因此目標現金餘額的決定為現金管理的重點。

(一)BAT (Baumal-Allais-Tobin) 模型

包莫模型的假設為：

(1)公司耗用現金的速度具有穩定性及可預測性。

(2)營運活動現金流入量的產生亦具有穩定性及可預測性。

範例 12-1

公司在期初持有 30 萬元的現金餘額，若每星期現金流入量為 10 萬元，現金流出量為 25 萬元，因此在第 1 期期末時現金餘額將減少為 $30-(25-10)=15$ 萬元，在第 2 期結束時剛好用完，現金餘額為 0，公司在第 3 期期初必須借入現金或出售有價證券以補充現金餘額至 30 萬元，而後穩定的消耗至第 4 期期末殆盡，以後各期重複此一循環，則其平均現金餘額為 $(30+0)\div 2=15$ 萬元。

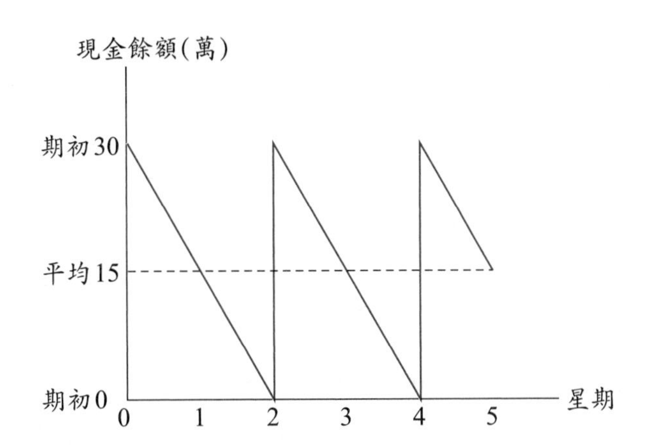

總成本＝機會成本＋交易成本

$$TC = \frac{C}{2} \times R + \frac{T}{C} \times F$$

C：期初現金餘額

R：持有現金之機會成本

T：營運期間公司為了滿足現金需求，所需籌措之預期現金總額

F：當舉債或出售債券時，每次所必須負擔之交易成本

為使 TC 極小，用偏微分可求得最適之現金餘額 C^*：

$$C^* = \sqrt{\frac{2T \times F}{R}}$$

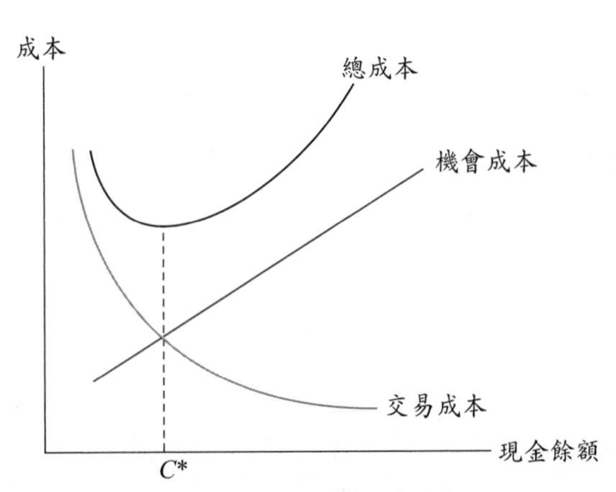

圖 12–1 最適現金餘額

範例 12-2

承範例 12-1，當公司現金需求總量為 30 萬 × 52 週 = 1,560 萬元，交易成本為 10,000 元，有價證券投資報酬率為 15% 時，則公司最適的目標現金餘額為多少?

解：$C^* = \sqrt{\dfrac{2T \times F}{R}} = \sqrt{\dfrac{2 \times 1{,}560 \text{ 萬} \times 1 \text{ 萬}}{15\%}} = 144.222 \text{ 萬}$

BAT 模型的優點為觀念簡單，只需三個變數即可求出公司最適的目標現金餘額，然而其缺點為假設公司營運活動耗用現金與現金流入的速度穩定且可預測，比較不符合實際狀況，降低模型的實用性。

(二) MO (Miller-Orr) 模型

MO 模型考慮了日常營運時現金流量的不確定性，提供三項重要指標：現金餘額上限 (U^*)、目標現金餘額 (C^*) 與現金餘額下限 (L^*)，以決定公司應持有的現金數量。當公司實際現金餘額在 $[U^*, L^*]$ 之間波動時，則可不予理會其變動；當現金餘額觸及現金餘額上限（如 A 點）或下限（如 B 點）時，公司必須有所行動以導正現金餘額。在 A 點時由於現金餘額已高，應減少現金餘額，將多餘的現金 ($U^* - C^*$) 投資於有價證券；若現金餘額觸及 B 點，則應出售 ($C^* - L^*$) 的有價證券，以補足現金餘額之不足。

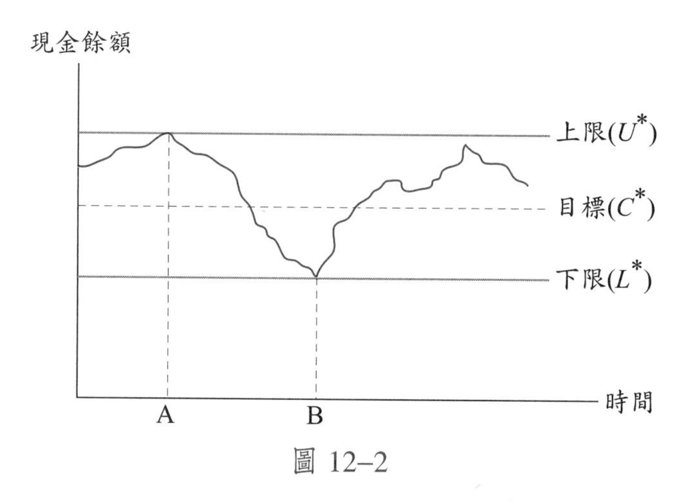

圖 12-2

MO 模型提出下列公式以設定目標現金餘額上限與下限：

$$C^* = L^* + (\frac{3}{4} \cdot F \cdot \frac{\sigma^2}{R})^{\frac{1}{3}}$$

$$U^* = 3 \cdot C^* - 2 \cdot L^*$$

$$\text{平均現金餘額} = \frac{4 \cdot C^* - L^*}{3}$$

F：交易成本

R：機會成本

σ^2：淨現金流量之變異數

範例 12-3

秋華公司每次交易成本為 1,000 元，每月淨現金流量之標準差為 60,000 元，若月利率為 1.2%，公司設定現金餘額下限為 90,000 元，則依 MO 模型所估算的公司目標現金餘額上限及平均現金餘額為何?

解：$C^* = L^* + (\frac{3}{4} \cdot F \cdot \frac{\sigma^2}{R})^{\frac{1}{3}} = \$90,000 + [\frac{3}{4} \times \$1,000 \times \frac{(\$60,000)^2}{0.012}]^{\frac{1}{3}}$

$= \$150,822.02$

$U^* = 3 \cdot C^* - 2 \cdot L^* = 3 \times \$150,822.02 - 2 \times \$90,000 = \$272,466.06$

$$\text{平均現金餘額} = \frac{4 \cdot C^* - L^*}{3} = \frac{4 \times \$150,822.02 - \$90,000}{3}$$

$$= \$171,096.0267$$

由於 MO 模型能提供現金持有量的調整方向，亦能告知其調整的數量大小，因此實用性較 BAT 模型為佳。

三、現金管理的技術

1. 現金流量同步化

藉由公司對現金流量預測技術的改善，並加強設計相關的決策、工作程序之安排，使現金的流入量及流出量發生時間一致，而能維持較低的交易性餘額水準。

2. 加速現金收款能力

現金收現的快慢與浮流量 (Float) 具有密切關係，浮流量是指公司帳上存簿餘額與銀行帳簿中公司存款餘額之間的差額，代表開出支票與受款人收到支票與提領現金的時間差異。例如當公司開立支票支付貨款時，則立刻貸記現金，降低現金餘額，然而銀行帳簿之公司存款卻並未立即減少，因此產生了正浮流量。反之，收現時銀行會先入帳，而在數天後這筆現金才會載入公司現金帳餘額，此即負浮流量。

3. 控制現金的流出

為了延緩現金支付，可採行的方式：

⑴成立零餘額帳戶或付款中心：當公司經由各部門分別開立支票給供應商，同時透過部門各自的銀行帳戶支付貨款時，整個公司持有相當高的現金餘額，為此公司可在集中付款總行成立零餘額帳戶，由集中銀行統籌支付現金並將每天結算帳戶餘額。

⑵設法增加轉換浮流量：公司有時透過偏遠地區的銀行帳戶來付款，藉以延長票據交換的時間，增加轉換浮流量。

⑶票據支付定時化：公司若能將付款的票據開立時間固定在一週內或一個月的某一天，則可使浮流量時間增加，並簡化帳務處理程序。

參、有價證券管理

公司為使現金的運用更有效率，可將多餘的現金投資於有價證券，藉以獲取更高的報酬，在急需資金時可將其出售變現，然而在投資有價證券時必須考慮基本因素，以便公司找出合適的有價證券。

1. 違約風險 (Default Risk)

違約風險是指有價證券到期時，發行者無法如期支付利息或償還本金之風險。

2. 流動性風險 (Liquidity Risk)

流動性風險是指公司無法將有價證券以合理價格轉換為現金所造成的風險。若資產能夠在短時間內以接近於市場的價格來賣掉，這種資產就具有高度變現力，即流動性高。

3. 利率風險 (Interest Rate Risk)

利率風險是指由於利率的波動使投資者遭受損失的風險，幾乎所有的有價證券都有利率風險，尤以長期證券為甚。

4. 通貨風險 (Inflation Risk)

又稱為購買力風險，因通貨膨脹而使貨幣的購買力減少所產生的風險。在通貨膨脹期間，固定報酬率資產由於報酬固定，但貨幣價值下降，所面臨的通貨膨脹風險較大，而報酬率在通膨時預期將會上升的資產如房地產，其通貨膨脹風險較低，適合作為通貨風險的避險方式。

5. 投資報酬率

短期有價證券的最大特性為投資報酬率低，由於風險與報酬具有抵換關係，因此公司投資有價證券時主要目的還是在於流動性與安全性的考量，而非投資報酬率的高低。

國外企業最常投資之有價證券為國庫券，因其為風險最低的有價證券且可獲得合理的投資收益，而國內企業通常將閒置資金投資於附買回協議、債券型基金、短天期定期存款，乃是基於安全性、投資天數具彈性及容易提前解約的便利性。

肆、應收帳款管理

公司允許客戶在購貨後的某一段時間中才付款，此種允許客戶延遲付款的銷售方式稱為「信用銷售」。當公司採用信用銷售的方式，將貨物運送給客戶後存貨水準會下降，應收帳款因而被創造出來。但在客戶還款後，公司的應收帳款會下降，而現金則會增加。公司為了管理應收帳款必須負擔直接與間接成本，因此公司較偏好使用現金銷售而非信用銷售的方式將產品賣給客戶，然而，在競爭壓力下迫使公司不得不使用信用銷售的方式來銷售產品。

因此，信用的授予與否對於公司會產生很大的影響，公司應訂定一適中的信用政策：若信用政策過嚴，將可能流失許多客戶；若信用政策過鬆，客戶付款太慢，如此形同公司將資金積壓在應收帳款，增加許多持有成本，甚至增加發生壞帳的可能性。

一、信用政策

信用政策是指公司要求客戶遵守或允許客戶利用的信用融資制度，其主要可由四個要素組成：

1.信用標準

信用標準係指客戶為獲得公司的交易信用，所須具備的最低財務力量水準。若客戶的財務力量未達標準，則其購貨條件將較嚴苛。公司可透過財務報表、信用調查機構報告或其往來銀行來瞭解客戶的信用，衡量分析客戶的信用品質，以決定客戶所能享有的交易信用。

2.信用期間

信用期間是指公司給予客戶的付款期間，即在客戶購貨後一直到支付貨款時所經過的時間，不同行業其信用期間亦不相同，但公司通常會依客戶的存貨轉換期間來決定信用期間的長短。

3.收帳政策

收帳政策是指公司催收過期應收帳款所依循之程序，通常有四種方式：寄催收信、親自造訪或利用電話通知、委託帳款催收機構、採取法律行動。由於收帳政策的緊鬆影響到銷貨收入、收現期間與壞帳比率甚重，公司應先衡量預算與財務狀況，以決定一套較佳的收帳政策。

4.現金折扣

現金折扣是指公司為鼓勵客戶儘早付款，與客戶約定在一定期間內付款即可享受的折扣，但不同的現金折扣也會產生不同的成本與效益，其效益在於客戶會為享受現金折扣的好處而提前償還貨款，使平均收現期間降低，此外亦可招攬新的客戶；然而給客戶的現金折扣愈高，相對的所收到的貨款就少了，此即為現金折扣的成本。

範例 12-4

龍宇公司決定將原來給予客戶的 (n/30) 的信用條件，亦即客戶在購貨後的 30 天內必須付款，改變為 (2/10, n/30)，即客戶購貨的 10 天內付款，就能享受到相當於發票金額的 2% 的現金折扣，在購貨後的 30 天內付款，就要按照發票金額來支付。

二、客戶的信用衡量

1.5C 制度

一般傳統上評估客戶的信用評等，主要是以五項標準為依據，而這五項標準皆是以 C 開頭的英文字，故稱為 5C。

(1)品格 (Character)：客戶償還債務的意願。

(2)能力 (Capacity)：客戶之償債能力。

(3)資本 (Capital)：公司的財務狀況。

(4)擔保品 (Collateral)：客戶為得到公司所給予的信用交易，所提出作為擔保之資產。

(5)情勢 (Condition)：外在環境的變動對客戶所造成的影響。

2.例外管理

公司依據風險程度來分類客戶的信用等級，然後再集中時間與精力注意這些最有可能發生問題的客戶。

範例 12-5

公司的信用部門經理可將公司的客戶劃分為下列五等級：

風險等級	未能收現之銷貨百分比	在此一等級客戶之百分比
1	0% ～ 1%	50%
2	1.15% ～ 2%	30%
3	2.1% ～ 5%	15%
4	5.1% ～ 10%	3%
5	10% ～	2%

3. 帳齡分析表

透過帳齡分析表，管理者可清楚地瞭解應收帳款在外流通的日數以及分佈的狀況。

範例 12–6

有尼公司的帳齡分析表如下，若公司的付款期間為「20 天內付清」，則 50% + 30% = 80% 的客戶會在期間內付款，而 100% – 80% = 20% 的客戶會逾期付款，且其中隨著帳齡的增加則還款的可能性愈低，即有可能成為呆帳，因此除了瞭解有多少逾期付款的情形外，對於在外流通日數過長的應收帳款，更應及早監管及時調整其信用政策，以減少壞帳發生的機率。

應收帳款在外流通日數	金　額	佔應收帳款總額之百分比
0 ～ 10 天	$ 500,000	50%
11 ～ 20 天	300,000	30%
21 ～ 80 天	150,000	15%
81 ～ 100 天	40,000	4%
100 天 ～	10,000	1%
	$1,000,000	100%

伍、存貨管理

存貨在資產負債表上雖屬於流動資產，然而以存貨管理角度視之，存貨並非資產而是成本，當存貨不足時，公司無法應付客戶需求，有流失訂單之慮，將影響公司經營利潤；反之，當存貨過剩時，公司將面臨資金積壓的問題，因此存貨管理必須在成本與效益間取得平衡，使得公司能維持正常運作並獲取利潤。

一、與存貨有關的成本

1. 持有成本 (Carrying Cost)

持有存貨會發生如倉儲成本、保險費用及積壓資金等機會成本。

2. 訂購成本 (Ordering Cost)

公司在處理客戶訂單時所支付的費用，包括電話費、郵資、快遞、運送費等，皆屬於訂購成本範圍。

3. 短缺成本 (Shortage Cost)

由於存貨供不應求而發生短缺之問題，將造成公司銷售上的損失，影響公司商譽信用。

二、存貨管理技術

關於存貨管理技術有許多簡單或複雜的處理方式，其目的皆為使存貨總成本極小化。

1. ABC 法

首先將存貨分為 A、B、C 三類，A 類代表較昂貴或經常使用，B 類次之，C 類更次之，當公司之存貨成本高低相差甚多時常採用此法，在實務上許多公司常採用。因此，利用 ABC 法依存貨的重要性加以分類時，即能依據其重要性給予不同程度的存貨管理。

範例 12-7

若公司存貨種類共 100 項，其中最昂貴的存貨共 10 項，佔存貨總值的50%，最便宜的存貨有 60 項，佔存貨總值的 10%，其餘 30 項佔存貨總值的 40%。

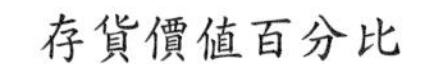

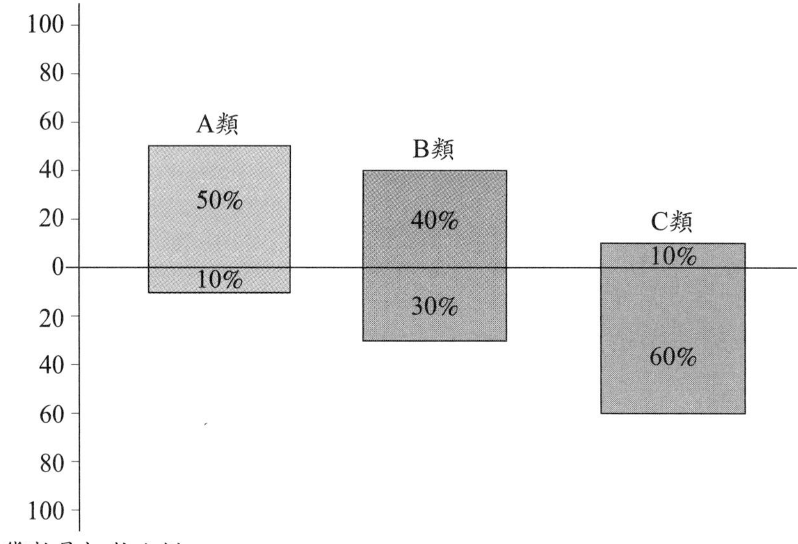

2. EOQ 法

EOQ 是經濟訂購量 (Economic Order Quantity) 的簡稱，為決定訂購量時最常使用的方法，以存貨成本極小化的觀念來決定公司每次訂購之最適數量。

由於總成本包含持有成本與訂購成本，透過以下數學計算可找出使總成本最低的每次訂購數量 Q：

$$總持有成本 = 平均成本 \times 單位持有成本$$

$$= \frac{Q}{2} \times C$$

$$總訂購成本 = 訂購一次的固定成本 \times 訂購的次數$$

$$= 訂購一次的固定成本 \times \frac{全年銷售數量}{每次訂購數量}$$

$$= F \times \frac{S}{Q}$$

$$總存貨成本 = 持有成本 + 訂購成本$$

$$= \frac{Q}{2} \times C + F \times \frac{S}{Q}$$

由訂購量 Q 對總存貨成本微分，經濟訂購量 Q^*：

$$Q^* = \sqrt{\frac{2 \cdot S \cdot F}{C}}$$

訂購成本對每筆訂購而言是固定的，當訂購數量愈多，總存貨持有成本即愈高，但相對訂購成本愈低；反之，當訂購數量愈少，總存貨持有成本即愈低，但相對訂購成本所耗愈多，使得總存貨成本成了有極小值的 U 字形，而經濟訂購量即是使總存貨成本最小的每筆訂購量。

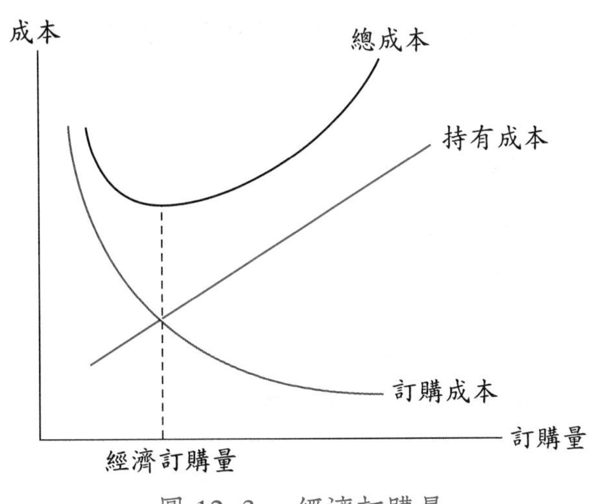

圖 12–3　經濟訂購量

範例 12–8

大華公司每年銷貨 100,000 臺冰箱，持有成本約佔存貨價值的 25%，而每臺冰箱的進貨成本為 24,000 元，訂購一次成本為 5,000 元，則其最適經濟訂購量為何?

解：$Q^* = \sqrt{\frac{2 \times S \times F}{C}} = \sqrt{\frac{2 \times \$100{,}000 \times \$5{,}000}{\$24{,}000 \times 25\%}} \approx 408$ 臺

大華公司每次應訂購 408 臺冰箱。

平均存貨 $= \frac{Q}{2} = \frac{408}{2} = 204$ 臺

$$
\begin{aligned}
\text{總存貨成本} &= \text{持有成本} + \text{訂購成本} \\
&= \frac{Q}{2} \times C + F \times \frac{S}{Q} \\
&= \frac{408}{2} \times \$24{,}000 \times 25\% + \$5{,}000 \times \frac{\$100{,}000}{408} \\
&= \$2{,}449{,}490
\end{aligned}
$$

在決定了每次應該訂購多少量之後，接著是決定「何時訂購」的時點，由於公司並無法一下訂單就可馬上取得貨物，所以通常會產生「前置時間」(Lead Time)，因此公司的訂購點須於存貨用盡前即下訂單，等到存貨用完時才能準時補貨。

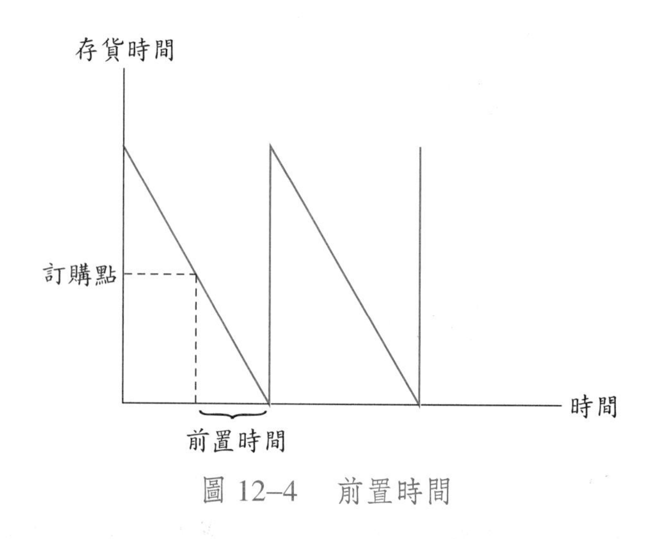

圖 12–4　前置時間

公司通常會設定一安全存量 (Safety Stock)，避免供應商可能供貨延遲，或臨時客戶的需求量大增的情形，然而，雖然安全存量可用來避免存貨短缺之虞，但在銷售預測不確定性高、經濟環境波動大、存貨短缺成本高、廠商延遲交貨可能性高的狀況下，公司會傾向於維持較高的安全存量。

3. MRP 法

MRP 為物料需求規劃 (Material Requirements Planning) 的簡稱，是以電腦為基礎的資訊管理系統，用以管理存貨訂購與存量管制。將訂單、預測、存貨紀錄等資料輸入，經由 MRP 電腦程式處理後可獲得許多相關的存貨管理資訊，並控制存貨數量。

4. JIT 法

JIT 是 Just in Time 的縮寫，企圖將存貨維持在「零」的水準，由公司事先與供應商做好協議，以便在需要原料時能及時送達。

陸、作　業

1. 試解釋「補償性餘額」?
2. 何謂「違約風險」(Default Risk)?
3. 何謂「流動性風險」(Liquidity Risk)?
4. 何謂「利率風險」(Interest Risk)?
5. 何謂「通貨風險」(Inflation Risk)?
6. 何謂「信用銷售」?
7. 解釋與存貨有關的幾個成本，包含「持有成本」(Carrying Cost)、「訂購成本」(Ordering Cost)、「短缺成本」(Shortage Cost)。
8. 公司持有現金的動機有哪些?
9. 包莫模式有哪兩個假設?
10. 在控制現金的流出方面，公司為延緩現金支付，可採行哪些方式?
11. 信用政策主要由哪四個要素組成?
12. 試說明用來衡量客戶信用的「5C 制度」。
13. 某公司預期下年度會有 $75,000,000 的現金支出，且平均發生在每一天中，該公司為滿足對現金的需求，打算定期出售所持有的有價證券。假設每次出售有價證券須負擔 $200 的交易成本，且該有價證券能提供 11% 的報酬率。試問：
   (1)以包莫模型來決定之公司最適目標現金餘額為多少?
   (2)為維持此一現金餘額，該公司每年要負擔多少成本?
14. 某公司之最低現金存量為 $10,000，每日現金流量的標準差為 $2,500，日利率為 0.025%，交易成本為 $20，則依 MO 模型所估算的公司目標現金餘額上限為何？平均現金餘額為何?

15.某公司每年可銷售 100,000 臺冷氣機，最佳安全存量為 2,000 臺，每臺冷氣的成本為 $5,000，存貨持有成本約為存貨價值的 12%，每次訂購成本為 $12,000。試求該公司的經濟訂購量。

第十三章　股票評價與投資

壹、普通股（股票）的定義

一、何謂普通股

普通股 (Common Stock) 代表對該公司的所有權憑證。就公司的立場而言，它是公司為了向外募集資金而交付股東的一種受益憑證；就投資人（股東）的立場而言，它則是擁有公司許多權利的受益憑證。

二、名詞解釋

1. 票面價值 (Par Value)

也就是股票上所記載的每股價值。每一股的面值為 10 元，每張股票有 1,000 股，所以一張股票的面值為 10,000 元，若不滿 1,000 股的股票則稱為零股。

2. 帳面價值 (Book Value)

普通股每股帳面價值 = 普通股股東權益 ÷ 流通在外的股票數量

我們都知道會計原則中，資產為股東權益與負債之加總。其中，股東權益包含了普通股股東權益與特別股股東權益，因此，普通股股東權益就是股東權益減去特別股股東權益。

3. 市場價值 (Market Value)

就是該股票在股市中最近的成交價。

4. 流通在外的股票數量

通常，公司欲發行股票向外集資，在發行的數量上需先經過主管機關核准，這些股票就稱為「核定股票」(Authorized Stock)。核准之後，公司實際要發行的股票則稱為「已發行股票」(Issued Stock)。然而，真正流通在外由市場中的股東持有的股票就稱為「流通在外的股票」(Outstanding Stock)。

5. 庫藏股

已發行在外之後，又被公司買回去之股票就稱為庫藏股。

6. 除權（無償配股）

公司在經營的過程中以所獲取的盈餘，將自己公司的股票作為股利分配給股東，發放當日通常會造成股價下跌，這種情形常見於臺灣。

7. 除息（有償配股）

公司在經營的過程中以所獲取的盈餘，發放現金作為股利分配給股東，同樣的在發放當日通常也會造成股價的下跌。

三、普通股的性質

1. 公司的控制權

依照公司法規定，每一股的股東有一票投票權得以選舉公司董事會的董事與董事長。也就是說，擁有公司的股份越多，比重越高，控制權就越大。

2. 優先認股權 (Preemptive Right)

若公司決定要對外再發行新的股票，由於股票供給增加的關係，可能會對股價造成影響而下跌，為了保護原有股東的權益，原股東可依其原持股比率並以一定的價格購買一定數量的公司股票，這就是優先認股權。

3. 剩餘財產之分配權

公司若經營不善導致公司倒閉或遭清算，原股東得以對公司之資產有求償之權利，但順位則在公司債權人與特別股股東之後。

4. 股票轉讓權

就因為股票可以隨時轉讓，投資人可以利用股價的高低進行買賣交易的特性才會讓投資人樂於投資。

5. 盈餘分配權

公司通常會將該年度的盈餘中提撥一定比例作為股利來發給投資人。常見的盈餘發放方式有現金股利（除息）與股票股利（除權）等等。

貳、普通股的評價

一、單期的報酬率計算

在說明之前，我們先定義幾個符號：

R_t：報酬率

P_t：期初買進價格

P_{t+1}：期末賣出價格

D_{t+1}：現金股利

1. 沒有發放任何股利

$$R_t = \frac{P_{t+1} - P_t}{P_t} \tag{13–1}$$

2. 只有發放現金股利

$$R_t = \frac{P_{t+1} + D_{t+1} - P_t}{P_t} \tag{13–2}$$

接下來我們舉一些例子:

範例 13–1

若一投資人買入聯電公司股票 1 張，1 年前購入的價格為 50 元，今天賣出的價格為 55 元。

例 1：沒有發放任何股利

$$R_t = \frac{P_{t+1} - P_t}{P_t} = \frac{\$55 - \$50}{\$50} = 10\%$$

例 2：1 年之內曾經發放現金股利 2 元

$$R_t = \frac{P_{t+1} + D_{t+1} - P_t}{P_t} = \frac{\$55 + \$2 - \$50}{\$50} = 14\%$$

二、普通股股價評價模型

大家都知道公司管理的目標中，其中一項就是使該公司的股價極大化。在此之前，應先瞭解決定股票價格的因素與背後的原因。股票價格的價值應該決定於未來一系列的預期現金流量，若某一股票未來可以帶給股東的現金流量像是股利愈高，這支股票現在的價格理應就愈高。有了這個想法，就可以思考，股票的預期現金流量有哪些呢？它的預期現金流量是由以下兩者構成：⑴每年度的預期股利；⑵賣出股票時的預期售價。

1. 單期（或者是說 1 年）的股票評價模型

目前的合理股價 P_0 應該等於 1 年之後預期股利 D_1 的現值與 1 年之後的預期股價 P_1 的現值之總和。

$$P_0 = \frac{D_1}{1 + R_S} + \frac{P_1}{1 + R_S} \qquad (R_s \text{ 固定}) \tag{13–3}$$

其中的 R_S 為該股票的必要報酬率，作為適當的折現率。

2. 兩期的股票評價模型

同樣的想法，1 年之後的預期股價 P_1 亦應該等於第 2 年之後預期股利 D_2

的現值與第 2 年之後的預期股價 P_2 的現值之總和。

$$P_1 = \frac{D_2}{1+R_S} + \frac{P_2}{1+R_S} \tag{13–4}$$

綜合上述兩公式，合併之後，即可得到兩期的股票評價模型：

$$P_0 = \frac{D_1}{1+R_S} + \frac{D_2}{(1+R_S)^2} + \frac{P_2}{(1+R_S)^2} \tag{13–5}$$

3. 一般化的股票評價模型

若股票持有期間不只兩期而可以到永遠而不賣出，則未來的現金流量為每期的預估股利，同樣的方法去推估 P_0，可得到一般化的股票評價模型，此方法又稱為「股利折現模型」(Dividend Discounted Model, DDM)。

$$\begin{aligned} P_0 &= \frac{D_1}{1+R_S} + \frac{D_2}{(1+R_S)^2} + \frac{D_3}{(1+R_S)^3} + \cdots + \frac{D_\infty}{(1+R_S)^\infty} \\ &= \sum_{t=1}^{\infty} \frac{D_t}{(1+R_S)^t} \end{aligned} \tag{13–6}$$

綜合以上三點，我們可以看出，其實股票的實際價值就是未來一系列的股利之現值的總和。也就是說未來發放的股利愈多，目前的股票價值就愈高。這樣的公式相當合理，能夠發放高現金股利的公司，通常一定是一家體制、營運績效與營收良好的公司，這樣的公司有著較高的股價也是相當正常的。

參、各種成長型態下的股票評價模式

每一支股票都會有其每年預估的成長率，股利也是有其每年的預估成長率，依照各種不同的股利預估成長率，我們可以將股票分類為四大類，分別為零成長股票、固定成長型股票、固定衰退型股票與非固定成長型股票。

1. 零成長股票

顧名思義，就是公司每年都發放相同金額的股利給股東。這樣的型態通常出現在表現平平或者獲利能力普通的公司中。若每年的股利金額固定在 D，那零成長股票的股票評價模型為：

$$P_0 = \frac{D}{R_S} \tag{13–7}$$

其中的 R_S 為該股票的必要報酬率，作為適當的折現率。

範例 13–2

A 公司每年固定發放 1.8 元的現金股利，對蔡先生而言，他認為該公司的股票必要報酬率應該在 15% 左右，那 A 公司股票現在的價值應該是多少呢?

解：由於 A 為零成長股票，故現在的股票價值：

$$P_0 = \frac{\$1.8}{0.15} = \$12$$

2. 固定成長型股票

現實生活中，隨著公司業績的成長，公司發放的股利通常也會因此而成長。因此，股利每年都是以固定的成長率在成長 (Constant Growth)，若成長率固定在 g，且今年剛剛發放的股利為 D_0，那下一期（明年）的股利 D_1 依定義可知為 $D_0 \times (1 + g)$，由此類推，$D_2 = D_1 \times (1 + g)$。再依照公式 (13–6) 的模式，假設投資人無限期地持有股票的前提下，固定成長型股票的評價模式為：

$$\begin{aligned} P_0 &= \frac{D_1}{1+R_S} + \frac{D_2}{(1+R_S)^2} + \frac{D_3}{(1+R_S)^3} + \cdots + \frac{D_\infty}{(1+R_S)^\infty} \\ &= \frac{D_0(1+g)}{R_S - g} = \frac{D_1}{R_S - g} \end{aligned} \tag{13–8}$$

上述公式即為固定成長型股票的評價模式，我們又稱為 Gordon Model。而此模式經過移項之後，亦可以反推出必要報酬率 R_S 的計算公式：

$$R_S = \frac{D_1}{P_0} + g = \frac{D_0(1+g)}{P_0} + g = \mathrm{E}(R_S) \tag{13-9}$$

再從上式中可以知道，固定成長型股票的必要報酬率是由股利率 D_1/P_0 與股利成長率 g 所組成，但股價在均衡之前，我們說 R_S 為「預期報酬率」是比說它是必要報酬率還要來得恰當的。(R_s 必須假設 > g)

範例 13–3

A 公司今年剛剛發行每股 2 元的現金股利，同時公佈財測說明以後的股利將以每年 5% 的成長率持續成長。若某投資人在發行股利後買入這家公司的股票，且認為必要報酬率為 20%，試問這一家公司股票現在的合理價格為多少?

解：已知 $D_0 = \$2$，故 $P_0 = \dfrac{D_1}{R_S - g} = \dfrac{\$2(1+0.05)}{0.2-0.05} = \$14$

3. 固定衰退型股票

這樣型態的股票的評價模式和固定成長型股票類似，不同的是，固定成長型股票的股利每期以固定的成長率成長，而固定衰退型股票的股利卻是每期以固定的衰退率遞減。因此，算法只需將公式 (13–8) 修改成：

$$\begin{aligned} P_0 &= \frac{D_1}{1+R_S} + \frac{D_2}{(1+R_S)^2} + \frac{D_3}{(1+R_S)^3} + \cdots + \frac{D_\infty}{(1+R_S)^\infty} \\ &= \frac{D_0(1-d)}{R_S+d} = \frac{D_1}{R_S+d} \end{aligned} \tag{13-10}$$

其中，d 為每期的股利遞減率。

範例 13–4

A 公司今年剛剛發行每股 2 元的現金股利，同時公佈財測說明以後的股利將以每年 5% 的遞減率持續減少。若某投資人在發行股利後買入這家公司的股票，且認為必要報酬率為 20%，試問這一家公司股票現在的合理價格為多少?

解：已知 $D_0=\$2$，故 $P_0=\dfrac{D_1}{R_S+d}=\dfrac{\$2(1-0.05)}{0.2+0.05}=\$7.6$

4. 非固定成長型股票

事實上，企業的營運狀況會隨著景氣與經濟情況而變動，因此公司的成長也會受到景氣波動的影響，股利的發放與股利的成長率勢必也會受到影響。一般而言，一些產品在生命週期的初期階段，通常會有較高的銷售額，相對的公司也就會有較高的成長率；經過一段時間發展後，公司日趨成熟，成長率也日趨穩定。例如一些以技術導向的高科技電子業，當某一項新產品推出，一定會為公司帶來高營收，導致公司大幅成長，等到市場成熟之後，成長的幅度才日趨穩定。這樣類型公司所發行的股票通常也會隨著公司成長而有不同的股利成長率。

這種型態的股票評價模式較為複雜，我們只需知道，此時股利不再以固定的比例成長或衰退，而是每期都可能會有不同的成長率或衰退率。接下來我們舉一個例子來說明就更清楚了。

範例 13–5

A 公司去年年底剛剛發行每股 2 元的現金股利，某投資人於今年年初想買進這家公司的股票。他得到一些關於 A 公司的資訊，得知 A 公司未來 2 年將以 20% 的成長率大幅成長，之後才以每年 6% 的成長率成長，股利成長幅度也相同於公司的成長率。若投資者要求的必要報酬率為 15%，並預定將持有 A 公司股票 4 年，於 4 年後賣出，試問此時對此投資人而言，A 公司股票的合理價格是多少？

解：$D_0=\$2$，$D_1=\$2(1+20\%)=\$2.4$，$D_2=\$2.4(1+20\%)=\$2.88$，

$D_3=\$2.88(1+6\%)=\$3.0528$，$D_4=\$3.0528(1+6\%)\approx\$3.236$，

$D_5=\$3.236(1+6\%)=\$3.43$

已知此投資人將在第 4 年後賣出 A 公司的股票，依照公式 (13–8)，第 4 年年底的股票合理價格應該是：

$$P_4 = \frac{D_5}{R_S - g} = \frac{\$3.43}{0.15 - 0.06} \approx \$38.11$$

我們知道股票價格的價值應該決定於未來一系列的預期現金流量，故現在股票的合理價格 P_0 計算方法如下：

$$P_0 = \frac{\$2.4}{1+0.15} + \frac{\$2.88}{(1+0.15)^2} + \frac{\$3.0528}{(1+0.15)^3} + \frac{\$3.236}{(1+0.15)^4} + \frac{\$38.11}{(1+0.15)^4}$$
$$= \$30$$

故，A 公司股票目前的合理價格是 30 元。

肆、特別股的評價

特別股 (Preferred Stock) 具有一個相當奇特的性質，它可以說是債券與普通股的混合體，因此我們說它是一種混合證券 (Hybrid Security)。接下來，本文將逐一說明特別股的特性與評價。

一、特別股的特性

1. 類似債券的特性

⑴特別股和債券一樣具有面值，此面值相當於公司清算時所需償還的價值。再者，特別股每股股利率固定不變，對公司剩餘價值沒有分享權。

⑵特別股股利的支付優先於普通股，公司之前若有積欠的特別股股利未支付，則不得先發放普通股股利。

⑶公司經營不善而遭清算時，特別股股東和債券的債權人一樣對公司資產的求償權優於普通股股東。

2. 類似普通股的特性

⑴若公司該年度未能賺取到足以支付特別股股利的盈餘，該公司可以暫停支付特別股股利而不會有破產之虞，這一點和普通股一樣，公司並不會因為不支付普通股股利而倒閉，相反的，若無法定期支付債券利

息就會有倒閉之虞。

⑵特別股和普通股一樣沒有到期日。

⑶股利是從稅後盈餘中提撥，和普通股一樣不具減稅效果。

綜合上述，普通股的股東會視特別股為負債；債權人則視特別股為權益。

二、特別股的主要條款

⑴面值：特別股的面值代表下列意義，它代表著清算價值，在公司宣告破產時，特別股股東所應得之金額；再者，特別股股利通常是以面值的百分比計算。

⑵累積股利：此一條款規定，公司在支付任何普通股股利之前，若有積欠的特別股股利未支付，則不得發放。

⑶優先受償權：特別股股東對於公司的資產與盈餘的受償權利優於普通股股東。

⑷轉換權：指允許特別股股東得以在某特定期間內按照約定的價格將特別股轉換成普通股。

⑸回收基金 (Sinking Fund)：若特別股附有「回收基金」條款，公司每年都要出資收回某特定比例的特別股。

⑹贖回條款 (Call Provision)：可贖回特別股約定在發行若干年後，公司有權以高於面值的金額贖回特別股。而贖回價格高於面值的部分稱為贖回溢酬。

⑺投票權：有投票權的特別股是指特別股股東可以參加股東大會，行使投票權，但這樣的條款並不多見。

⑻參加權：除了固定的股利之外，可以和普通股股東一起分享公司盈餘的特別股稱之為參加特別股。

⑼到期日：和普通股一樣，特別股沒有到期日。

三、以特別股融資的優缺點

本章將以公司立場與投資人立場逐一討論：

㈠公司立場

1.優　點

⑴特別股通常沒有到期期間與償債基金的問題，因此與負債相比，比較沒有現金流量的問題，也不會有倒閉的風險，因此風險小於負債。

⑵特別股的發行可使公司得以避免和新投資人一起分享多餘盈餘與控制權。

⑶融資的成本固定，且股利固定。

⑷特別股屬於權益資金，因此發行特別股可以改善財務結構，降低負債比率。

2.缺　點

⑴在之前介紹資本預算的章節中可知，特別股的融資成本比負債成本還高，主要是因為特別股股東的求償順序在債權人之後，風險較高，因此特別股股東所要求的必要報酬率也較高。

⑵特別股的股利無法作為費用處理以抵減所得稅。

㈡投資人立場

1.優　點

⑴在美國，國稅局允許投資人所收到的特別股股利 85% 可免稅。

⑵特別股提供穩定且固定的股利收益。

⑶求償權是在普通股股東之前。

2.缺　點

⑴特別股不一定能如期每年收到股利，但會累積。

⑵因為求償權在負債之後，因此風險高於負債。

四、特別股評價

特別股因為沒有到期日，再加上股利定期定額，因此評價的方法類似無限期的年金，評價方式如下:

$$P_P = \frac{\overline{D}}{R_P}$$

其中，P_P：特別股股價

$\overline{D}$：特別股股利，為一定額

R_P：特別股必要報酬率

範例 13–6

某特別股股利率為每年 5%，且必要報酬率為 10%，若面值為 100 元，試求該特別股的股價。

解：$P_P = \frac{\overline{D}}{R_P} = \frac{\$100 \times 5\%}{10\%} = \$50$

伍、認股權證的評價

認股權證 (Warrant) 是一種由上市公司所發行的長期買權，它允許持有人有權利在某特定期間之內，可以依照某特定價格向上市公司買進特定數量的該公司股票。在一般的市場中，認股權證會隨著公司債券或特別股一起發行。

一、公司發行認股權證的目的

⑴若發行債券時附有認股權證，通常該債券的票面利率會低於未附有認股權證的債券，因此，除了藉由認股權證來吸引投資者購買票面利率低於正常水準的債券之外，同時也可以節省公司的資金成本。

⑵若不依附債券發行的認股權證，可以避免債券嚴苛的限制條款。

⑶可以滿足公司額外的資金需求。

二、認股權證的一些特點

⑴認股權證是由上市公司所發行的一種未標準化契約，通常會長達數年。

⑵認股權證會有稀釋的效果，若投資者藉由認股權證購買公司的股票之

後，公司流通在外的股票會增加，使得公司股價下跌。

(3)若認股權證是依附在債券發行時，該認股權證債券通常沒有贖回條款，且到期的期間比一般債券到期期間要短很多。

三、認股權證的優缺點

(一)公司的立場

1. 優　點

(1)使資金籌措容易，降低公司的資金成本。

(2)可以改善資本結構。藉由認股權證持有者認股之後，公司流通在外的股數就增加，權益也就增加。如此一來，權益佔資產的比例 (E/A) 就會提高，而負債比例 (D/A) 也就相對降低了。

2. 缺　點

(1)公司流通在外的股數增加之後，原來股東的持股比例也就因此降低。

(2)潛在的股東（認股權證持有者）何時認股為一個未知數，會擾亂公司股票的發行計畫。

(二)投資人的立場

1. 優　點

認股權證兼具投資與投機的功能。投資人可以待股價高時，會再將它售出賺取高報酬。因為它的價值亦已隨著升高。

2. 缺　點

(1)萬一股價上不去甚至下跌，則會有虧損的風險。但只限於當初購買的成本。

(2)股價會因為稀釋效果下跌。

(3)持有認股權證的投資者無法享有股東的權利，例如投票權與盈餘分享權等等。

四、認股權證的評價

我們通常對認股權證理論價值的評價方法如下：

$$W_e = \text{Max}(S - K, 0) \times N$$

其中，W_e：認股權證的理論價值

S：每股市價

K：每股認購價格

N：認股率

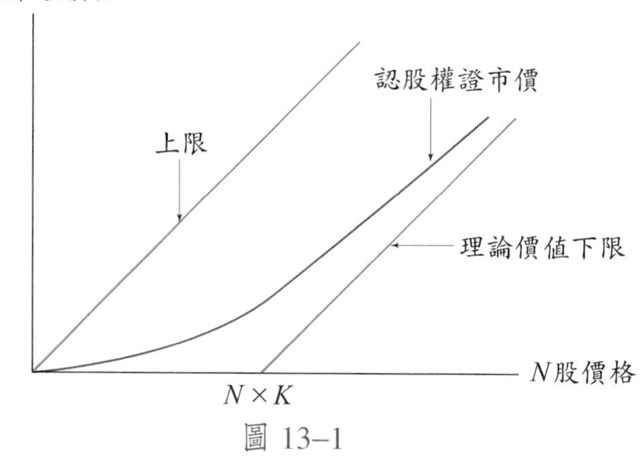

圖 13–1

影響認股權證的因子大致分類如下：

1. 股票價格

如圖 13–1 所示，標的股票價格愈高，認股權證市價也就愈高，兩者之間存在著正向的關係。

2. 認購價格

認購價格就如購買股票成本一般，如圖 13–1 所示，認購價格愈高，認股權證市價也就愈低，兩者之間存在著負向的關係。

3. 到期期間與標的股票的波動性

到期期間愈長，股價波幅也就可能愈大，但股價上漲理論上並無上限，而股價頂多下跌至零。正負相抵之後仍以正方向的利潤潛力較大，所以到期期間愈長與標的股票的波動性愈大，認股權證市價也就愈高。

4. 現金股利或股票股利的發行

發行之後，除了填息與填權的情形之外，通常會造成股價下跌。所以，現金股利或股票股利的發行與認股權證市價兩者之間存在著負向的關係。

五、得被發行認股權證標的股票的條件

限制以部分上市公司為發行對象，其標準有三：

⑴市值達 250 億元以上。

⑵ 1,000 股到 5 萬股小股東人數在 7,500 人以上。

⑶近 3 個月成交股數佔發行股數 25% 以上。

範例 13-7

某公司的認股權證允許持有者以 30 元購買 1 股普通股 ($N = 1$)，試求下列股價之下的認股權證的理論價值。

解：⑴ $20：

$$W_e = \max(S - K, 0) \times N = \max(\$20 - \$30, 0) \times 1 = 0$$

⑵ $30：

$$W_e = \max(S - K, 0) \times N = \max(\$30 - \$30, 0) \times 1 = 0$$

⑶ $40：

$$W_e = \max(S - K, 0) \times N = \max(\$40 - \$30, 0) \times 1 = \$10$$

⑷ $50：

$$W_e = \max(S - K, 0) \times N = \max(\$50 - \$30, 0) \times 1 = \$20$$

陸、附錄：固定成長型股票的評價模式推導

$$P_0=\frac{D_1}{1+R_S}+\frac{D_2}{(1+R_S)^2}+\frac{D_3}{(1+R_S)^3}+\cdots+\frac{D_\infty}{(1+R_S)^\infty}$$

$$=\frac{D_0(1+g)}{1+R_S}+\frac{D_0(1+g)^2}{(1+R_S)^2}+\frac{D_0(1+g)^3}{(1+R_S)^3}+\cdots$$

$$=\frac{D_0(1+g)}{1+R_S}\times[1+\frac{(1+g)}{(1+R_S)}+\frac{(1+g)^2}{(1+R_S)^2}+\cdots]$$

$$=\frac{D_0(1+g)}{1+R_S}\times\frac{1}{1-\dfrac{1+g}{1+R_S}}=\frac{D_0(1+g)}{1+R_S}\times\frac{1+R_S}{R_S-g}$$

$$=\frac{D_0(1+g)}{R_S-g}=\frac{D_1}{R_S-g}$$

柒、作　業

1. 何謂「普通股」?
2. 解釋下列名詞：「票面價值」(Par Value)、「帳面價值」(Book Value) 與「市場價值」(Market Value)。
3. 何謂「庫藏股」?
4. 試分別解釋「除權（無償配股）」與「除息（有償配股）」。
5. 何謂「優先認股權」(Preemptive Right)?
6. 何謂「認股權證」(Warrant)?
7. 特別股 (Preferred Stock) 具有一個相當奇特的性質，它可以說是債券與普通股的混合體，因此我們說它是一種混合證券 (Hybrid Security)。因此請你說明特別股有哪些特性類似債券又有哪些類似普通股?
8. 分別以公司立場與投資人立場來說明以特別股融資的優缺點。
9. 公司發行認股權證的目的有哪些?

10. 分別以公司立場與投資人立場來說明認股權證的優缺點。

11. 某公司預期今年之每股盈餘 (EPS) 為每股 \$3，並全部發放給股東，預期以後情形將維持不變，已知投資人要求報酬率為 12%，求其股票之內含價值?

12. 某公司去年稅後淨利 \$30 億，且普通股權益為 \$200 億，剛支付完現金股利每股 \$2，股利支付率為 50%，其餘的部分將保留以進行公司之再投資計畫，假定此公司股票的要求報酬率為 12.5%，試問該公司普通股的理論價值為何?

13. 某公司上期支付股利 \$3，預期往後 3 年股利可以保持 30% 的成長率，其後 2 年，股利可以保持 20% 的成長，在 5 年以後即永遠保持固定的 10% 成長，在假設股東要求報酬率為 20% 之下，求其股價之理論價值?

14. 某公司發行一特別股，每股面額 \$10，股利率 20%，假設此公司之特別股股東的要求報酬率為 9%，試問此特別股之公平市價為何?

15. 某公司的認股權證允許持有者以每股 \$50 的價格購買 5 股普通股，試求當股價為 \$55 下的認股權證的理論價值。

第十四章　債券評價與投資

壹、前　言

金融市場的融資方式可分為直接金融與間接金融，政府或公司藉由發行債券向一般社會大眾募集所需資金，屬於直接金融的範圍。隨著金融市場的發展日趨熱絡，債券市場的重要性與日俱增，因此對於債券等固定收益型證券如何評價，其與市場利率的關係為何，以及如何計算投資債券的報酬率……等，皆是我們在投資債券時不可忽視的重要環節，因此本章將對債券評價做深入分析。

貳、債券的基本特性

1. 面額 (Face Value)

債券的面額為到期日時所要支付的本金，此本金即為票面面值。

2. 息票 (Coupon)

息票為債券發行者每期須支付給債券持有人的利息，其為債券面額乘以票面利率 (Coupon Rate)。公司每期支付的利息費用可抵扣所得稅，產生所謂的「稅盾效果」(Tax Shield)，享受節稅的好處，但公司藉由發行權益證券所支付的股利則無此項好處。

3. 到期日

當債券發行者支付本金和最後一次息票時，為此債券的到期日，及債券發行者和債券持有人的權利與義務關係終止。

參、債券的其他特性

1. 擔保品的有無

債券契約上若有訂定以發行者所擁有的某項資產為抵押品 (Collateral)，稱為有擔保債券 (Secured Bonds)，當公司無力償付時，債券人對此作為擔保品的資產有優先求償權。

一般的債券多為無擔保債券，發行者以其公司信用和獲利能力為保證，而無提供特定資產作為抵押品，相對有擔保債券較無保障，因此其收益率必須較高以補償債券持有人。

2. 償債基金 (Sinking Funds)

債券面額於到期日必須支付完成，此筆金額不僅數量龐大且以現金支付，為避免在到期日時，發行者無法一時籌足資金來償付而發生違約的可能，因此建立債券基金，將付款分散於數個年度期間，有系統的償還債券。

債券基金可按二種方式運作：

⑴債券發行後，公司定期在公開市場購回部分流通在外的債券。

⑵公司定期提列一筆資金給指定的基金管理人，由其投資孳息，分批或一次贖回流通在外的公司債。

3. 贖回條款

若債券契約中附有贖回條款時，則公司有權在債券到期日前，以一約定價格向債權人買回流通在外之債券，此種債券亦稱為可贖回債券。

4. 可轉換

附有可轉換條款的公司債，給予債券持有人可依約定的轉換比率，將債券轉換成一定數量的股票之權利。

5. 股利限制

債券契約為了保障債權人的權利而限制公司支付股利的程度。

肆、固定收益證券的投資風險

對於持有債券的投資人而言，將面臨以下幾種風險：

1. 違約風險 (Default Risk)

違約風險又稱信用風險，即債券發行者因財務困難，以致無法如期支付利息或本金的風險。

2. 利率風險

債券價格和市場利率呈反向變動關係，因此市場利率的變動引起債券價格變動的風險，稱為利率風險，也稱為價格風險。可分為兩種：

⑴資本利得風險 (Capital Gain Risk)：投資人持有債券至到期日可領回本金，則無利率風險。但若投資人在到期日之前出售債券，當利率上漲時，債券價格下跌，會產生資本損失。反之，當利率下跌時，債券價格上升，會產生資本利得。

⑵再投資風險 (Reinvestment Risk)：債券持有人將所收到的利息用於再投資時，當利率上升時，則再投資報酬率大於原先預期報酬率，到期時所獲得的報酬將大於預期報酬，反之則否。

3. 購買力風險

由於債券的利息和本金是以名目貨幣價值計算，因此當處於通貨膨脹時期，持有人所領取的固定名目利息之購買力會下降，故購買力風險亦稱為通貨膨脹風險 (Inflation Risk)。

4. 流動性風險

當債券的次級市場不活絡時，債券因流動性不足使得成交量很小，導致債券之買進與賣出不易，稱之為流動性風險，亦稱為市場風險。

5. 強制贖回風險 (Call Risk)

若債券契約中訂有贖回條款，則債券發行者可於約定期間，以一定價格強制贖回流通在外的債券，債券持有人就會面臨被強制贖回的風險。

伍、固定收益證券的報酬

投資固定收益證券有三種主要收入來源：息票收入、資本利得收入和再投資收入。而衡量投資固定收益證券的報酬率，以當期收益率 (Current Yield, CY) 和到期收益率 (Yield to Maturity, YTM) 為主要指標。

1. 當期收益率 (CY)

當期收益率是指持有債券一期且不賣出債券，所能得到的報酬率。

$$\text{當期收益率} = \frac{\text{息票收入}}{\text{債券購買價格}}$$

由於當期收益率只能衡量債券所支付的利息收入之報酬率，並不包括因市場利率變動所造成債券價格的波動而引起的資本利得或資本損失，因而較常使用另一指標——到期收益率。

2. 到期收益率 (YTM)

到期收益率可衡量投資人購買債券後一直持有至到期日的預期報酬率。

到期收益率的計算公式：

$$P = \sum_{t=1}^{n} \frac{C}{(1+\text{YTM})^t} + \frac{F}{(1+\text{YTM})^n}$$

P：購買債券的價格

C：息票收入

F：債券面額

n：付息次數

YTM：到期收益率

由上述公式可知，到期收益率是使購買債券的成本等於一系列未來現金流量現值所使用的折現率。其隱含到期收益率對投資債券決策是內部報酬率，在投資期間內，所有的債券利息都可以到期收益率用於再投資，獲取相當於到期收益率的報酬。

範例 14–1

陳先生以 800 元購買一張 5 年期的公司債，票面利率為 8%，以年計息，面額為 1,000 元，則投資此債券可獲得的平均報酬率為何？

解：$\$800=\sum_{t=1}^{5}\frac{\$80}{(1+\text{YTM}^*)^t}+\frac{\$1{,}000}{(1+\text{YTM}^*)^5}$

使用試誤法，來估計 YTM^*

當 YTM = 8%，$P=\$798.1272$

當 YTM = 7%，$P=\$825.1942$

$$\frac{8\%-7\%}{\text{YTM}^*-7\%}=\frac{\$798.1272-\$825.1942}{\$800-\$825.1942}$$

$$\text{YTM}^*=7.9308\%$$

至此，我們可以發現債券價格與殖利率呈反向變動關係。當債券的票面利率高於市場利率，因它的利息收益高於市場上其他投資報酬，所以投資人將以高於面額的價格購買此債券，稱為溢價債券。反之，當債券的票面利率低於市場利率，稱為折價債券。當債券的票面利率等於市場利率，稱為平價債券。

隨著時間的經過，愈接近到期日時，債券的價格都會向面額逼近，溢價幅度和折價幅度會逐漸縮小，債券價格持續調整，直到到期日時，債券價格必等於債券面值。

債券價格與時間經過的關係如圖 14–1：

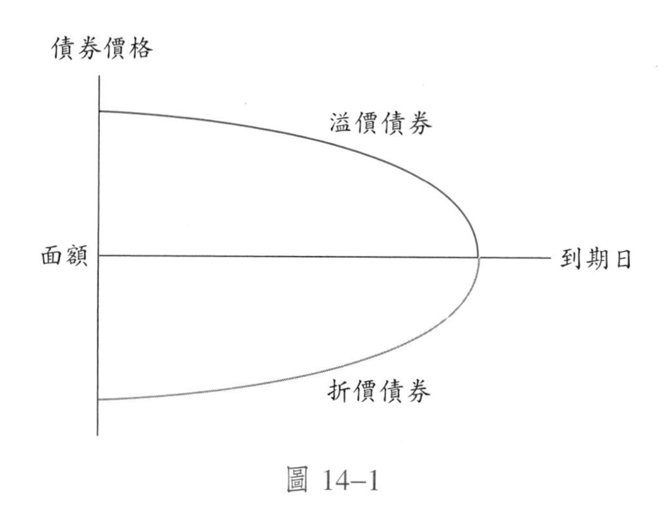

圖 14–1

陸、債券的評價

1. 一般型債券

由於債券在到期日前可以收到一系列的固定利息，並在到期日時回收面額，因此，債券的價格等於這兩種未來現金流量的折現值加總。

評價公式：

$$P = \sum_{t=1}^{n} \frac{C}{(1+r)^t} + \frac{F}{(1+r)^n}$$

$$= C \times \text{PVIFA}(r, n) + F \times \text{PVIF}(r, n)$$

P：債券目前價格

C：息票

F：債券面額

n：債券期限

r：要求的報酬率

範例 14–2

大成公司發行 20 年期公司債券，面額為 10 萬元，票面利率為 8%，半年付息一次，在市場利率為 10% 下，此債券之上市價格為何？

解：$P=\sum_{t=1}^{40}\frac{\$4,000}{(1+5\%)^t}+\frac{\$100,000}{(1+5\%)^{40}}$

$=\$4,000\times \text{PVIFA}(5\%, 40)+\$100,000\times \text{PVIF}(5\%, 40)$

$=\$4,000\times 17.1591+\$100,000\times 0.1420$

$=\$82,836.4$

2. 零息債券

零息債券為在持有期無任何息票收入，只於到期日時收回本金之債券。

$$P=\frac{F}{(1+r)^t}$$

P：債券的價格

F：債券面額

t：債券期限

r：要求的報酬率

範例 14–3

政府為籌措資金而發行面額 100 萬元的 10 年期零息債券，在市場利率為 8% 下，政府因債券的發行可獲得多少資金？

解：$P=\frac{\$1,000,000}{(1+8\%)^{10}}=\$463,193.4881$

3. 永續債券

永續債券為沒有到期日但定期支付利息的債券。

$$P=\sum_{t=1}^{\infty}\frac{C}{(1+r)^t}=\frac{C}{r}$$

範例 14–4

英傑公司發行永續年金債券，每年年底支付 9,000 元利息給債券持有人，在市場利率為 7% 下，此債券之價格為何?

解: $P=\dfrac{\$9,000}{7\%}=\$128,571.4286$

柒、利率期間結構 (Term Structure of Interest Rate)

由每一個債券可找出與其相對應的到期收益率與到期期間，將各點連接起來可得到一條收益率曲線 (Yield Curve)，顯示不同到期期間的債券提供不同的收益率。常見的收益率曲線有以下三種:

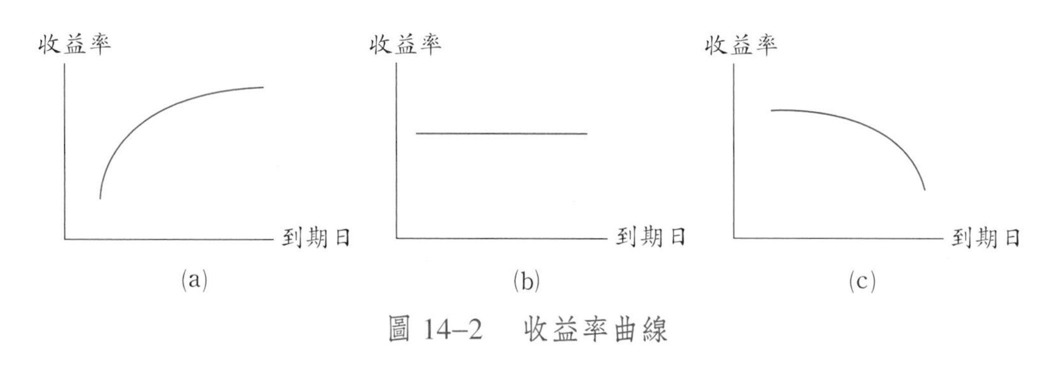

圖 14–2　收益率曲線

(1)正向收益率曲線: 隨著到期日增加，其到期收益率愈高 (圖 14 – 2 (a))。

(2)水平收益率曲線: 不同到期日的債券所提供的到期收益率相同 (圖 14 – 2 (b))。

(3)負向收益率曲線: 隨著到期日增加，其到期收益率愈低 (圖 14 – 2 (c))。

一般以正向收益率曲線較為常見。

為何不同到期期間的債券提供不同的收益率? 有三種理論可解釋:

1. 純粹預期理論 (Pure Expectation Theory)

純粹預期理論認為收益率曲線的形狀視投資人對未來短期利率的預期而定，若預期未來短期利率上升，表示長期債券利率高於短期債券利率，收益率曲線呈正斜率。而若預期未來短期利率下降，表示長期債券利率低於短期債券利率，收益率曲線為負斜率。

2. 流動性偏好理論 (Liquidity Preference Theory)

因對未來利率的不確定，持有長期債券將面臨較高的利率風險，且長期債券的流動性較短期債券差，因此為吸引投資人持有長期債券，必須補貼其風險貼水 (Risk Premium)，稱之為流動性貼水 (Liquidity Premium)，隨著到期日愈長，此流動性貼水愈大，使得收益率曲線為正斜率。

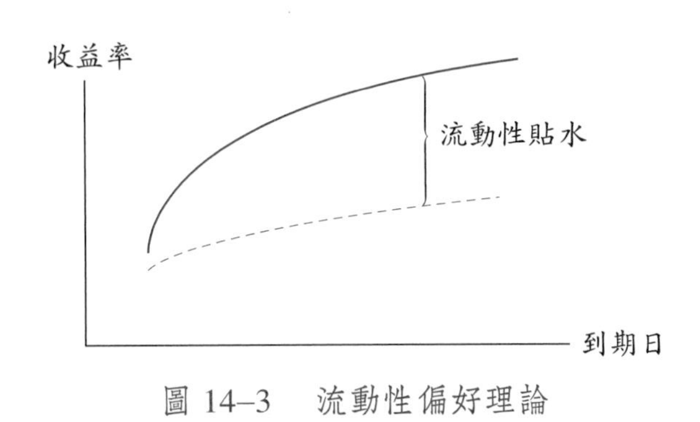

圖 14–3　流動性偏好理論

3. 市場區隔理論 (Market Segmentation Theory)

市場區隔理論認為不同到期日之債券收益率由不同市場所決定，長期資金的供給者和需求者決定長期債券的利率，而短期資金的供給者和需求者決定短期債券的利率，不同到期日的債券難以彼此取代，所以其均衡的利率由不同到期日市場所決定。

捌、存續期間

債券的存續期間 (Duration) 是指債券的平均到期期限，可用來衡量債券價格對利率變動的敏感度，作為測量債券風險的衡量指標。

存續期間的計算可利用票面利息和本金支付的加權平均加總而得，其加權的權數顯示各期現金流量之現值對債券價格的貢獻，以表示各期的利息支付對債券價格的重要性。

$$D=\sum_{t=1}^{n} t\cdot W_t = 1\cdot W_1 + 2\cdot W_2 + 3\cdot W_3 + \cdots + nW_n$$

其中，$W=\dfrac{\frac{C_t}{(1+r)^t}}{P}=\dfrac{\frac{C_t}{(1+r)^t}}{\sum_{t=1}^{n}\frac{C_t}{(1+r)^t}}$

C_t：t 期的現金流量

P：債券價格

W：權數

1. 一般型債券

範例 14–5

現有一張 5 年期、票面利率 6%、面額 1,000 元的債券，以年計息，在市場利率為 10% 下，此債券之存續期間為何?

解：先計算各期現金流量之現值和債券價格：票面利息 = \$1,000 × 6% = \$60

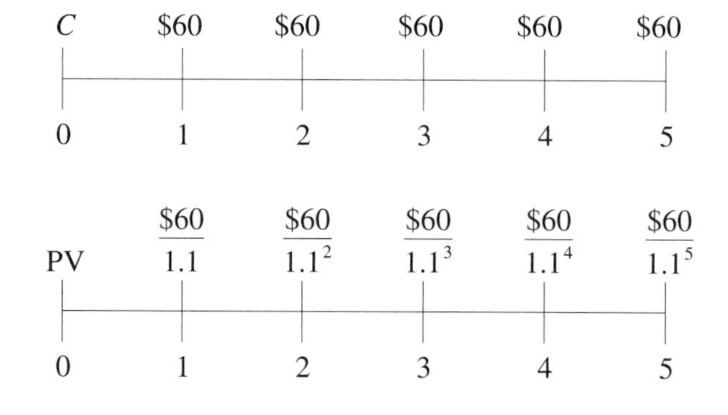

$$P=\sum_{t=1}^{5}\frac{\$60}{(1+10\%)^t}+\frac{\$1{,}000}{(1+10\%)^5}=\$848$$

$$D=\sum_{t=1}^{5} t\cdot W_t = 1\times\frac{\frac{\$60}{1.1}}{\$848}+2\times\frac{\frac{\$60}{1.1^2}}{\$848}+3\times\frac{\frac{\$60}{1.1^3}}{\$848}+4\times\frac{\frac{\$60}{1.1^4}}{\$848}$$

$$+5\times\frac{\frac{\$1{,}060}{1.1^5}}{\$848}=4.4148\text{ 年}$$

由範例 14–5 可知債券的存續期間為 4.4148 年，小於實際到期日的 5 年，因此可將此債券視為「在 4.4148 年內就償還所有利息與本金」。

2. 零息債券

範例 14–6

有一 10 年期零息債券，以年計息，面額 100 元，市場利率為 5%，則其存續期間為何？

解：

$$P=\frac{\$100}{(1+5\%)^{10}}=\$61.3913$$

$$D=\sum_{t=1}^{10}t\cdot W_t=1\times\frac{0}{\$61.3913}+2\times\frac{0}{\$61.3913}+\cdots+10\times\frac{\$61.3913}{\$61.3913}$$

$$=10\text{ 年}$$

由範例 14–6 可知零息債券的存續期間剛好等於其到期期間。

3. 永續債券

永續債券每期均會支付固定息票，但卻永不償還本金，為永無到期日的債券。雖然永續債券的到期日是無窮大，但仍可以計算其存續期間。

$$D=1+\frac{1}{r}$$

範例 14–7

有一息票利率 3%，面額 500 元的永續債券，以半年計息，若市場利率為 6%，則其存續期間為何？

解：$D=1+\dfrac{1}{\frac{6\%}{2}}=34.33$ 年

由範例 14–7 可得知即使永續債券永無到期日，但我們仍可計算出其存續期間為有限。

玖、存續期間之應用

由於存續期間可用來衡量債券價格對利率變動的敏感度大小，即衡量債券的利率風險，因此存續期間對於固定收益證券的管理有其重要性，分述如下：

存續期間與利率風險

將原先的債券評價公式對利率 r 做偏微分，可得

$$\frac{\partial P}{P} = -D \times \frac{\partial(1+r)}{1+r}$$

隱含債券價格的波動是債券存續期間的比例，將上式公式移項，即：

$$D = -\frac{\frac{\partial P}{P}}{\frac{\partial(1+r)}{1+r}}$$

表示存續期間為測度債券價格變動對利率微小變動之敏感度，稱之為利率彈性 (Interest Elasticity)，此為利率風險管理的關鍵。而一般實務上較常用修正後的存續期間 (Modified Duration)：

$$\frac{\frac{\Delta P}{P}}{\Delta r} = -\frac{D}{1+r} = -D_{\mathrm{M}}$$

$$D_{\mathrm{M}} = \frac{D}{1+r}$$

D_{M} 為修正後的存續期間，即是當利率微小變動時，債券價格變動的幅度，因而可得知債券利率的風險。

範例 14–8

有一 10 年到期的政府公債，其面額為 1,000 元，票面利率為 8%，以年計息，到期殖利率為 10%，則：

⑴此公債價格為多少？存續期間及修正後的存續期間又為多少？

⑵若現在利率上升 0.1 個百分點，則債券的新價格和債券價格變動的百分比為何？

解：⑴票面利息 $= \$1{,}000 \times 8\% = \$80$

$$P = \sum_{t=1}^{10} \frac{\$80}{(1+10\%)^t} + \frac{\$1{,}000}{(1+10\%)^{10}} = \$877.11$$

$$D = \sum_{t=1}^{10} t \cdot W_t = 1 \times \frac{\frac{\$80}{1.1}}{\$877.11} + 2 \times \frac{\frac{\$80}{1.1^2}}{\$877.11} + \cdots + 10 \times \frac{\frac{\$1{,}080}{1.1^{10}}}{\$877.11}$$

$$= 7.0439 \text{ 年}$$

$$D_{\mathrm{M}} = \frac{D}{1+r} = \frac{7.0439}{1+10\%} = 6.4035 \text{ 年}$$

⑵上升後的利率 $= 10\% + 0.1\% = 10.1\%$

$$\text{新債券價格 } P = \sum_{t=1}^{10} \frac{\$80}{(1+10.1\%)^t} + \frac{\$1{,}000}{(1+10.1\%)^{10}} = \$871.5166$$

$$\frac{\Delta P}{P} = -D_{\mathrm{M}} \times \Delta r = -6.4035 \times 0.1\% = -0.0064$$

$$\Delta P = \$877.11 \times (-0.0064) = -\$5.61$$

我們亦可以另一方式計算：

$$\frac{\Delta P}{P} = \frac{\$871.5166 - \$877.11}{\$877.11} = -0.0064$$

由此可以發現兩種方式所算出之價格變動百分比相同，即可印證存續期間公式的有效性。

拾、決定存續期間的因素

由存續期間公式可知其受票面利率、到期期限、到期收益率所影響。

1. 票面利率

在其他條件不變下，票面利率愈高，存續期間愈短，顯示債券的存續期間與利率的敏感度低。這是因為當票面利率愈高，代表每期所固定支付的利息愈多，投資人回收成本的速度愈快，則在前期支付的權數愈大，經加權平均後，所得的存續期間較小。

2. 到期期限

除了零息票券的存續期間等於到期期限外，一般債券的存續期間皆小於到期期限，在其他條件不變下，債券的到期期限愈長，則存續期間也愈長，但增加的幅度會遞減。

3. 到期收益率

在其他條件不變下，當到期收益率愈高，其存續期間愈短。債券的到期收益率愈高，表示持有債券至到期的報酬愈高，即使收益率有所變動，債券的價格不致有太大的波動，即存續期間與利率敏感度較低，因此其利率風險較小。

經由本章對債券評價的介紹，可將馬凱爾 (Burton G. Malkiel) 對債券價格的特性歸納如下，稱為馬凱爾債券價格的五大定理：

⑴債券價格與殖利率呈反向變動關係。

⑵到期期間愈長，債券價格對殖利率之敏感度愈大。

⑶債券價格對殖利率敏感度之增加幅度隨到期期間愈長而遞減。

⑷殖利率下降使債券價格上漲的幅度大於殖利率上升使債券價格下跌的幅度。

⑸低票面利率債券之殖利率敏感度大於高票面利率債券。

拾壹、作　業

1. 何謂債券?
2. 美國最有名的兩家債券評等公司為何?
3. 債券有哪些特性? 請分別簡述其意義。
4. 投資固定收益證券將面臨到的風險有哪些? 哪種風險產生的原因是利率變動所造成的?
5. 一般衡量固定收益證券報酬率的指標有哪兩項? 請分別簡述其意義及計算方式。
6. 依債券票面利率 (Coupon Rate) 和市場利率之間的關係, 可將債券分為哪幾種形式?
7. 何謂零息債券? 何謂永續債券? 在評估其價值時, 與一般債券有何不同?
8. 小偉在一份債券的契約上看到以下資訊: 面額 $100, 息票利率 6%, 市場利率 8%, 每年付息一次, 到期日為 5 年, 假設其他情況不變下, 試算出小偉手上這張債券應該價值多少錢?
9. 何謂債券的收益曲線 (Yield Curve)? 有哪些理論可用來解釋收益曲線的行為?
10. 何謂存續期間 (Duration)? 它與修正後存續期間 (Modified Duration) 有何關係?
11. 有一張面額 $1,000, 票面利率 5%, 半年計息一次的永續債券, 當市場的利率為 6% 時, 其存續其間為多少?
12. 有一個 10 年期的政府公債, 其面額為 $1,000, 票面利率為 10%, 以年計息, 到期殖利率 12%, 則此公債價格為多少? 存續期間及修正後存續期間為多少?
13. 何謂馬凱爾 (Burton G. Malkiel) 的債券價格五大定理?

第十五章　期貨與選擇權

壹、前　言

投資的基本工具可分為實質資產和金融資產，都是指在現貨市場上交易。而所謂的衍生性商品 (Derivative Securities)，是指由現貨市場中的基本交易商品所衍生的交易工具。由於衍生性商品的交易並非在交易當時就完成雙方的權利義務，而是在未來某一約定日期才完成，也就是「事前約定，事後履約」的交易。

為何稱其為「衍生」(Derivative)？乃因合約的價值是由合約中所約定的標的物價值來決定，並不能單獨決定。當標的物沒有價值時，其合約價值也就不存在。因此，衍生性商品並非是一項資產，而是一項交易合約，有時是一種權利，有時是一種義務。本章將介紹兩種常見的衍生性商品：期貨 (Future) 與選擇權 (Options)。

貳、期貨契約

老王為生產玉米的農夫，因其產量受氣候的變化所影響，必須面對未來的玉米價格變動的風險，使其收入將會有所波動而具不確定性。而李四為玉米罐頭製造商，須購買玉米原料製造產品，同樣面臨價格的不確定性，此時老王和李四為避免價格波動的風險，可在玉米種植時就先協議未來收成的預定價格，當玉米收成時，雙方就依照當初預定的價格交易，如此雙方所面對的價格風險將可降低，老王可確定未來賣出玉米的收入，而李四也可確定進貨的成本，此即所謂的遠期契約。

遠期契約雖可使雙方免於價格波動的風險，但卻可能發生契約之一方不履行的情形，即所謂的違約 (Default)。例如當玉米價格上漲時，農夫老王可能覺得當初所訂定的價格太低，若現在以市價賣出將可比原先預期的收入來得高，因此不履行契約；或是當玉米價格今年因產量豐收而大幅下跌，李四認為當初所訂定的購買價格太高使得生產成本大增，若以現在的市價買進將可降低進貨成本，因此選擇不履約，以上兩種情形都將導致法律上的糾紛。

為解決遠期契約的違約問題，因此發展出許多標準的期貨商品契約，在期貨交易所交易，並受法律的監督，使得期貨契約能確保雙方都能按時履約，使期貨市場日趨健全。

期貨契約 (Future Contract) 是指契約雙方約定於未來某個時點，以事先約定價格來購買或出售某種標的物，此一事先約定價格稱為期貨價格 (Future Price)，此一標的物稱為標的資產 (Underlying Asset)，此一約定的交割日稱為到期日 (Maturity Date)。

期貨的長部位 (Long Position) 交易者，於到期日時，以約定價格來購買某種標的物，也就是所謂的「買方」，即製造商李四為期貨契約的買方，於到期日買進玉米作為原料；而短部位 (Short Position) 交易者，承諾於到期日時交付標的物，稱為「賣方」，即農夫老王為期貨契約的賣方，於到期日時交付收成的玉米。

由於期貨契約僅為雙方的協定，因此在契約訂定時，並無實際的現金交付，只有規範彼此的權利義務關係。

一、期貨契約與遠期契約

期貨市場是提供期貨交易活動的場所，而期貨契約為一種標準化的遠期契約 (Forward Contract)，而遠期契約並非是一種標準化契約，為契約雙方私下訂定的契約，不具有一般正式的格式，所以無法在集中市場中掛牌交易，雖然兩者都是約定在未來某個時點履約權利與義務，但期貨契約與遠期契約仍有許多差異：

⑴期貨契約是定型化契約；而遠期契約是非定型化契約。

⑵期貨契約有集中市場交易；而遠期契約是交易雙方私下協議或經由櫃檯交易 (Over the Counter, OTC)。

⑶期貨交易由結算所來保證買賣雙方的權益；遠期契約的交易風險由買賣雙方自行承擔，有違約的風險。

⑷期貨交易的買賣雙方必須繳交保證金，以保證到期時能履行契約；而遠期契約並沒有此規定，其履約與否完全視雙方的信用而定。

⑸期貨契約大部分在到期日前反向平倉以結清，少有實物交割；而遠期契約因沖銷不易，一般都是持有至到期日，以實物進行交割。

二、現存的期貨契約

期貨契約可分為四大類：

⑴農產品期貨：如玉米、小麥期貨。

⑵金屬礦物期貨：如黃金、白銀、石油期貨。

⑶外匯期貨：如德國馬克、瑞士法郎期貨。

⑷金融期貨：如利率期貨、股價指數期貨。

三、期貨市場的功能

1.避險功能

為了降低未來商品價格的不確定性，利用期貨契約做反向部位操作，將價格風險移轉至願意承受風險者，以達避險目的。如在現貨市場是買入部位，可在期貨市場賣出期貨，事先鎖定價格，如此便可規避價格風險。如前例中老王與李四因擔心未來玉米價格波動幅度太大而影響收入或成本，可在期貨市場買進或賣出期貨契約，預先鎖住價格，如此便可以規避價格風險，避險者可以在無後顧之憂下，專心從事本身生產的經濟活動。

2.價格發現

期貨契約是在公開競價的集中市場進行交易，其價格是依據所有市場的交易者，在目前對於未來商品供需狀況的預期所決定的，由於交易者眾且透過公開喊價的方式，而且成交後之價格能迅速公佈，可隨時反映最新商品的預期價格，因此期貨市場提供了有關於商品的未來價格資訊，作為生產者和消費者的決策依據。故期貨市場各商品的交易價格自然成為未來商品價格的指標，期貨價格的充分揭露大幅地提升整個社會資源的配置效率。

3. 投機功能

參與期貨市場交易有避險者和投機者，避險者是為了規避未來的價格風險，而投機者是有能力且願意承擔避險者所轉移之價格風險，其主要以獲利為目的，其手中可能無太多現貨，但為了能在期貨交易中賺取利潤，在交易前會先預測交易標的價格，再決定買進或賣出期貨契約。事實上，由於有投機者的參與，使得期貨交易能正常運作，使期貨市場具備了經濟功能。

四、期貨市場的機制

1. 保證金帳戶與逐日清算制度

期貨交易的買賣雙方皆必須繳交保證金，作為未來履約保證承諾，其目的是作為清償損益之用，並非是一部分的價款，是為原始保證金 (Initial Margin)。由於期貨商品每日的價格變動，因此發展出逐日清算制度 (Marking to the Market)，對於所持有的期貨部位每日按收盤價計算損益，若因虧損而使保證金帳戶中的金額低於維持保證金 (Maintenance Margin) 時，將會收到經紀商的保證金追繳通知 (Margin Call)，必須將差額補足至原始保證金水準，否則將會被迫出場，結清所持有的期貨部位，即所謂的斷頭。

2. 期貨交易所 (Future Exchange)

期貨契約是在集中市場交易，此交易場所稱為期貨交易所，由眾多會員所組成的非營利性機構，交易所本身並不從事期貨買賣，主要的功能在於制定標準化的契約，提供一個集中場所，使期貨契約可公開的交易，監督與執行期貨交易過程與法規。

3. 期貨結算所 (Clearing House)

所有的期貨交易最後必須透過結算所的結算登記，才算交易完成。一旦買賣雙方經由結算所撮合後彼此即無關係，轉變為各自對結算所負責，即結算所成為買方的賣方、賣方的買方之第三保證者，承擔買賣雙方履行契約的義務，因此為確保契約的履行，結算所對其結算會員收取保證金，並監督結算會員的財務狀況。

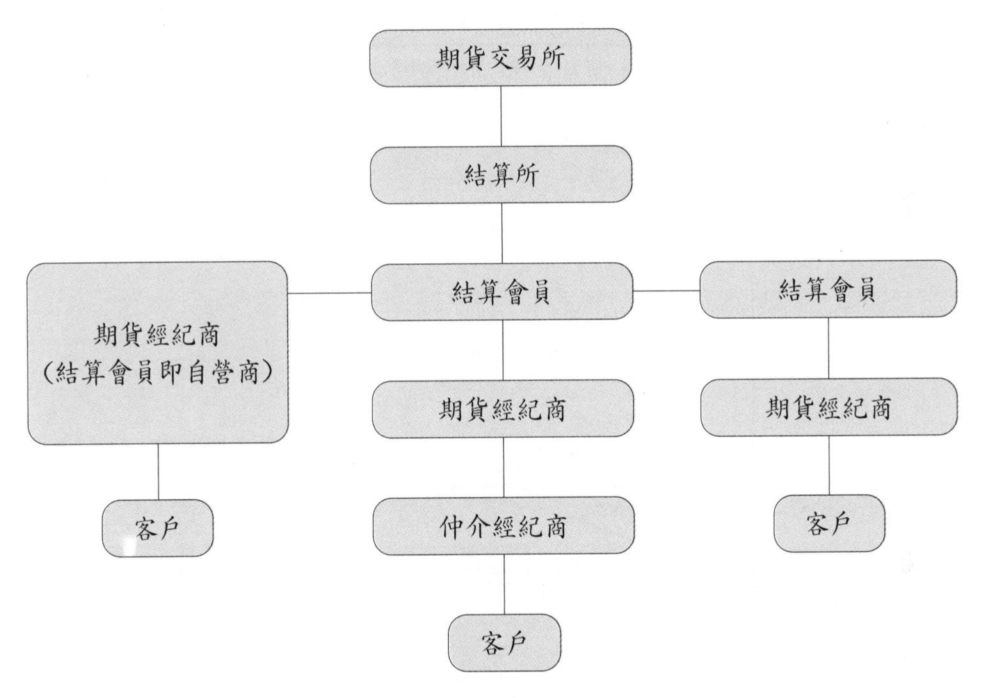

圖 15–1　期貨市場的組織架構

五、期貨價格與現貨價格之關係

期貨具有價格發現功能，因此期貨價格與現貨價格關係密切。關於期貨價格的定價模式有二種，一為預期理論，一為持有成本理論。

1. 預期理論 (Expectations Theory)

預期理論認為目前的期貨價格為到期日現貨價格的預期值，即 $E(S_T) = F_T$，當避險者為規避現貨部位而持有期貨空頭部位，欲將價格風險轉移，吸引投機者持有期貨的多頭部位，期貨價格必須低於未來現貨價格的期望值，投機者才願意承擔風險，即 $F_T < E(S_T)$，此以差額 $E(S_T) - F_T$ 為補償投機者的貼水，隨著到期日的接近貼水會愈來愈小，直到到期日時為零，此時期貨價格等於現貨價格 $E(S_T) = F_T$，此種情形稱為正常交割延遲 (Normal Backwardation)。

當避險者持有多頭期貨部位，為使價格風險移轉給投機者承擔而持有空頭部位，則期貨價格必須高於未來現貨價格的期望值，即 $F_T > E(S_T)$，隨著到期日的接近，差額會逐漸縮小，此種情形稱為正常交易延遲 (Normal Contango)。

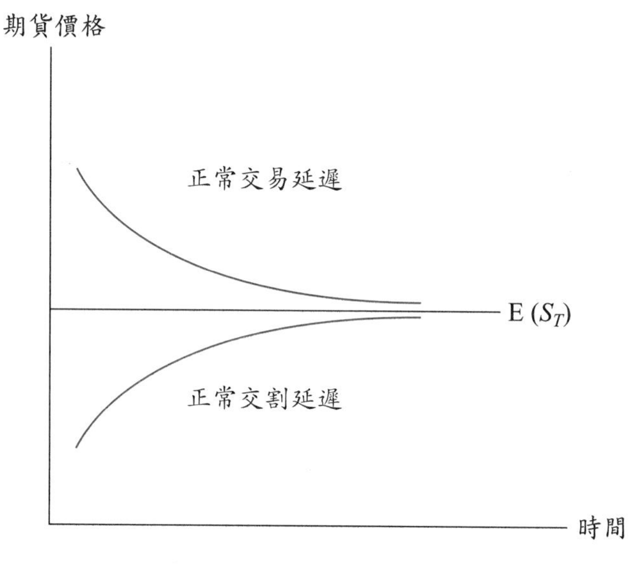

圖 15–2　期貨價格收斂

2. 持有成本理論 (Cost of Carrying Theory)

由於期貨交易是指在未來某個時點買進或賣出標的物，因此期貨價格至少要反映在期貨契約存續期間所發生的成本，如倉儲成本、利息成本、運輸成本和保險成本，因此可將期貨價格表示為：

期貨價格 = 現貨價格 + 持有成本

$$F_{t,T} = S_t + CC_{t,T} \qquad (15\text{–}1)$$

用連續複利方式表達：

$$F_{t,T} = S_t \cdot e^{r(T-t)} \tag{15–2}$$

由上述公式 (15–1) 可知期貨價格之所以大於現貨價格，主要原因在於現貨持有成本的存在。若等式不成立，市場上將出現套利的機會直到等式成立為止。

雖然持有現貨會產生成本，但也有可能中途因為某些因素將其賣出而產生收益，例如小張在 3 月 1 日持有紅豆期貨，預計在 9 月賣出，如果市場沒有任何變化，則以公式 (15–1) 可得 9 月份期貨價格，但若在 6 月時現貨市場臨時缺貨，小張認為有利可圖而提前出售紅豆，則公式 (15–1) 必須加以修正，令 B 為到期前的收益：

$$F_{t,T} = S_t + CC_{t,T} - B \tag{15–3}$$

這種持有現貨的利益，必須從持有成本中扣除，從公式 (15–3) 中可以發現，期貨價格不一定大於現貨價格，期貨價格須視持有成本與到期前收益而定。

六、避險策略

以避險者而言，其所面對的價格風險主要來自於現貨價格的不確定性，經由期貨交易，則可將此價格風險移轉至願意承擔風險者，通常依對現貨價格的預期，避險策略可分為多頭避險、空頭避險、交叉避險。

1. 多頭避險 (Long Hedge)

多頭避險是指在期貨市場買進期貨以規避未來現貨價格的風險。其主要原因為交易者於未來欲買進現貨，但擔心未來現貨價格上漲而造成損失，因此買進期貨來避險。若未來現貨價格真的上漲，持有期貨部位產生的利得將可彌補現貨交易所產生的損失。

例如公司將進口一批銅原料，擔心未來供貨不足將引起銅價上漲，因此可於現在進入期貨市場買進一口 9 月的銅期貨契約，履約價格為 50 元，若在到期日時現貨價格上漲至 56 元，則在現貨市場上必須以較高的價格買進而產生損失，但在期貨市場卻可獲利 56 元 − 50 元 = 6 元，可抵銷現貨市場的損失，此即為多頭避險。

2. 空頭避險 (Short Hedge)

空頭避險是指在期貨市場賣出期貨以規避未來現貨價格下跌的風險。其主要原因在於交易者擔心未來將現貨賣出時價格下跌而造成損失，因此先賣出期貨來避險，即將持有期貨部位產生的利得來彌補現貨的損失。

例如種稻米的農夫擔心未來收成時稻米價格因盛產而大跌，可進入期貨市場賣出履約價格為 80 元的稻米期貨契約，若到期時稻米價格真的大幅下跌至 65 元，則在期貨市場可獲利 80 元 − 65 元 = 15 元，以彌補在現貨市場的損失。

3. 交叉避險 (Cross Hedge)

進行多頭避險和空頭避險時，若市場上沒有同一現貨為標的期貨，則可以利用與現貨相關性高的其他期貨，作為避險之用。雖然避險程度不能和多頭避險及空頭避險相提並論，但若現貨與某期貨的相關性很高，依然能展現避險效果，此種避險方式稱為交叉避險。

例如某特殊汽車機油的製造公司，在期貨市場上找不到和其原料相同的期貨契約，但為了規避原料進口成本，則以與汽車機油相關性高的汽油期貨來避險。

參、選擇權契約 (Option Contract)

選擇權是一種衍生性契約，買方支付一筆權利金 (Premium)，有權利在未來一段時間之內或未來某一特定日期，以一定的價格向買方購買或出售給賣方一定數量的特定標的物。若為買進標的物，稱為**買入選擇權** (Call Option)，簡稱**買權** (Call)；若為賣出標的物，稱為**賣出選擇權** (Put Option)，簡稱**賣權**

(Put)。

若某投資基金看壞臺股的未來前景，目前臺股指數為 5,000 點，但因手中仍握有大量股票的投資組合，若大量進出股市將負擔大筆的手續費用與交易成本，因此可在選擇權市場賣出履約價格為 4,900 點的臺灣加權指數選擇權，其權利金為每點 50 元，若未來股市真的下跌至 4,800 點，則投資基金可執行選擇權，將可獲利 $\$50 \times (4,900 - 4,800) = \$50 \times 100 = \$5,000$，以彌補持有投資組合的現貨部位損失。

一、選擇權的契約內容

1. 標的資產 (Underlying Assets)

選擇權的標的物可分為兩大類：一為現貨，如股票、外匯、農產品及金屬等，稱為現貨選擇權；另一為期貨，包括各種商品期貨和金融期貨，稱為期貨選擇權。

2. 履約價格 (Exercise Price)

是指買賣雙方所約定之標的物買入或賣出的價格。

3. 權利金 (Premium)

權利金為購買權利的代價，是買方應付給賣方的款項，而這項權利金並非是合約的部分價款，也不是訂金，而是為擁有一項權利所必須付出的代價。

4. 單位契約數量 (Contract Size)

5. 合約到期期間 (Time to Expiration Date)

是指選擇權契約所涵蓋的期間，可分為美式選擇權和歐式選擇權。若買方可在到期日及契約存續期間行使履約權利，稱為美式選擇權 (American Option)；若買方只能在到期日時才可行使履約權利，稱為歐式選擇權 (European Option)。

二、選擇權之交易策略

1. 單一部位 (Naked Position) 策略

所謂的單一部位是指買賣一種選擇權而言，又可分為買進買權、買進賣權、賣出買權、賣出賣權等四種。

2. 圖形報酬 (Payoff Diagram)

乃指所投資的部位如持有到權利期間之最後一天，其損益和標的物價格的關係圖形。

3. 定　義

C：買權之權利金
P：賣權之權利金
S：標的物之市價
T：到期日
C_T：買權在到期日之價值
P_T：賣權在到期日之價值
S_T：標的物在到期日之市價
K：履約價格

以歐式選擇權為例：

1. 買進買權 (Long a Call)

買方支付權利金，有權利在未來按約定的履約價格向賣方買進標的物。當市場價格小於履約價格時，則買方會放棄此項權利，直接在現貨市場買進標的物較有利，其最大損失為權利金之全部；當市場價格大於履約價格時，買方會要求履約，依履約價格買進標的物，可以獲取利潤。所以買進買權為一種「獲利無窮，損失有限」的選擇權。

範例 15–1

聯電的 1 月買權，履約價格為 45 元、權利金為 2 元，如將此一買權買進後，持有到權利期間最後一天，其損益如下：

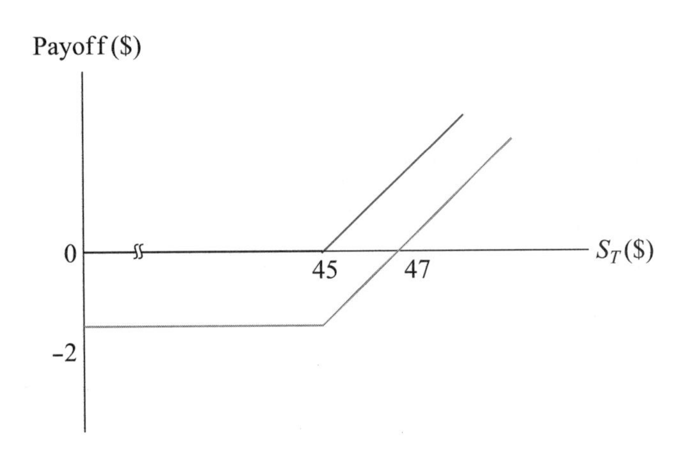

解：買權在到期日時之價值為其履約價值，亦即：

$$C = S_T - K，當 S_T > K$$
$$= 0，當 S_T \le K$$
$$\therefore C = \max(0, S_T - K)$$

(1)若在到期日時，聯電股票市價為 \$50，則買權的履約價值 = \$50 − \$45 = \$5，其損益為履約價值減去權利金，即 \$5 − \$2 = \$3。

(2)若在到期日時，聯電股票市價為 \$43，此時買方不會去履約，則買權的履約價值 = 0，其損益為 0 − \$2 = −\$2。

買進買權使用時機：

(1)看漲股票且需要大幅的槓桿作用。

(2)買股票的決策遞延。

(3)避免融券部位被軋之風險。

2. 買進賣權 (Long a Put)

買方支付權利金買進一個賣權，有權利在未來按約定的履約價格向賣方賣出標的物。當市場價格大於履約價格時，買方會放棄權利，直接在現貨市場賣出標的物較有利；當市場價格小於履約價格時，買方會要求履約，按高於市場價格的履約價格賣出標的物，可以獲取利潤。所以買進賣權為一種「獲利有限，損失有限」的選擇權。

範例 15-2

聯電的 1 月賣權，履約價格為 45 元、權利金為 2 元，如將此一賣權買進後，持有到權利期間最後一天，其損益如下：

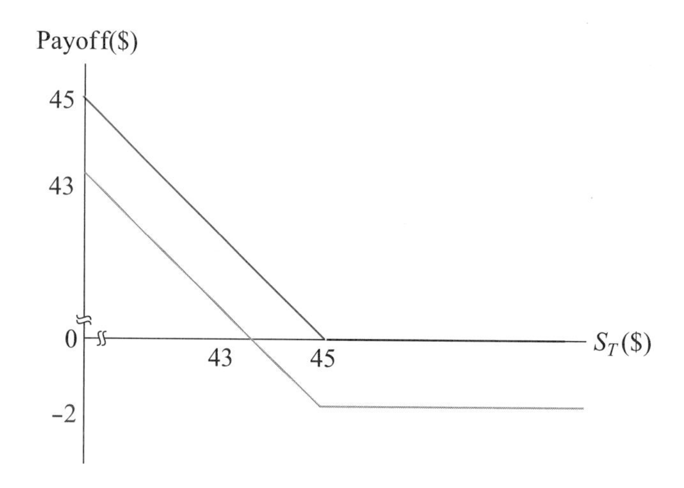

解：賣權在到期日時之價值為其履約價值，亦即：

$$P_T = K - S_T，當 K > S_T$$

$$= 0，當 K \leq S_T$$

$$\therefore P = \max(0, K - S_T)$$

⑴若在到期日時，聯電股票市價為 \$50，此時買方不會去履約，則賣權的履約價值 = 0，其損益為 0 − \$2 = −\$2。

⑵若在到期日時，聯電股票市價為 \$41，則賣權的履約價值 = \$45 − \$41 = \$4，其損益為履約價值減去權利金，即 \$4 − \$2 = \$2。

買進賣權使用時機：

⑴看空股票。

⑵將賣股票之決策遞延。

(3)避免所持有股票下跌之風險。

3. 賣出買權 (Short a Call)

賣出買權的投資人收取權利金，因此有義務在未來按約定的履約價格賣出標的物給買方。當市場價格小於履約價格時，買方不會要求履約，賣方可賺取權利金收入；當市場價格大於履約價格時，賣方會發生損失。所以賣出買權為一種「獲利有限，損失無窮」的選擇權。

範例 15-3

聯電的 1 月買權，履約價格為 45 元、權利金為 2 元，如將此一買權賣出後，賣方可收取權利金 2 元，其損益如下：

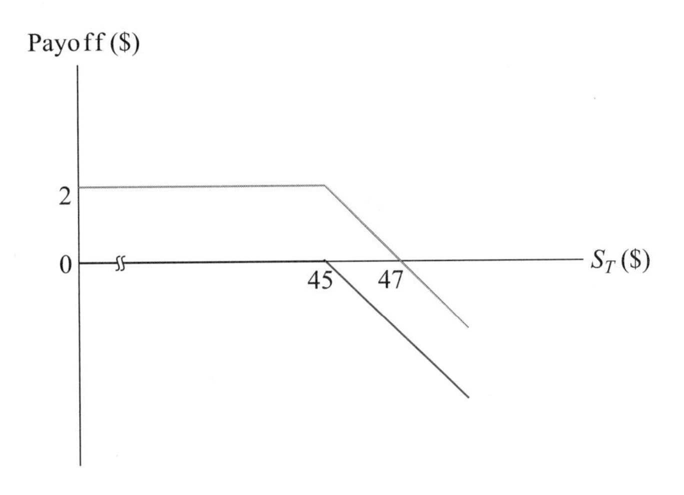

解：(1)若在到期日時，聯電股票市價為 \$50，則此時買方會要求履約，賣方須以 \$45 的價格賣出聯電股票，其損失為 \$45 − \$50 = −\$5，損益為 \$2 − \$5 = −\$3 。

(2)若在到期日時，聯電股票市價為 \$43，此時買方不會去履約，則買權的履約價值 = 0，其損益為所收取的權利金 2 元。

賣出買權使用時機：

(1)不看漲股票。

(2)為手中股票設定賣點。

(3)為手中股票帶來有限之保險。

4. 賣出賣權 (Short a Put)

賣方因收取權利金，有義務在未來按約定的履約價格向買方買進標的物。當市場價格大於履約價格時，買方會放棄權利，賣方可賺取權利金收入；當市場價格小於履約價格時，買方會要求履約，要求賣方依較高的履約價格買進標的物，因而發生損失。所以賣出賣權為一種「獲利有限，損失無限」的選擇權。

範例 15-4

聯電的 1 月賣權，履約價格為 45 元、權利金為 2 元，如將此一賣權賣出後，持有到權利期間最後一天，其損益如下：

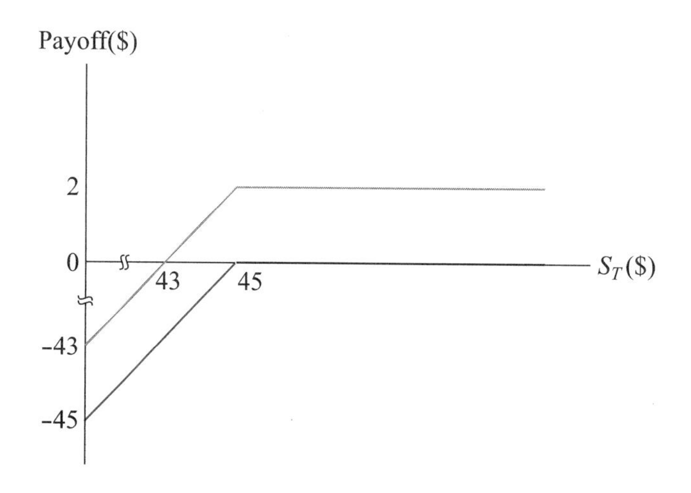

解：(1)若在到期日時，聯電股票市價為 $50，此時買方不會去履約，則賣權的履約價值 = 0，其損益為所收取的權利金 $2。

(2)若在到期日時，聯電股票市價為 $41，則此時買方會要求履約，賣方須以 $45 的價格向買方買進聯電股票，其損失為 $41 − $45 = −$4，損益為 $2 − $4 = −$2。

賣出賣權使用時機：

(1)不看跌股票。

(2)為想買之股票設定買點。

(3)為融券取得有限之保障。

從上述的分析中，可知選擇權為一種零和遊戲，買方（賣方）的損失即是賣方（買方）的利得。

三、標的物價格和履約價格之關係

以買權而言，當市價高於履約價格，買方因行使履約權利而獲利時，則稱為價內選擇權 (In the Money)；當市價低於履約價格，買方因而損失時，則稱為價外選擇權 (Out the Money)；當市價等於履約價格時，則稱為價平選擇權 (At the Money)。

相對地，賣權的情形和買權恰好相反，當市價低於履約價格，對買方有利，稱為價內賣權；當市價高於履約價格，買方因而產生損失，稱為價外賣權；當市價等於履約價格，稱為價平賣權。

	買權	賣權
$S > K$	價內	價外
$S = K$	價平	價平
$S < K$	價外	價內

四、選擇權的權利金

選擇權的權利金包括兩大部分：內含價值 (Intrinsic Value) 和時間價值 (Time Value)。內含價值是指買方立即行使權利可獲得的利益，即標的物價格和履約價格之差；而時間價值則是指權利金和內含價值之差。

買權的權利金可表示為 $C = \max(0, S - K) +$ 時間價值

賣權的權利金可表示為 $P = \max(0, K - S) +$ 時間價值

就買權和賣權而言，價平、價外買權只具有時間價值，而價內買權包括時間價值與內含價值。對價外買權而言，當市價上升時，則時間價值上升。對價內買權而言，當市價上升時，則時間價值下降。

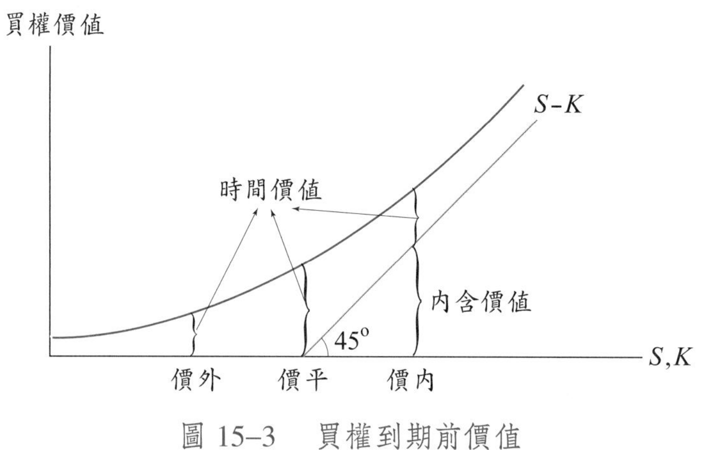

圖 15–3　買權到期前價值

對價內賣權而言，當市價下跌時，則時間價值下降。對價外賣權而言，當市價下跌時，則時間價值上升。

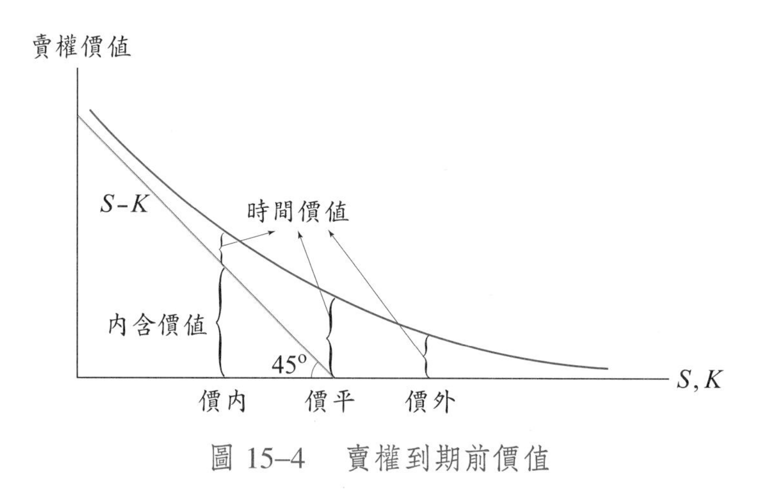

圖 15–4　賣權到期前價值

五、賣權買權平價關係

賣權買權平價關係 (Put-Call Parity) 是指相同標的物、履約價格及到期日之歐式買權和賣權關係，具有某種對等關係。因此賣權價格可藉由買權價格來推算，或是買權價格由賣權價格來推算，賣權買權平價關係可表示成下式：

$$P + S = C + Ke^{-rT}$$

P：賣權之權利金

C：買權之權利金

S：標的物市價

K：履約價格

r：無風險利率

T：合約存續期間

1. 標的物價格 (S)

就買權而言，標的物價格上漲將使履約價值 ($S - K$) 提高，買權價值亦隨之提高；對賣權而言，則標的物價格愈高，其履約價值 ($K - S$) 愈低，賣權價值亦隨著下降。

2. 履約價格 (K)

以買權而言，當履約價格愈低，買權愈容易成為價內，買權價值就愈高；以賣權而言，當履約價格愈低，賣權愈不易成為價內，賣權價值就愈低。

3. 到期期間 (T)

到期期間愈長，買方將有更多的機會處於價內以獲取利潤，因此買權、賣權便愈有價值。

4. 無風險利率 (r)

當無風險利率愈高，履約價格的現值愈低，則買權價格愈高，賣權價格愈低。

5. 標的物價格波動程度 (σ)

當標的物價格的變異愈大，買權、賣權愈有機會處於價內，所以買權、賣權價值會提高。

6. 股利 (D)

若標的物為股票，當有股利發放時將使股價下跌，對買權價值有負面影響，而對賣權價值有正面影響。

綜合以上各因素，對買權、賣權價格之影響列於下表：

	Call	Put
標的物價格 (S)	+	−
履約價格 (K)	−	+
到期期間 (T)	+	+
無風險利率 (r)	+	−
標的物價格波動程度 (σ)	+	+
股利 (D)	−	+

肆、作　業

1. 何謂「衍生性商品」(Derivative Securities)?
2. 何謂「期貨契約」?
3. 試解釋期貨的「逐日清算制度」。
4. 何謂「正常交割延遲」(Normal Backwardation) 與「正常交易延遲」(Normal Contango)?
5. 試解釋期貨避險策略中的「多頭避險」、「空頭避險」與「交叉避險」。
6. 何謂「選擇權契約」?
7. 試說明遠期契約與期貨契約的相似處與相異處。
8. 期貨合約可分為哪四大類？並請舉例說明之。
9. 期貨市場有哪些功能?
10. 分別就買權與賣權的角度說明何謂價內 (In the Money)、價外 (Out the Money) 與價平 (At the Money) 選擇權。
11. 選擇權的權利金分為哪兩個部分?
12. 有一 10 年期公債，目前市價 \$98.5，票面利率 8%，半年付息一次，目前市場利率 10%，問 1 年期公債期貨價格應為多少?

13. 某公司之明年 1 月買權，履約價格為 \$45，權利金 \$4.25，已知目前公司的股價為 \$48，試問此買權之時間價值為多少？

14. 有一 1 年後到期之歐式買權，其履約價為 \$60、權利金 \$5，已知標的物的現貨價格為 \$55，且目前市場的無風險利率為 4%，試以賣權買權平價關係來求算其對應之賣權價格。

第十六章　投資組合理論

壹、投資組合概論

1. 什麼是投資組合

凡是由一種以上的證券或資產所構成的集合，即可稱之為投資組合。現實生活中，一般人每月的所得除了固定的儲蓄之外，也可能會有部分資金投資在股票、債券或是標會之中，這就是一種投資組合。簡單來說，投資組合就是一種資金分配的結果，現在我們以「權重」的觀念來描述投資組合。

範例 16-1

某投顧經理人手中持有 100 萬元想要投資股票，其中想要投資 A 股 30 萬元，投資 B 股 70 萬元。所以可以知道在這個投資組合中，A 股的權重為 30%，B 股的權重為 70%。

2. 投資組合之預期報酬率

什麼是預期報酬率呢? 所謂預期，就代表加入了機率的觀念與想法，就像前面所說的例子，A 股的權重為 30%，B 股的權重為 70%。在真正投資之前，我們認為 A 股可能會有 20% 的報酬率（這就稱為 A 股的預期報酬率），而 B 股可能會有 30% 的報酬率（這就稱為 B 股的預期報酬率），透過權重的效果，這個投資組合可能的報酬率，也就是預期報酬率的算法如下：

$$0.3\,(\text{A 股權重}) \times 0.2 + 0.7\,(\text{B 股權重}) \times 0.3 = 0.27\ (= 27\%)$$

資金分配的結果，投資組合的報酬率有 30% 來自 A 股，70% 來自 B 股。

當然，我們給予它公式化之後，可以這樣表達：

$$E(R_p)=W_1\times E(R_1)+W_2\times E(R_2)+\cdots+W_n\times E(R_n)=\sum_{t=1}^{n}W_iE(R_i)$$

其中，$E(R_p)$ 為投資組合的預期報酬率，W_i 為 i 資產的權重。

3. 投資組合的風險

投資組合的風險我們仍然可以利用變異數來衡量。但是因為加入了權重的觀念，所以與之前的計算有些許差異。現在我們以一個 $n=2$ 的投資組合一一推導。

(1)投資組合預期報酬率：

$$E(R_p)=W_1\times E(R_1)+W_2\times E(R_2)$$

(2)投資組合變異數：

$$\begin{aligned}Var(R_p)=\sigma_p^2&=Var[W_1\times E(R_1)+W_2\times E(R_2)]\\&=W_1^2\sigma_1^2+W_2^2\sigma_2^2+2W_1W_2\sigma_{1,2}\end{aligned}$$

其中，$\sigma_{1,2}$ 我們稱之為共變異數，是一種衡量兩資產之間同向或反向變動的「絕對」指標，而另一個衡量的相對指標為「相關係數」ρ。

$\sigma_{1,2}$ 與 ρ 之間的關係如下：

$$\sigma_{1,2}=\rho\times\sigma_1\times\sigma_2$$

將上述公式整理之後，投資組合的風險可以改寫成：

$$\begin{aligned}Var(R_p)&=W_1^2\sigma_1^2+W_2^2\sigma_2^2+2W_1W_2\sigma_{1,2}\\&=W_1^2\sigma_1^2+W_2^2\sigma_2^2+2W_1W_2\rho_{1,2}\sigma_1\sigma_2\end{aligned}$$

現在我們再以下述的例子來說明：

範例 16-2

條件如下：$W_1=0.3$，$W_2=0.7$，$E(R_1)=0.2$，$E(R_2)=0.3$，$\sigma_1=0.55$，σ_2

$=0.8$，$\sigma_{1,2}=0.33$，試求出此投資組合的風險。

解：$\mathrm{Var}(R_p)=\sigma_p^2=W_1\sigma_1^2+W_2^2\sigma_2^2+2W_1W_2\sigma_{1,2}$

$$=0.09\times0.3025+0.49\times0.64+2\times0.3\times0.7\times0.33$$

$$=0.479425$$

貳、投資組合再論

現在我們再舉一個 $n=2$ 的例子來探討相關係數的大小與投資組合變異數之間的相對關係，並藉此瞭解多角化投資如何分散風險。

1. 相關係數為 +1 的投資組合

假設有 A、B 兩股票，且 A、B 兩股票 $\rho_{A,B}=1$，表示 A、B 兩股票之間存在完全正相關的關係：

$$E(R_p)=W_A\times E(R_A)+W_B\times E(R_B)$$

$$\sigma_p^2=W_A^2\sigma_A^2+W_B^2\sigma_B^2+2W_AW_B\rho_{A,B}\sigma_A\sigma_B$$

又因為 $\rho_{A,B}=1$，所以 $\sigma_p^2=W_A^2\sigma_A^2+W_B^2\sigma_B^2+2W_AW_B\sigma_A\sigma_B$

$\sigma_p^2=(W_A\sigma_A+W_B\sigma_B)^2$，$\sigma_p=(W_A\sigma_A+W_B\sigma_B)$

由上可知，σ_p 是 σ_A 與 σ_B 的加權平均，完全沒有任何分散風險的效果。也就是說，不論投資人如何搭配資金在這兩種股票上，投資組合的風險仍舊等於個別股票風險的加權平均。

2. 相關係數為 –1 的投資組合

同樣的條件之下：

$$E(R_p)=W_A\times E(R_A)+W_B\times E(R_B)$$

$$\sigma_p^2=W_A^2\sigma_A^2+W_B^2\sigma_B^2+2W_AW_B\rho_{A,B}\sigma_A\sigma_B$$

又因為 $\rho_{A,B}=-1$，所以 $\sigma_p^2=W_A^2\sigma_A^2+W_B^2\sigma_B^2-2W_AW_B\sigma_A\sigma_B$

$\sigma_p^2=(W_A\sigma_A-W_B\sigma_B)^2$，$\sigma_p=W_A\sigma_A-W_B\sigma_B$ 或 $W_B\sigma_B-W_A\sigma_A$

由上式可以看出，σ_p 是可以為 0 的。投資人可以搭配某種資金比例在這兩種股票上，以形成一個無風險的投資組合。而最佳的資金配置比例 W_A、W_B 可以利用下列聯立方程式求解：

$$W_A + W_B = 1，W_A\sigma_A - W_B\sigma_B = 0$$

我們舉一個例子來說明更清楚：

範例 16–3

若 $E(R_A) = 0.1$，$E(R_B) = 0.06$，$\sigma_A^2 = 0.09$，$\sigma_B^2 = 0.04$，若 A、B 兩股票可以形成一個無風險的投資組合，試求出 A、B 的權重以及 $E(R_p)$。

解：$W_A + W_B = 1$

$0.3W_A - 0.2W_B = 0$

$\Rightarrow W_A = 0.4$；$W_B = 0.6$

所以，$E(R_p) = W_A \times E(R_A) + W_B \times E(R_B) = 0.4 \times 0.1 + 0.6 \times 0.06 = 0.076$。

3. 相關係數介於 +1 與 −1 之間

同樣的：

$$E(R_p) = W_A \times E(R_A) + W_B \times E(R_B)$$

$$\sigma_p^2 = W_A\sigma_A^2 + W_B^2\sigma_B^2 + 2W_AW_B\rho_{A,B}\sigma_A\sigma_B$$

又因為 $-1 < \rho_{A,B} < 1$

所以，$(W_A\sigma_A - W_B\sigma_B)^2 < \sigma_p^2 < (W_A\sigma_A + W_B\sigma_B)^2$

兩股票之間存有部分相關的關係時，投資人結合這兩種股票形成一個投資組合雖然能夠降低風險但卻無法完全消除。儘管如此，我們仍能夠利用投資權重使 σ_p^2 降低至最小程度。也就是說，我們可以利用數學上微分的觀念找出最適的資金配置比例 W_A, W_B 使得 σ_p^2 最小。而微分求解的過程煩請參考本章附錄。

範例 16-4

某投資組合包含 A、B 兩股票。$E(R_A) = 0.1$，$E(R_B) = 0.12$，$\sigma_A^2 = 0.0081$，$\sigma_B^2 = 0.0121$，若 A、B 兩股票的權重分別為 40% 與 60%，且 $\sigma_{A, B} = 0.005$，試求出 $E(R_p)$、σ_p^2 與 A、B 兩股票的相關係數 $\rho_{A, B}$。

解：$E(R_p) = 0.4 \times 0.1 + 0.6 \times 0.12 = 0.112\ (= 11.2\%)$

$$\sigma_p^2 = 0.4^2 \times 0.0081 + 0.6^2 \times 0.0121 + 2 \times 0.4 \times 0.6 \times 0.005$$

$$= 0.001296 + 0.004356 + 0.0024 = 0.008052$$

$$\rho_{A, B} = \frac{\sigma_{A, B}}{\sigma_A \times \sigma_B} = \frac{0.005}{\sqrt{0.0081} \times \sqrt{0.0121}} \approx 0.5051$$

參、風險分散的極限

以投資組合的角度去分析風險，我們可以將總風險分類為系統風險與非系統風險兩種。

1. 系統風險 (Systematic Risk)

有時我們亦稱之為「不可分散風險」(Undiversifiable Risk) 或是「市場風險」(Market Risk)。乃是指在總風險之中，直接與市場變異相關的部分，它導因於整個市場都會受到影響的因素。就比如說，戰爭、通貨膨脹或是經濟衰退等等，這些事件的發生不論任何公司都無法避免受到波及而不受影響，不論如何多角化經營都無法將這種風險分散掉。

2. 非系統風險 (Unsystematic Risk)

有時我們亦稱之為「可分散風險」(Diversifiable Risk) 或是「公司特有風險」(Firm Specific Risk)。乃是指在總風險之中，與市場變異無關的部分。就比如某公司發生罷工、研發產品失敗或是訴訟等等不利事件。這一類事件通常只影響到某特定公司，不可能會影響到市場上所有公司，因此，利用多角化經營便可以將這類風險分散掉。

3. 以圖例表示多角化投資與分散風險的關係

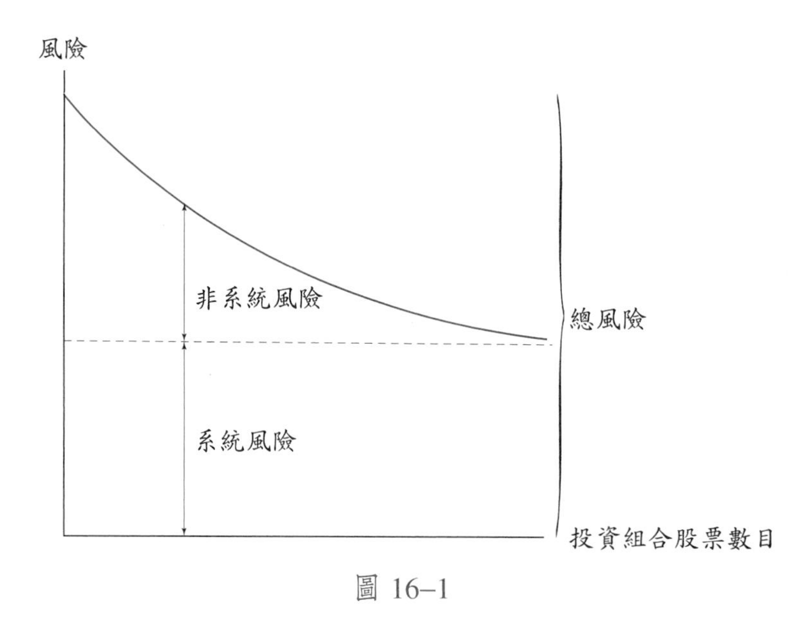

圖 16–1

由圖 16–1 可以看出，多角化投資的意義在於投資組合之中的總風險會隨著投資股票數目的增加而逐漸下降。但需要注意的是，隨著股票數目增加，能降低的也就只有非系統風險的部分，而系統風險是無法藉由多角化分散的❶。

肆、投資組合的選擇

一、財富與效用的關係

1. 效用 (Utility)

是一種經濟上的名詞，可以衡量經濟個體主觀上的滿足感，這樣的一種滿足感我們便以「效用」來衡量它。

❶ 以股票數目為 n 的投資組合來解釋系統風險與非系統風險的話，煩請參考本章附錄。

2. 無異曲線 (Indifference Curve)

以預期報酬率 $E(R_p)$ 與風險 σ_p 為例，投資者在給定的 $E(R_{p_1})$ 與 σ_{p_1} 之下，得到的滿足感為 U_1。當然，能帶給投資者相同滿足感的 $E(R_p)$ 與 σ_p 組合應該不只一個，我們將所有能帶給投資者相同滿足感 U_1 的投資組合連接起來，可以得到一條曲線，這一條線就是所謂的無異曲線。

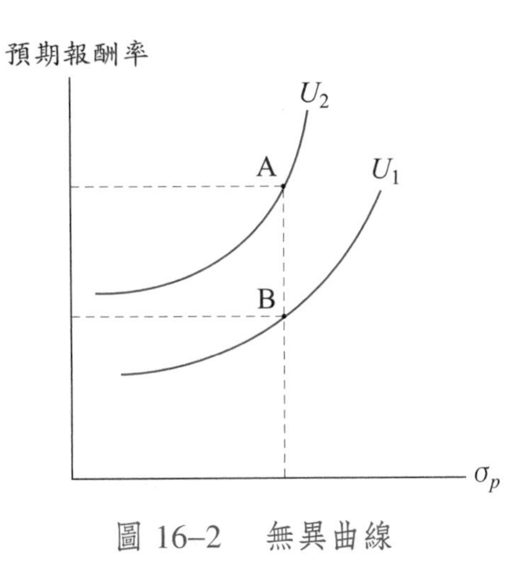

圖 16–2　無異曲線

無異曲線的表示方法如圖 16–2 所示，由於大部分的投資者皆不喜歡高風險而喜歡高報酬。以 A、B 兩個投資組合為例，$\sigma_A = \sigma_B$，兩個投資組合的風險是相同的，但 A 的預期報酬率卻比 B 高，理性的投資者一定會比較喜歡 A 投資組合，也可以說，A 投資組合的效用水準（給投資者的滿足程度）高於 B，即 $U_2 > U_1$。

二、投資的機會集合與效率前緣

1. 投資機會集合 (Portfolio Opportunity Set)

又可以稱之為可行的投資機會集合 (Feasible Set)，它是由現行所有的證券或其他投資工具所構成的投資集合。當然，每一個投資標的都會有不同的預期報酬率與風險，接下來我們將介紹一種衡量投資標的的方法——「平均－變異數法則」來作為分析準則。

2. 平均—變異數法則（Mean-Variance Method，M-V 法則）

分析的原則有兩個，一個是「在相同的風險之下，選取較高預期報酬率的標的資產」，另一個是「在相同的預期報酬率之下，選取較低風險之標的資產」。

範例 16–5

以下四個可行的投資集合 A、B、C 和 D 四種股票，其資料分別如下：

$E(R_A)=0.15$、$\sigma_A=0.08$；$E(R_B)=0.12$、$\sigma_B=0.09$；

$E(R_C)=0.18$、$\sigma_C=0.10$；$E(R_D)=0.15$、$\sigma_D=0.13$。

解：以 A 股為例，B 股的風險比 A 股大但是預期報酬率卻比 A 股低，因此，根本不考慮投資 B 股。D 股和 A 股有相同的預期報酬率，但風險卻比 A 股還高，因此，也不需考慮 D 股。唯有 C 股，儘管 C 股的風險比 A 股還高，但是其預期報酬率也比 A 股來得高。所以投資人在選擇 A、C 兩股時，就會考慮到其風險承擔的能力。願意承擔高風險以追求高報酬者，就會選擇 C 股；相反的，不願承擔高風險者，就會選擇 A 股。上述這樣的選擇方法就是我們常說的「平均—變異數法則」。

3. 新月形鋸齒狀的可行投資機會集合

市場上可行的投資標的絕對不止上述例題中的四個，事實上，市場上所有可行的投資標的集合起來會形成一個新月形的弧線，如圖 16–3 所示，當然，其中包含了所有效率與不效率的投資集合。

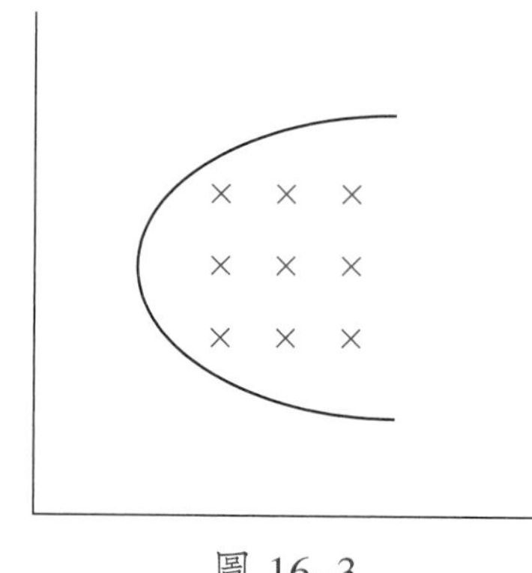

圖 16–3

接下來我們可以利用 M-V 法則將不效率的投資集合剔除，進而求出一條重要的曲線——「效率前緣」。

4. 效率前緣 (Efficient Frontier)

我們所說的效率投資集合就是只能符合 M-V 法則的投資集合。

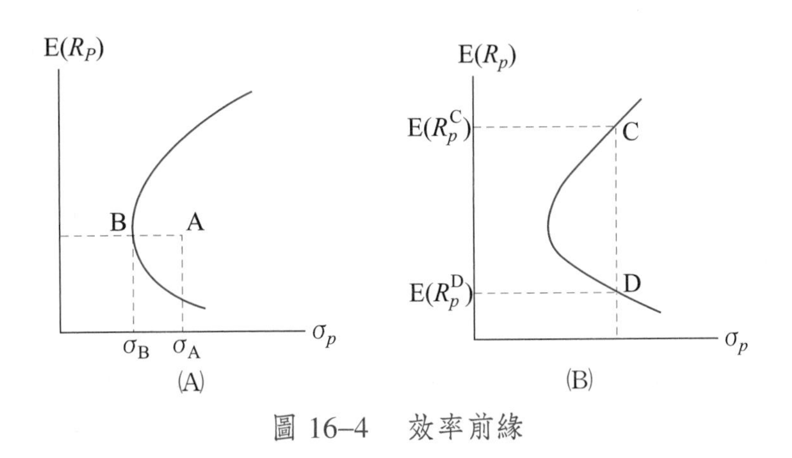

圖 16–4　效率前緣

如圖 16–4 (A)所示，A、B 兩個標的投資組合有相同的預期報酬率，但是因為 $\sigma_B < \sigma_A$，所以我們說 A 投資組合是沒有效率的投資集合。同樣的分析方法，再來看看圖 16–4 (B)，C、D 兩個標的投資組合有相同的風險，但是 $E(R_p^C) > E(R_p^D)$，所以我們說 D 投資組合是沒有效率的。

綜合圖 16–4 (A)、(B)，我們發現真正有效率的投資集合將會落在這新月形的投資集合的上半段，也就是圖 16–5 中的 XY 弧線的那一段。這樣的一條弧線我們就稱之為「效率前緣」。因為，唯有落在這條弧線上的投資組合才能符合 M-V 法則，也才會有效率。不論是以相同風險或是相同預期報酬率的角度去比較，弧線上的投資組合都會有最高的預期報酬率或是最低的風險。

相對的，在弧線以下的部分就是一些無效率的投資集合。另外，我們也稱 X 點為最小變異投資組合 (Minimum Variance Portfolio, MVP)，因為 X 點是所有效率的投資集合中變異（風險）最小的。

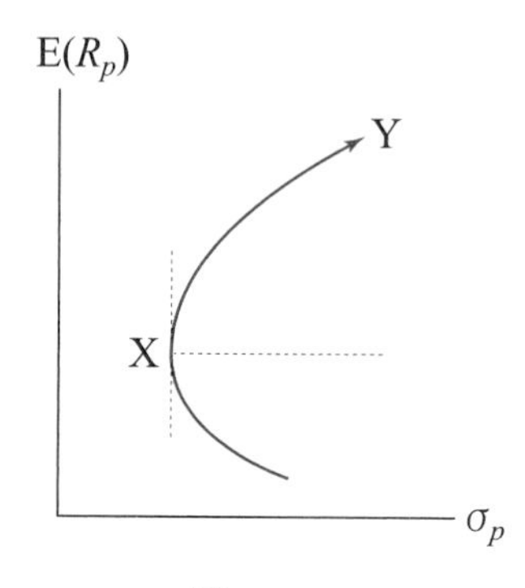

圖 16–5

範例 16–6

	A	B	C	D
$E(R_p)$	10%	15%	20%	25%
σ_P	23%	21%	30%	40%

上述 A、B、C、D 四個投資組合中，請問哪一個投資組合最沒有效率？

解：(1)先看 B、C、D 三個投資組合，由 B 至 D，預期報酬率逐漸上升，但風險也逐漸增加，依照 M-V 法則，我們無法判定這三個投資組合的好壞。

(2)再來看 A 和 B，A 的預期報酬率比 B 還小，但風險卻比 B 還高，依照 M-V 法則，我們可以立即知道這四個投資組合中，A 是無效率的。

5. 最適投資組合 (Optimal Portfolio)

有了前述無異曲線與效率前緣的觀念，我們便定義每一個投資人最適的投資組合就是主觀的無異曲線與客觀的效率前緣相切之處。我們以圖 16–6 來表示，假定市場上有 A、B 兩投資者，而 A 投資者的無異曲線與效率前緣相切在較高之處，表示 A 投資者的風險規避程度較小，因此願意承擔較高的風險以獲得較高的預期報酬；而 B 投資者的風險規避程度較大，因此不願意承擔較高的風險，所要求獲得的預期報酬也不高。所以，A、B 兩投資者最適的投資組合分別為圖 16–6 上的 a、b 兩點。

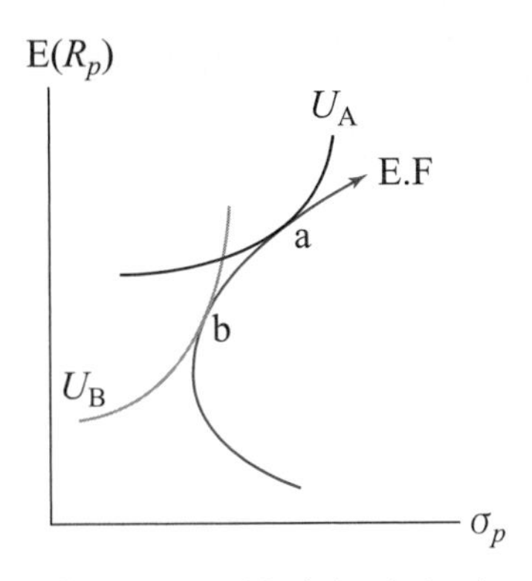

圖 16–6　最適投資組合

綜合來說，一個投資人的風險規避程度將會影響他最適投資組合之決定。願意承擔較高風險以追求高預期報酬的投資人，其無異曲線會和效率前緣相切在右上方較高的地方；反之，不願意承擔較高風險的投資人，其無異曲線就會和效率前緣相切在左下方較低之處。

伍、加入資本市場之後的效率前緣

之前的效率前緣並未考慮到其他的限制條件，接下來我們給予一些新的假設與條件使得整個模型更加完整。

1. 模型假設

(1)假定任何投資人均可以利用「無風險利率」做無限制的借貸行為 (Borrowing & Lending)，這裡所說的無風險利率通常是指國庫券或政府公債的收益率。

(2)假定所有投資人皆是理性的，且都是喜歡高報酬而不喜歡高風險。

(3)投資人會以 M-V 法則作為投資的準則。

(4)資本市場是完美的，沒有稅負的情形，也沒有交易成本，資訊的取得方便，不會有資訊落差的現象發生。

(5)會存在一個「市場投資組合」(Market Portfolio)，它是由市場上所有證券、資產所構成的投資組合。

2. 考慮「無風險性資產」與「風險性資產」的投資組合

由於加入了資本市場，表示投資人可以利用無風險利率進行借貸行為而投資在無風險或風險性資產中。接下來我們以圖形來說明：

圖 16–7，X 表示市場上某一風險性資產的投資組合：$X[\sigma_X, E(R_X)]$。

Y 表示無風險性資產：$Y[0, R_f]$，其中，R_f 為無風險利率。

Z 表示無風險利率。

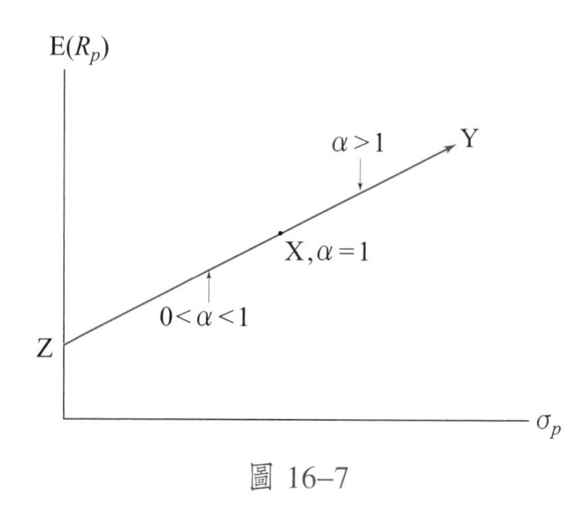

圖 16–7

若投資人投資資金 α 的比例於風險性資產 X，$(1 - \alpha)$ 的比例在無風險性資產上，則有下列幾種可能情形發生：

⑴投資在 X 點之上：$\alpha = 1$，將全部的資金投資在風險性資產 X 上，沒有借貸行為。

⑵投資在 $\overline{XY}$ 線段之上：$\alpha > 1$，不僅將全部的資金投資在風險性資產 X 上，還在資本市場上借錢加碼投資在風險資產。

⑶投資在 $\overline{ZX}$ 線段之上：$0 < \alpha < 1$，部分的資金會投資在風險性資產 X，而部分的資金投資在無風險性資產 Z（投資 Z 即表示在資本市場上借出資金）。

⑷投資在 Z 點之上：$\alpha = 0$，資金全部投資在無風險性資產（全部借出）。

不論 α 的比重如何，我們仍可以求出投資組合的報酬與風險：

$$E(R_p) = \alpha E(R_X) + (1-\alpha)R_f$$

$$\sigma_p^2 = Var(\alpha E(R_X) + (1-\alpha)R_f) = \alpha^2\sigma_X^2,\ 所以\ \sigma_p = \alpha\sigma_X,\ \alpha = \sigma_p/\sigma_X$$

$$E(R_p) = \alpha E(R_X) + R_f - \alpha R_f = R_f + \alpha(E(R_X) - R_f)$$

$$= R_f + [\frac{E(R_X) - R_f}{\sigma_X}]\sigma_P$$

結論：在資本市場存在之下，投資的機會集合會是一條截距項為 R_f，斜率為正的一條直線，而不再是之前的新月形弧線。

3. 資本市場線

在資本市場存在之下，投資人可以利用 R_f 做無限制的借貸行為，此時以 R_f 為原點，可以正巧畫出一條直線與效率前緣相切。而相切之點恰巧必為「市場投資組合」M 點。如圖 16–8 所示，我們說這條切線就是新的「線性效率前緣」，它是由無風險資產與市場投資組合所共同形成的投資機會集合。

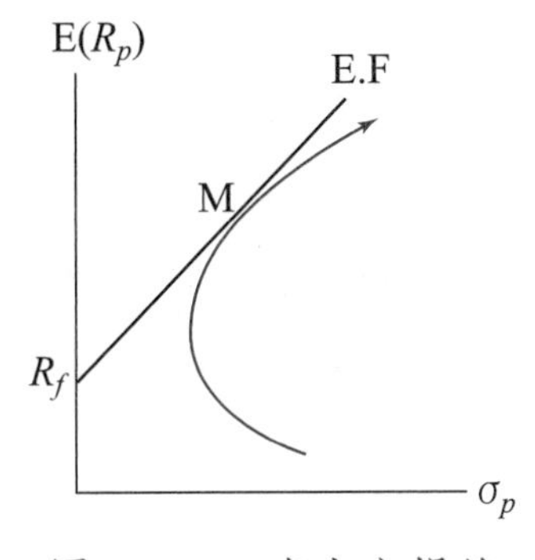

圖 16–8　資本市場線

這一條線性效率前緣在財管上我們就稱之為「資本市場線」(Capital Market Line, CML)，而落在 CML 之上的投資組合都是有效率的投資組合。

4. 資本市場線再論

CML 方程式的表達其實跟上述投資組合的報酬與風險的公式有些類似，只需把風險性資產 X 換為市場投資組合 M 即可。公式表達如下：

$$E(R_p) = R_f + [\frac{E(R_M) - R_f}{\sigma_M}]\sigma_p$$

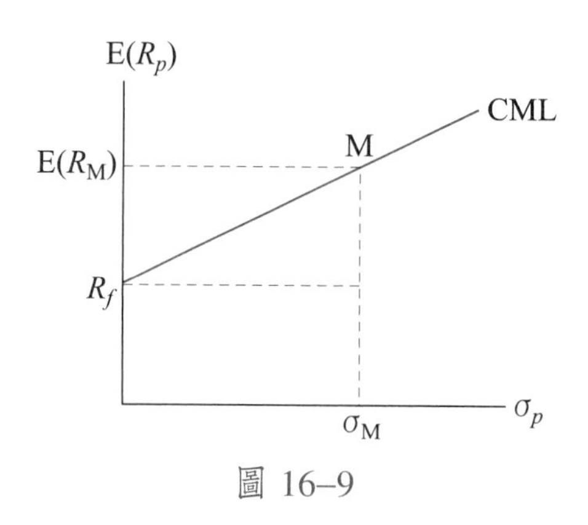

圖 16–9

公式中，"$E(R_M) - R_f$" 為總風險的貼水溢酬，也就是投資人承擔風險的貼補溢酬。"$[E(R_M) - R_f]/\sigma_M$" 則為每單位總風險之所獲得之貼水溢酬，"$[E(R_M) - R_f]/\sigma_M$" 乘上 σ_p 之後則為總風險的貼水溢酬。

拋開公式先不談，投資組合的風險愈高，原本就應該要給投資人更多的風險貼水作為補償。所以，若投資組合的風險 σ_p 愈高，所要求的預期報酬率也會愈高，用這樣的想法去看 CML 公式的涵義也就相當合理了。值得注意的是，由於 CML 是由效率前緣所導出，因此，CML 的公式只能用來求解效率的投資組合，而其他沒有效率的投資組合就不適用了。

範例 16–7

CML 線上有 A、B 兩投資組合，$\sigma_A = 0.3$，$\sigma_B = 0.5$。若無風險利率 R_f 為 0.05，市場投資組合的預期報酬率 $E(R_M)$ 為 0.15，σ_M 為 0.6，由以上的條件中，試求出 $E(R_A)$ 與 $E(R_B)$。

解：依據 CML 公式，

$$E(R_A) = R_f + [\frac{E(R_M) - R_f}{\sigma_M}]\sigma_A$$

$$= 0.05 + (\frac{0.15 - 0.05}{0.6}) \times 0.3 = 0.1\ (= 10\%)$$

$$E(R_B) = R_f + [\frac{E(R_M) - R_f}{\sigma_M}]\sigma_B$$

$$= 0.05 + (\frac{0.15 - 0.05}{0.6}) \times 0.5 = 0.1333\ (= 13.33\%)$$

由此可知，因為 $\sigma_B = 0.5 > \sigma_A = 0.3$，所以 B 投資組合的預期報酬率一定要大於 A 投資組合才合理，結果也是顯示如此的。

陸、資本市場定價理論

著名的資本市場定價理論 (Capital Assets Pricing Model, CAPM)，是 1960 年代時由夏普 (Sharpe)、莫新 (Mossin)、林那 (Linter) 與崔諾 (Treynor) 四位學者所共同提出。

1. 前提假設

與之前加入資本市場後的效率前緣一樣，假設大致如下：

(1)假定任何投資人均可以利用「無風險利率」做無限制的借貸行為，這裡所說的無風險利率通常是指國庫券或政府公債的收益率。

(2)假定所有投資人皆是理性的，且都是喜歡高報酬而不喜歡高風險。

(3)投資人會以 M-V 法則作為投資的準則。

(4)資本市場是完美的，沒有稅賦的情形，也沒有交易成本，資訊的取得方便，不會有資訊落差的現象發生。

(5)個別資產的報酬率呈現常態分配，即 $E(R_i) = R_p$，$Var(R_i) = \sigma_p^2$。

2. β 的觀念

在開始介紹這個模型之前，必須先對 β 做一個簡單的介紹。我們之前曾提到，單一證券或投資組合主要的風險來源有兩個，一個是系統風險，另一個則是非系統風險。就如同前文所述，非系統風險可以利用多角化的方法將其分散掉。當證券或資產數目很大的時候，整體的總風險就只會剩下系統風險的部分。我們以什麼指標來衡量系統風險呢？財管上，我們習慣以 β 作為系統風險的指標。某一證券或資產的 β 值愈大，系統風險也就愈大。它的求算公式如下：

$$\text{某標的證券或資產的 } \beta_i = \frac{\sigma_{i,\mathrm{M}}}{\sigma_{\mathrm{M}}^2} = \rho_{i,\mathrm{M}} \times \frac{\sigma_i}{\sigma_{\mathrm{M}}}$$

我們該如何解釋 β 值大小所代表的涵義呢？如果 β 值大於 1，表示當市場報酬變動 1% 時，該證券或資產也會有超過 1% 的反應；同理，如果 β 值小於 1，表示當市場報酬變動 1% 時，該證券或資產會有少於 1% 的反應。而 β 值等於 1 就表示市場報酬變動與該證券或資產有完全的連動關係；β 值等於 0 則表示該證券或資產根本對市場的報酬變動沒有反應。

也就是說，不考慮非系統風險之後，該證券或資產就只會受到市場的影響，而 β 值就是衡量該證券或資產受到市場報酬波動的程度，也就是系統風險的程度。

3.CAPM 模型的定義與方程式

CAPM 模型所說明的意義是當證券市場達到均衡時，而且在上述假設成立的情況之下，在一個「已經有效多角化之後且有效率」的投資組合中，個別證券或資產的預期報酬率與其所承擔的風險之間的關係。簡單的說，CAPM 模型是另一種「風險—報酬」關係的表現。

在 CAPM 模型中，我們可以得到單一證券預期報酬率 $\mathrm{E}(R_i)$ 與不可分散風險 β_i 或者是某投資組合的預期報酬率 $\mathrm{E}(R_p)$ 與其不可分散風險 β_p 兩者之間一條正斜率軌跡關係的直線，這一條直線，我們就稱之為「證券市場線」(Security Market Line)，亦可以稱之為 SML 線。接下來我們來看看 CAPM 的公式：

$$\mathrm{E}(R_i) = R_f + \left[\mathrm{E}(R_{\mathrm{M}}) - R_f\right] \times \beta_i \text{ ………………單一證券的 SML 線}$$

$$\mathrm{E}(R_p) = R_f + \left[\mathrm{E}(R_{\mathrm{M}}) - R_f\right] \times \beta_p \text{ ………………投資組合的 SML 線}$$

由圖 16–10 可以很清楚的看到，系統風險 β 愈大，預期報酬率就愈高。但是，使用 CAPM 模型是有「條件」的。包括證券市場是否達到供需的均衡

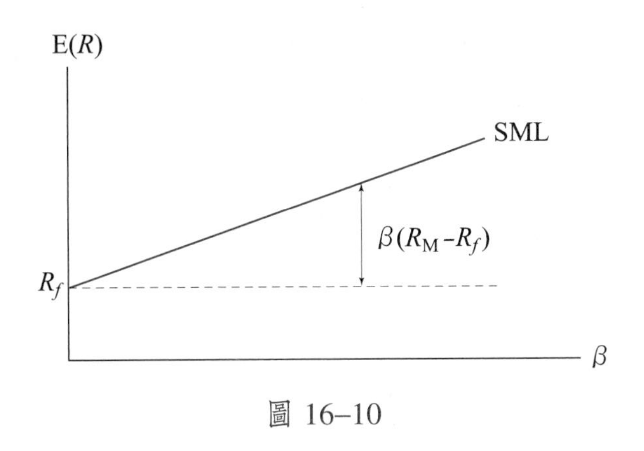

圖 16–10

以及該證券是否透過投資組合達成有效的多角化。若該證券沒有達成有效的多角化，使得非系統風險仍然存在，由於在 CAPM 模型中只有對系統風險的部分做補償，因此就會有部分風險未得到適當的補償，此時 CAPM 得到的結果就無法完全解釋該證券合理的報酬水準。關於這一點是 CAPM 模型中最重要的前提。

另外，這條直線線上的每一點都分別代表不同系統風險的個別證券，並指出投資該證券最少應獲得的預期報酬率，稱為必要報酬率 (Required Rate)。

4. 證券市場線的變動情形

SML 的斜率 $E(R_M)-R_f$ 我們稱之為市場風險溢酬或是系統風險溢酬，市場風險溢酬表示了補償投資人承擔系統風險的補償水準之外，也同時表示一般投資人的風險規避程度。此因風險規避程度愈高的投資人，對於承擔風險所要求的回報必然愈高。因此當投資人所能承擔系統風險的代價(金錢及精神上的負擔) 變大時，證券市場必須能提供更多的風險溢酬，才能滿足投資人的需求。此時在其他的情況不變之下 (包括 R_f 和 β 值)，由於 $E(R_M)$ 提高會使得市場風險溢酬 $E(R_M)-R_f$ 變大，個別證券的必要報酬率將會相對地提高。又因為 $E(R_M)-R_f$ 為 SML 的斜率，SML 將變得較陡，如圖 16–11(a) 所示。

另外，通貨膨脹對證券市場線也會造成影響。一般而言，我們都以國庫券利率作為無險利率的指標。而之前幾章我們曾提到國庫券利率是由實質利率與通貨膨脹溢酬所組成。因此，若投資人預期通貨膨脹率會上升，投資人所要求的通貨膨脹溢酬就會越大，無風險利率 R_f 也會跟著上升，並導致證券或其他風險性資產預期報酬率提高，最後也使得市場投資組合預期報酬率 $E(R_M)$ 同時提高。

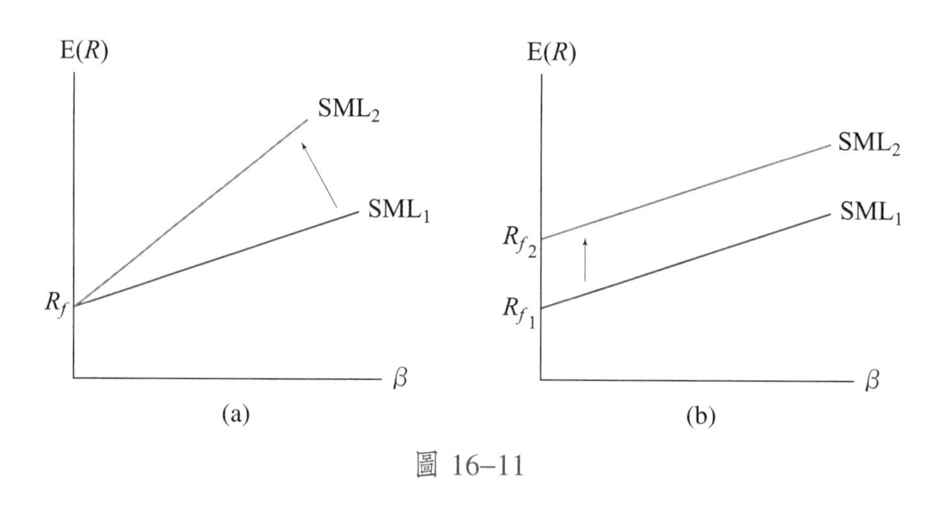

圖 16–11

在 CAPM 模型中，因為 R_f 與 $E(R_M)$ 都同時提高，所以 SML 斜率 $E(R_M) - R_f$ 不變，但截距項卻提高了，就如同圖 16–11(b) 所示。

柒、套利定價理論

在美國有很多學者利用實際的資料去驗證資本資產定價模型是否成立，後來發現：

⑴高風險股票（β 大於 1）實際賺得的報酬率比資本資產定價模型預期的還少；而低風險股票（β 小於 1）實際賺得的報酬率比資本資產定價模型預期的卻還要多。換句話說，資本資產定價模型會高估高風險股票的報酬率，但卻低估低風險股票的報酬率。

⑵就長期的角度看來，股票的報酬率與 β 間的確存有線性關係，且股票的 β 愈高其報酬率就愈大。

⑶ β 並非決定股票報酬率的唯一因素。

此外，還有學者指出由於包含在市場投資組合中的某些資產根本不能買賣，因此其報酬率與風險也就無法衡量。這意味著資本資產定價模型事實上無法驗證。所以，美國學者羅斯 (Ross) 在 1976 年發展出套利定價理論（Arbitrage Pricing Theory，APT 理論），以試圖取代資本資產定價模型。

簡單的說，套利定價理論與資本資產定價模型間最大的差異在於資本資產定價模型認為，風險性資產的報酬率與單一共同因素間存有線性關係，而該單一共同因素稱為「市場風險」。但套利定價理論認為風險性資產的報酬率與多個共同因素間存有線性關係，不過到底是哪些因素則尚無法完全確定。因為套利定價理論無法明確告訴我們到底有哪些因素會影響到風險性資產的報酬率。故它的實用價值就遠較資本資產定價模型低。

一般而言我們可將套利定價理論寫成下式：

$$E(R_i) = R_f + \lambda_1\beta_{j,1} + \lambda_2\beta_{j,2} + \cdots + \lambda_k\beta_{j,k}$$

$E(R_i)$：第 i 種風險性資產的預期報酬率

$\beta_{j,k}$：第 j 種風險性資產對第 k 個共同影響因素的敏感性

λ_k：第 k 個共同影響因素在均衡時的風險溢酬

由於套利定價理論認為有 k 個共同因素會影響到風險性資產的預期報酬率，因此 APT 又被叫做多因子模型。美國的實證研究結果指出至少有 4 個到 5 個共同因素會影響股票的預期報酬率。而這些因素可能包括工業生產指數、違約風險溢酬的改變、長短期政府公債的收益線差距，以及未預期通貨膨脹等等。

捌、附錄一：最適資金配置比例

假設某一投資組合有 A、B 兩股票：

$$E(R_p) = W_A \times E(R_A) + W_B \times E(R_B)$$

$$\begin{aligned}Var(R_p) = \sigma_p^2 &= W_A^2\sigma_A^2 + W_B^2\sigma_B^2 + 2W_AW_B\rho_{A,B}\sigma_A\sigma_B \\ &= W_A^2\sigma_A^2 + (1-W_A)^2\sigma_B^2 + 2W_A(1-W_A)\rho_{A,B}\sigma_A\sigma_B\end{aligned}$$

欲求解出使 σ_p^2 最小的資金配置比例 W_A, W_B 方法如下：

$$\text{FOC: } \frac{d\sigma_p^2}{dW_A} = 0 = 2W_A\sigma_A^2 - 2\sigma_B^2 + 2W_A\sigma_B^2 + 2\rho_{A,B}\sigma_A\sigma_B - 4W_A\rho_{A,B}\sigma_A\sigma_B$$
$$= W_A(2\sigma_A^2 + 2\sigma_B^2 - 4\rho_{A,B}\sigma_A\sigma_B) + 2\rho_{A,B}\sigma_A\sigma_B - 2\sigma_B^2$$

所以，

$$W_A(2\sigma_A^2 + 2\sigma_B^2 - 4\rho_{A,B}\sigma_A\sigma_B) = -2\rho_{A,B}\sigma_A\sigma_B + 2\sigma_B^2$$

$$W_A^* = \frac{\sigma_B^2 - \sigma_{A,B}\sigma_A\sigma_B}{\sigma_A^2 + \sigma_B^2 - 2\rho_{A,B}\sigma_A\sigma_B}, \quad W_B^* = 1 - W_A^*$$

玖、附錄二：系統風險與非系統風險

若某投資組合中有 n 種股票，現在我們假定每一支股票投資的金額相等（即 $w_1 = w_2 = w_3 = \cdots = w_n = 1/\text{n}$），再假設 $\sigma_1^2 = \sigma_2^2 = \cdots = \sigma_n^2 = \sigma^2$。

所以，

$$\sigma_p^2 = \sum_{i=1}^{n} w_i^2\sigma_i^2 + \sum_{i=1}^{n}\sum_{j=1}^{n} w_i w_j \sigma_{i,j} = \frac{1}{n^2} \times \text{n} \times \sigma^2 + \frac{1}{n^2} \times \text{n} \times (\text{n}-1) \times \bar{\sigma}_{i,j}$$
$$= \frac{1}{n} \times \sigma^2 + (1 - \frac{1}{n}) \times \bar{\sigma}_{i,j}$$

其中，$\bar{\sigma}_{i,j}$ 為全體證券相互間的平均共變異數，$\bar{\sigma}_{i,j} = \dfrac{\sum_{i=1}^{n}\sum_{j=1}^{n} \sigma_{i,j}\,(i \neq j)}{n(n-1)}$。

當 $n \to \infty$，σ_p^2 可以簡化成 $\sigma_p^2 = \bar{\sigma}_{i,j}$，$\bar{\sigma}_{i,j}$ 就是我們所說的系統風險，在公式中，無論我們如何增加證券數目，如何多角化，都已經無法達成分散掉風險的功能，能分散的只有投資組合中可分散掉的風險 σ^2 的部分，而最終還是會留下系統風險 $\bar{\sigma}_{i,j}$。藉此，再一次說明多角化的確可以分散風險，但無法將風險完全消除。

拾、作　業

1. 何為投資組合?
2. 何謂系統風險?
3. 何謂非系統風險?
4. 何謂平均一變異數準則?
5. 資本市場線的假設為何?
6. 何謂最佳投資組合?
7. 資本市場定價理論的前提假設為何?
8. 資本資產定價理論中的 B 有何含意?
9. 何謂 SML 證券市場線?
10. 何謂套利定價理論?
11. 請解釋系統風險與非系統風險的關係，並畫圖解釋之。
12. 試解釋資本市場理論與套利定價理論之差異。
13. 當預期通貨膨脹率即將上升時，則 SML 會如何變動?
14. 已知目前有一投資組合中包含 ABC 三種股票，其中 A 股期望報酬為 10%，B 股期望報酬為 13%，C 股的期望報酬為 9%，而已知目前投資在 ABC 三種股票的權重分別為 0.5, 0.4, 0.1，試問此投資組合的預期報酬率為何?
15. 承上題，在其他條件皆相同下，若 A 股的變異數為 0.09，B 與 C 股的變異數分別為 0.25 與 0.08，且已知 A、B 兩股的相關係數為 0.5，B、C 兩股的相關係數為 0.3，A、C 兩股的相關係數為 0.4，請問此投資組合的總風險（變異數）為何?
16. 若已知有一投資組合中有 ab 兩種股票，且 a 股的期望報酬為 15%，變異數為 0.25，b 股的期望報酬為 10%，變異數為 0.09，若 ab 兩股可形成一無風險的投資組合，試求出 ab 的權重以及此投資組合的期望報酬。
17. 若已知目前市場上的無風險利率為 4%, $E(R_m) = 11\%$, $\beta_a = 1.3$, $E(R_a) = 12\%$，試求:

(1) $\hat{R}_a$。

(2) a 證券是否有高估或低估的情況?

第十七章　技術分析

技術分析 (Technical Analysis) 乃是以統計科學的方法，使用特定的市場資料並依照過去循環的軌跡去探索未來股價的變動趨勢。所謂的市場資料包括了一些市場指數、成交量、成交價等等。但是，技術分析方法並非依據統計圖表就可以研判股價未來的動向，仍需將多種不同的原理以及交易紀錄綜合起來，才能將預測的準確度提高。在深入探討所謂的技術分析之前，我們先來看一些股市上的常用術語與名詞。

壹、相關名詞解釋

1. 趨勢 (Trendency)

指股價在某一段期間內朝著同一個方向變動，並持續的出現新高價位或新低價位的情形。向上變動的情形我們就稱之為「盤升」；而向下修正的情形則稱之為「盤跌」。有時股價上下波動的幅度有限，就可以稱為「盤整格局」。

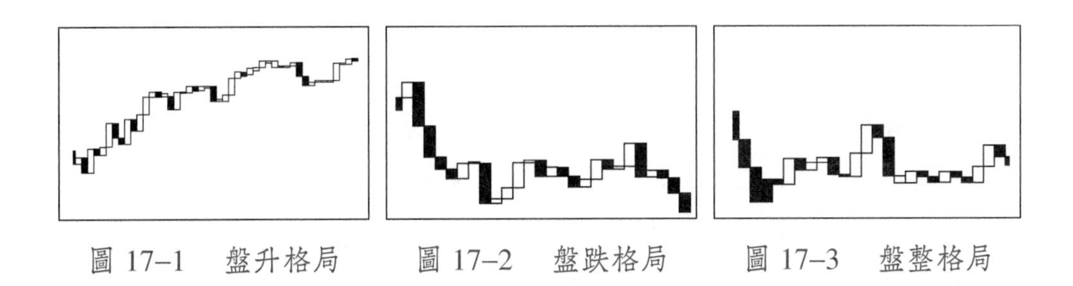

圖 17–1　盤升格局　　圖 17–2　盤跌格局　　圖 17–3　盤整格局

2. 利　多

指促成股價上漲之有利條件。包括的範圍很廣，就比如 2001 年底以來的 DRAM 市場上供不應求，這樣的消息一公佈之後，意味著 DRAM 廠商未來幾個月應該會有不錯的獲利與盈收。這樣的消息反映在股價上，會使投資人信心大增，使得國內大廠如南亞科、茂矽、茂德等公司股價持續飆漲，這就是我們常說的利多行情。

3. 利　空

指促成股價下跌之不利條件。就以當年的臺海危機為例，政局的不穩定往往為股市帶來不利的衝擊，當時臺股的表現就因為受到此利空消息衝擊而有如洩氣的皮球一樣下跌了好幾天，這樣的情形我們通常稱之為利空行情。

4. 阻力線

又稱為壓力線。當股價上漲至某價位區附近時，會產生投資者大量賣出的情況，使股價停止上升，甚至回跌。產生這樣一個壓力區（價格）的原因有很多種，像是投資者認為此個股的價位已過高或是沒有更進一步的利多消息帶動，讓投資者不再加碼買進，甚至賣出該股獲利了結等等，我們可以以圖 17–4 來表示。

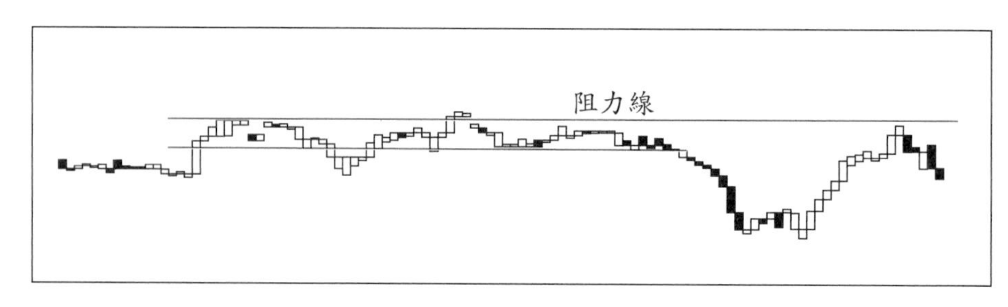

圖 17–4　阻力線

5. 支撐線

當股價下跌至某價位區附近時，會產生投資者大量買進的情況，使股價停止下跌，甚至回升。同樣的道理，當股價已跌至投資者心中的最低價位，甚至有超跌的情形時，就會吸引投資者大量買進該股，帶動該股股價上揚。我們以圖 17–5 來表示。

6. 多頭市場

有時亦稱為牛市 (Bull Market)，通常是指股票市場中股價漲多跌少，呈

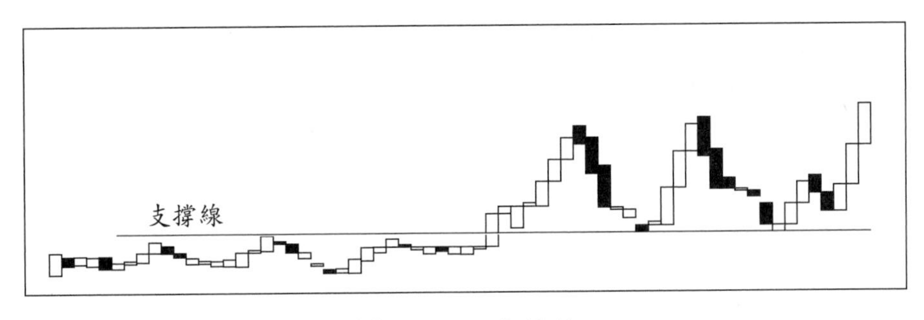

圖 17–5　支撐線

現強勢上漲趨勢的期間。在這段期間中，投資人大多看好股市，認為股價會持續上揚而買進，這些人就稱為「多方」或「多頭」。

7. 空頭市場

有時亦稱為熊市 (Bear Market)，通常是指股票市場中股價漲少跌多，呈現強勢下跌趨勢的期間。在這段期間中，投資人大多看壞股市，認為股價會持續下跌而大量賣出，這些人就稱為「空方」或「空頭」。

貳、線型分析

本節開始介紹各種常見的技術分析方法。首先，從最常用也最重要的線型分析開始。線型分析的重心就在 K 線分析或是圖形分析，接下來我們先來看看 K 線理論的分析架構。

一、K 線分析

K 線，又稱為陰陽線，有開盤價、收盤價、最高價與最低價等數字。上漲時我們通常都以空心線或紅線表示；下跌時我們則以實心線或黑線表達。主要有下列幾種型態：

⑴長紅線（或稱為陽線）：表示該股漲幅大，表現搶眼。以圖 17–6 表示。

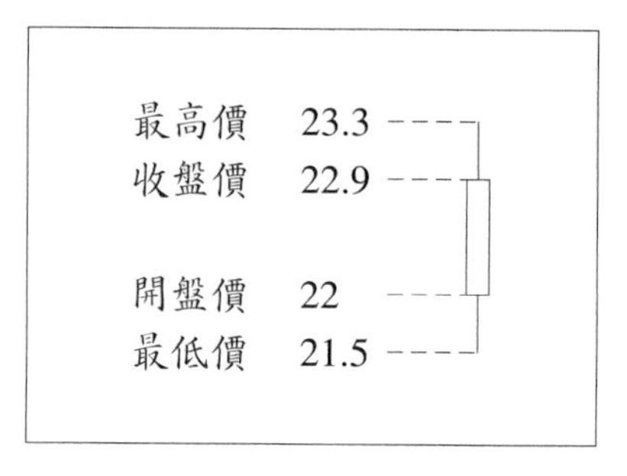

圖 17–6　陽線

⑵長黑線（或稱為陰線）：表示該股跌幅大，當日表現不佳。以圖 17–7 表示。

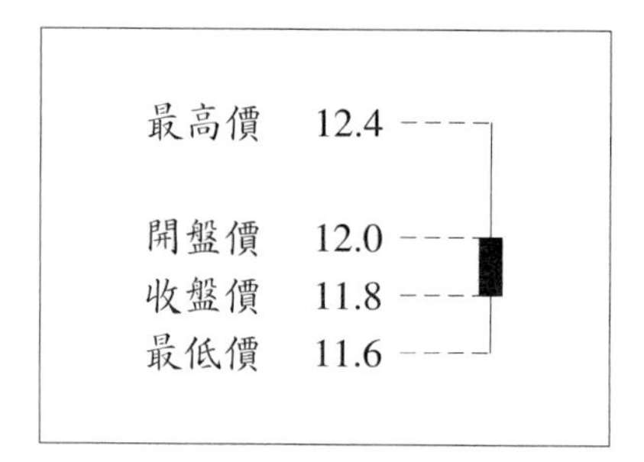

圖 17–7　陰線

⑶十字型：表示多方與空方激烈交戰，勢均力敵，使得收盤價等於開盤價，後市往往仍有變化，仍須多加觀察。以圖 17–8 表示。

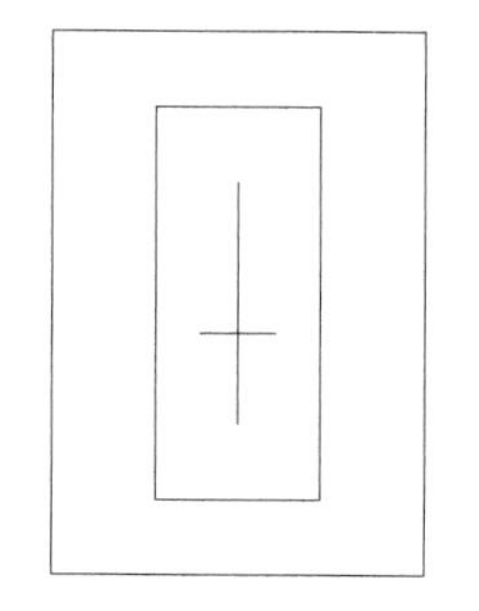

圖 17–8　十字型

⑷圖 17–9 這種圖形表示現在該股處於多空交戰，但多頭略佔優勢，但漲後遭遇壓力，後市可能下跌。

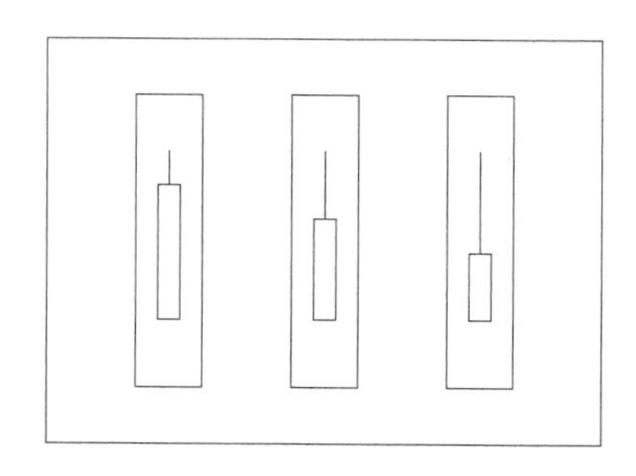

圖 17–9　留上影線之三陽線

(5)圖 17–10 這種圖形表示現在該股處於多空交戰，先跌後漲，但多頭較強勢。

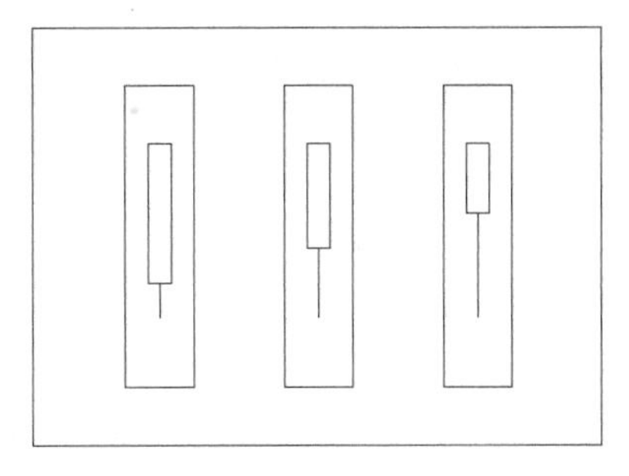

圖 17–10 留下影線之三陽線

(6)圖 17–11 表示現在該股處於多空交戰，先漲後跌，但空頭較強勢。

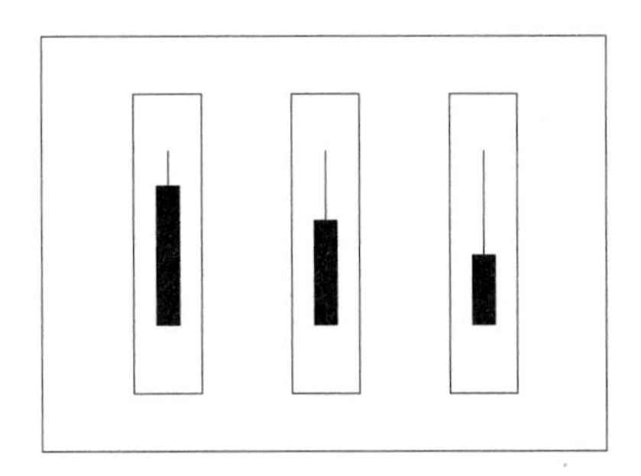

圖 17–11 留上影線之三陰線

(7)圖 17–12 表示現在該股處於多空交戰，但空頭略佔優勢，但跌後遭遇支撐，後市可能反彈。

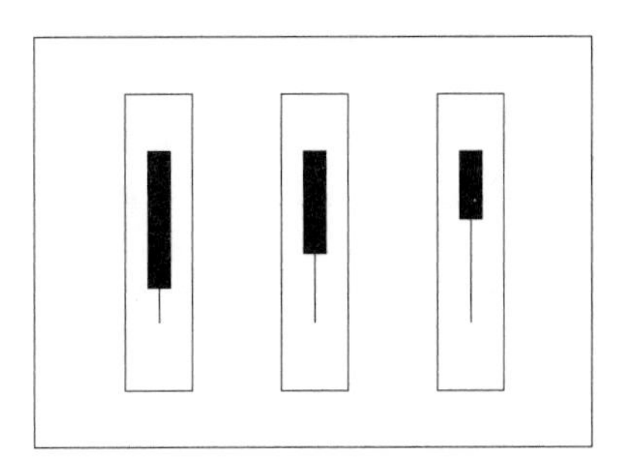

圖 17–12 留下影線之三陰線

(8)丁字型或鐵釘線：此圖形表示多方防守成功，若之前曾經下跌一大段，表示該股可能有回升的跡象。我們以圖 17–13 表示。

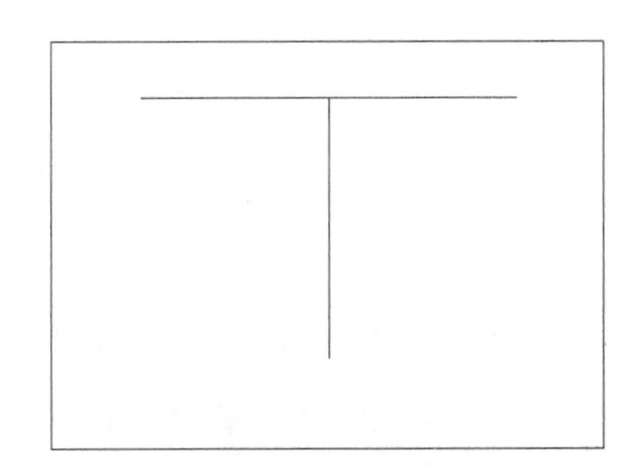

圖 17–13 丁字型

⑼墓碑線：此圖形代表空方防守成功，若之前曾經下跌一大段，表示該股可能有反轉下跌的前兆。我們以圖 17–14 表示。

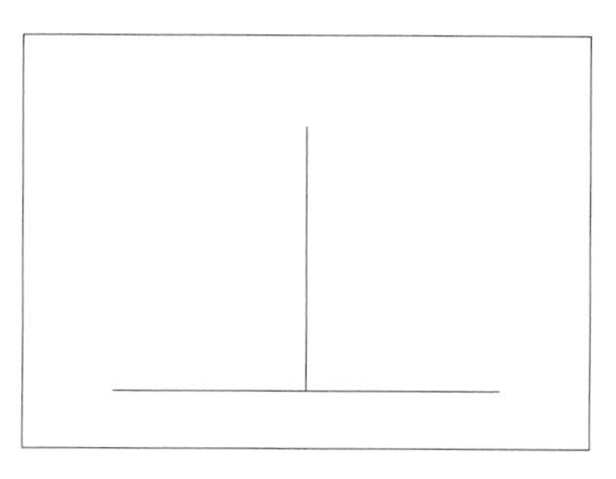

圖 17–14　墓碑線

二、圖形分析

看完陰陽線的介紹之後，接下來我們看看在一段期間內由數個陰陽線所組成的 K 線圖會有怎樣的變化，它們又有怎樣的代表意義。大致而言，我們將這些圖形分類為「反轉圖形」與「整理圖形」。

㈠反轉型態

1. 反轉圖形的意義

股價並不是一成不變的，它會受到主觀與客觀環境的影響而波動。在股價的波動中，原來居優勢的一方有可能會在盤整行情的末期失去控制，反而使行進方向發生改變，亦即由上升行情轉為下跌行情，使股價日趨下降；或者是由下跌行情轉為上升行情，使股價日趨上升。這兩種脫離盤整行情的情況就稱之為反轉。

簡而言之，股價波動在一段期間的盤整之後，改變了原先行進的方向，我們就將這種情形稱為反轉行情。

2. 頭肩頂 (Head-and-Shoulder Top) 與頭肩底 (Head-and-Shoulder Bottom)

頭肩型態是如何形成的，我們可以利用資金流向的方法去解釋。一般來說，大戶若需要大量買進或賣出股票，但動作不可以太明顯，因此會採取逐步加碼或賣出的動作。以頭肩頂為例，大戶在左肩已開始賣出大部分的持股，引發一波跌勢，之後在於下方承接低價並逐步拉回，使散戶逐漸恢復信心而進場追價，讓股價再度上揚，甚至高於原先的高點價位。同樣的手法再重複一次，但之後的漲幅或許已經不若之前高。若大戶已不再重複此手法進行套利，則可能會一次出清手中持股，進而使股價跌破頸線之後，從此股價一瀉千里。因此，在頸線與陰陽線的交叉處就可能是賣出的時機了。

另外，頭肩底的情況也大致相同，只不過此時大戶站在多方的位置而不是空方。將市場上的資金吸收得差不多時，就可以強力拉抬，不必擔心賣壓，同樣在末段時頸線與陰陽線的交叉處，散戶通常會習慣於追價買進，形成助漲的力道。圖 17–15 與圖 17–16 分別為頭肩頂與頭肩底的圖形。

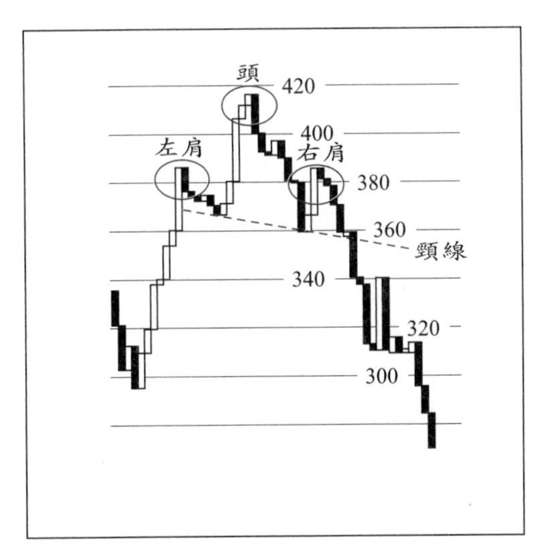

圖 17–15　頭肩頂

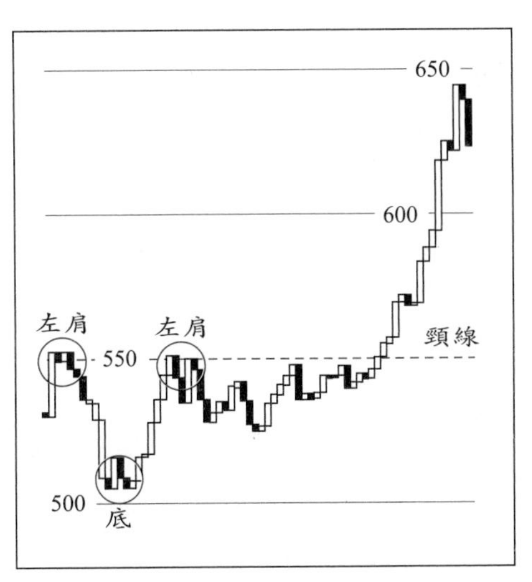

圖 17–16　頭肩底

3. 複合的頭肩型圖

顧名思義，有兩個或兩個以上的頭肩型圖即可以稱之為複合的頭肩型圖。其實，股價的波動並不一定會如此的標準與對稱，在實際的交易中，通常並不是那麼的完整呈現，而會有很多的變形出現。大體而言，只要類似圖 17–17 與圖 17–18 走勢的圖形，我們就稱之為複合的頭肩型圖。

這種圖形形成的原因和之前類似，而在決定操作的策略方面則可以在其來回整理但尚未突破頸線之前做一段反覆操作的小行情，以便等待反轉突破的大行情，同時也須多注意大戶的動作，以免錯失良機或買錯行情。

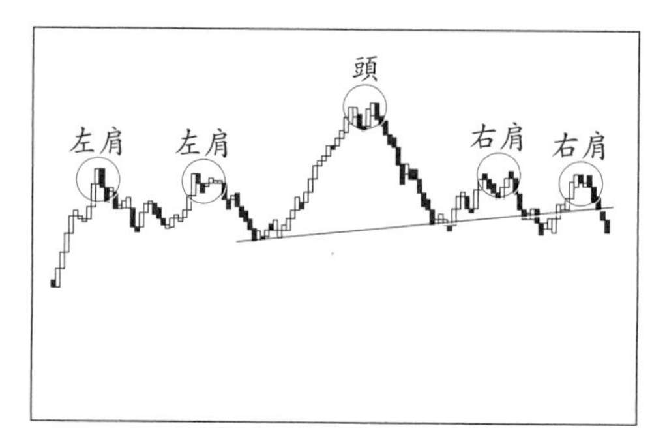

圖 17–17　複合的頭肩頂

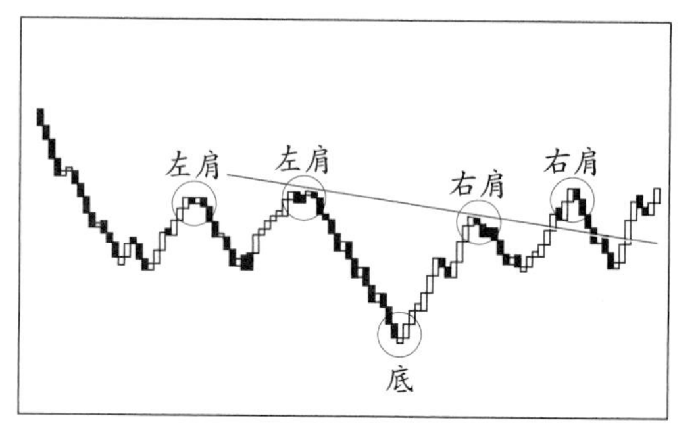

圖 17–18　複合的頭肩底

㈡整理型態

股價不可能只漲不跌，也不可能只跌不漲，在任何上升或下跌的行情之中，也都會有回檔小跌或反彈小升的時候。上述這些情形都可能來自一些多頭獲利回吐或者是空頭獲利回補的投資者，不論如何，之後的股價在歷經一段盤整之後，仍會繼續向上攀升或繼續下跌的走勢，這段期間所出現的股價趨勢型態我們就稱之為整理型態。接下來我們就介紹幾個整理型態：

1. 旗　型

旗型是在上升或下跌行情的中途比較常見的整理型態。我們以圖 17–19 與圖 17–20 表示。這種圖形的出現大都在行情急速上升或下跌之後所發生。以下跌行情的旗型整理型態來看，乃是空頭獲利回補之後的調整，也就是一般的回檔整理。而股價走勢圖就有如一面小旗，軌道由左而右上傾，也就是股價進入盤整階段，但行情一波比一波高，似乎即將上漲，但最後卻急速下跌，向下突破，繼續依循著盤整之前下跌的走勢。

同樣的，若是在上升的行情中，軌道則由左至右下傾，且一波比一波低，看似即將下跌，卻扭轉跌勢，向上突破，繼續依循著盤整之前向上的走勢。

2. 矩　型

當股價波動至某價位區附近時，有時會發生「滯留」的現象，在某段期間之內，股價波動仍具彈性，但會被侷限在上下兩條水平線的界線之內來回移動，從圖形看來，多空之間搏鬥的力量相當，在上下兩條界線之內拉鋸而

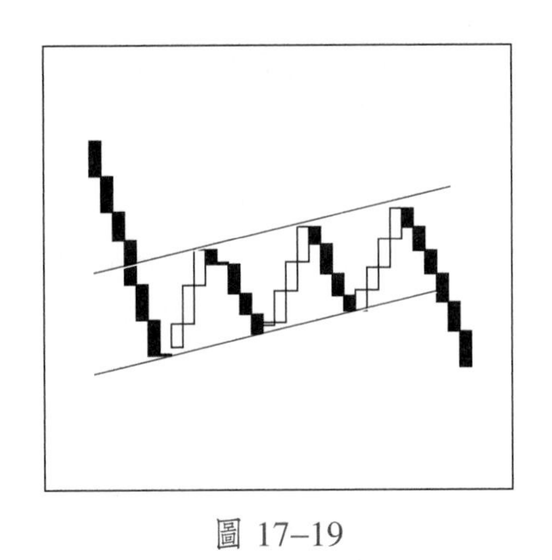
圖 17–19

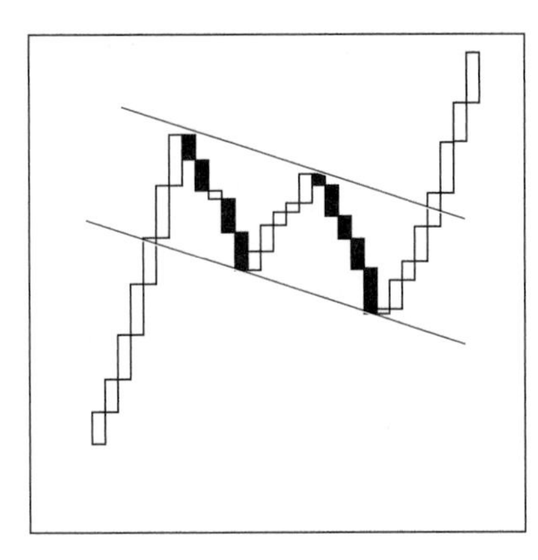
圖 17–20

不相上下，形成一種均衡的態勢。如圖 17–21 與圖 17–22 所示。

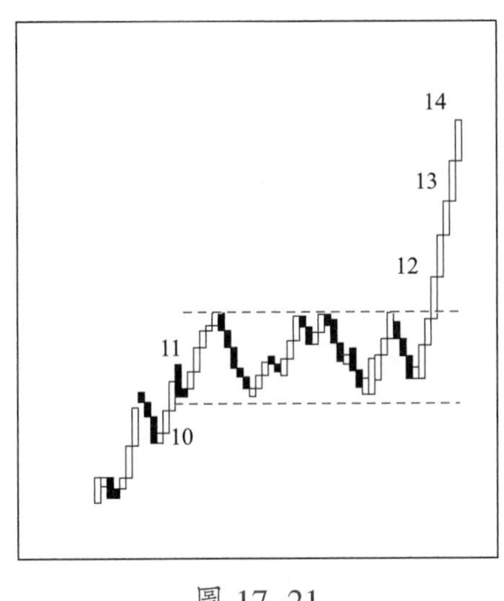

圖 17–21

圖 17–22

在矩型整理型態的初期，投資者若能預測股價將進行這種走勢，可以做一兩波短線的交易，把握高就賣（接近上界線時）、低就買（接近下界線時）的原則，經常容易獲利。

在臺灣，矩型的整理型態大多出現在下跌行情中，而且界線愈寬，盤整的時間就愈久，而不易使股價上升，就是市場中「久盤必跌」一語的由來。

3. 三角型

當股價進入盤旋整理的階段時，由於多空雙方呈現拉鋸戰，但仍會有一方略佔上風，使行情逐步上升或下跌，就路線圖來看，會有如一個三角形。以上升的圖形看來，如圖 17–23 所示，價格波動歷經一番調整，時升時跌，但上升的動力大於下跌的動力，待股價走入三角形尖端時，表示整理型態已經結束。最後，多頭的一方力挽狂瀾，使股價突破尖端界線，繼續展開另一波上升行情。

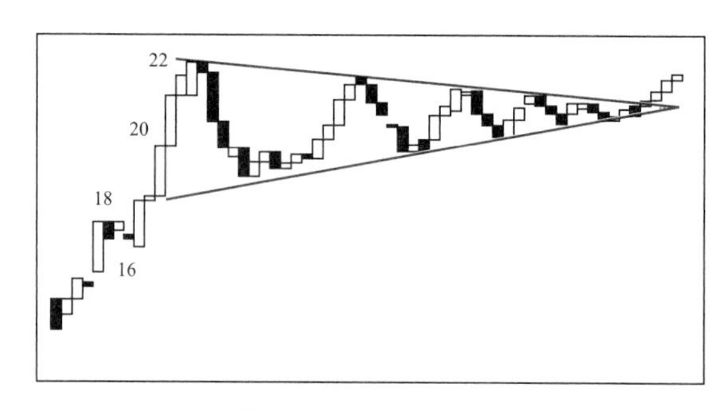

圖 17–23　三角型

三、趨勢線

看完 K 線分析以及圖形分析之後，接下來我們來看看另一種分析方法：「趨勢線」分析方法。

1. 前　言

我們觀察各種股價圖形，在漲跌的過程中，漲勢中顯然地各級波動的低點一級比一級高，更有趣的是，將過去的低點相接，大致可以連成一條直線。同樣的，在跌勢中也可以發現各級波動的高點是一級比一級低，串連起來一樣可以形成一條直線。這兩條線，一條是連接各上升波紋底部所形成上傾的線，另一條則是連接各下跌波紋頂部所形成下斜的線，這便是最基本的「趨勢線」，分別稱之為上升趨勢線與下跌趨勢線。我們以圖 17–24 表示。

2. 形成原因與參考原則

就投資者購買股票的心態來看，股價上升時，大家一片看好，但總會有

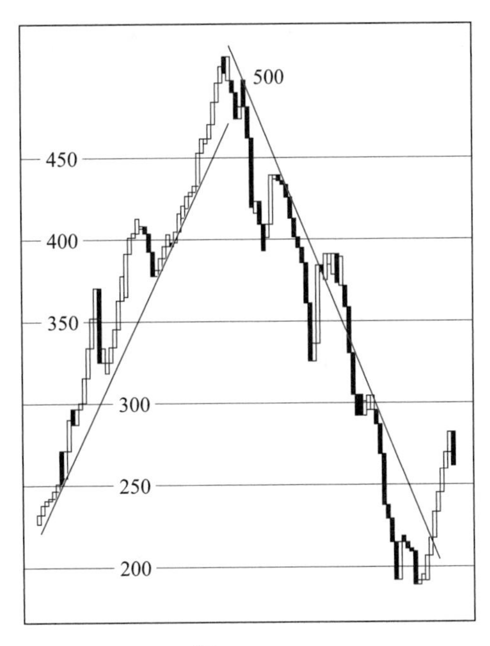

圖 17–24

人因為獲利回吐使得股價向下修正，大家卻都在等回檔時再加碼買進。因此，在股價回落至前一波下跌之低點時，濃厚的買氣便會阻止股價繼續下跌而反彈回升，使這次下跌的最低點比上一次略高。就這樣周而復始，於是逐漸形成上升的趨勢線。

有了這一條線的想法，投資者便可以明顯的看出一段期間內股價的變動方向，若股價跌至趨勢線附近時，便是買進的時機，這種判斷的方法讓投資者有了另一種明確的參考原則。同樣的，在下跌的趨勢中，若股價已回升至趨勢線附近，便是最佳的賣出時機了。

四、移動平均線

移動平均線是一條平滑的曲線，它代表著某一段期間之內價格變化之平均水準與趨勢。通常可以分類為下列三種：

1. 三類移動平均線

(1)短期移動平均線：大多取 6 日、10 日或 13 日的平均線，以 10 日為例：

10 日移動平均線＝近 10 天交易日的收盤價 /10

⑵中期移動平均線：大多以 25 或是 30 日為基準，可稱之為「月平均線」。另外亦以 72 日的移動平均線稱為「季線」。算法同樣是參考上述 10 日移動平均線之算法。

⑶長期移動平均線：多以 200 天為準，此移動平均線亦稱為「年線」。大多用來作為未來一年景氣動向、展望與公司成長的參考指標。算法同樣是參考上述 10 日移動平均線之算法。

2. 買進時機的判斷

⑴當平均線從下降逐漸轉為水平，而股價從下方突破平均線時。

⑵股價雖然已經跌入平均線之下，而平均線仍在上揚，且股價不久之後又回穩，有逐漸上升的趨勢。

⑶股價都走在平均線之上，卻突然下跌，但未突破平均線，且不久之後又旋即上升（獲利回吐的情形），投資人可以在低點時買進。

3. 賣出時機的判斷

⑴平均線走勢從上升而逐漸轉為水平，且股價從平均線的上方逐漸往下走。

⑵股價雖然突破平均線，但立刻又回復到平均線之下，且平均線仍繼續往下跌時。

⑶股價落在平均線之下，股價雖然逐漸上升，但尚未達平均線之前就又回檔下跌。

五、黃金交叉與死亡交叉

看完平均線的介紹之後，利用平均線有短、中、長期三種不同組合的關係來研判股價趨勢的方法即為黃金交叉與死亡交叉。

1. 黃金交叉

上升的行情中，短期移動平均線從下方往上突破「月線」、「季線」等中期平均線或長期平均線的「年線」時，在兩線交叉時通常會有一波上升行情。這一個交叉點我們就稱為黃金交叉。

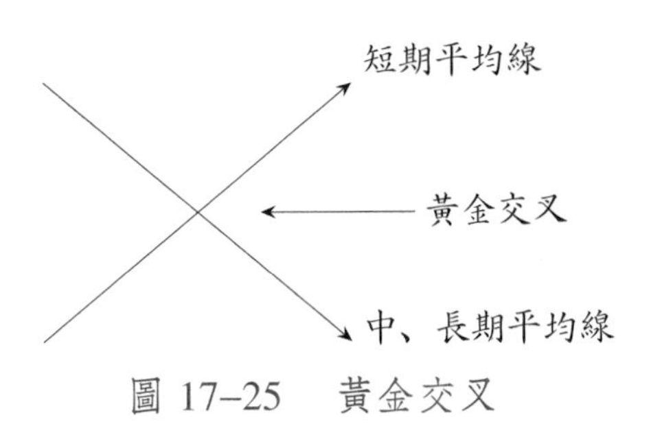

圖 17–25　黃金交叉

2. 死亡交叉

這是一個和黃金交叉相反的例子。下跌的行情中，短期移動平均線從上方往下突破「月線」、「季線」等中期平均線或長期平均線的「年線」時，在兩線交叉時通常會有一波下跌行情。這一個交叉點我們就稱為死亡交叉。

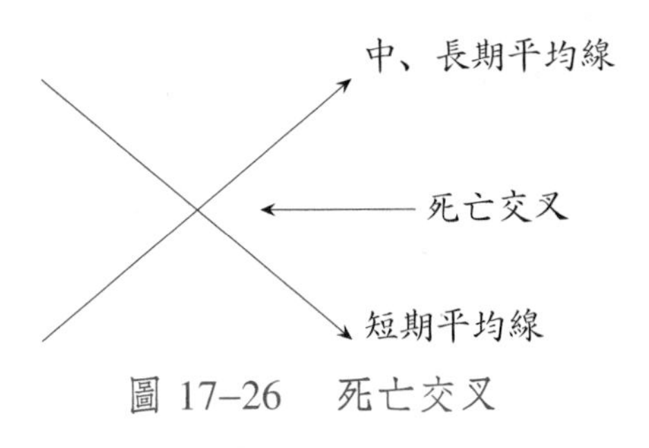

圖 17–26　死亡交叉

六、道氏理論

1884 年美國人 Charles H. Dow 創立了一種包括 11 種股票的平均數，後來逐漸演變成目前的道瓊工業平均指數，也就是道瓊指數。道氏理論 (The Dow Theory) 是股票市場中最古老也最著名的技術分析方法，他發現股價波動與海潮波動相似，並將股價波動情形依照時間長短分為三種波動的趨勢，或是稱為三種移動方式：

1. 原始移動 (Primary Trend)

它是指股價的長期趨勢。這樣的波動可能持續數月，甚至數年才會改變波動方向。其特色為在多頭市場裡，一段行情的平均數新高點比一段行情的平均數新高點為高，就是一峰比一峰高的意思。而在空頭市場裡，一段行情的平均數新低點比一段行情的平均數新低點為低，就是一谷比一谷低的意思。總而言之，原始移動指的是股價長期移動趨勢。

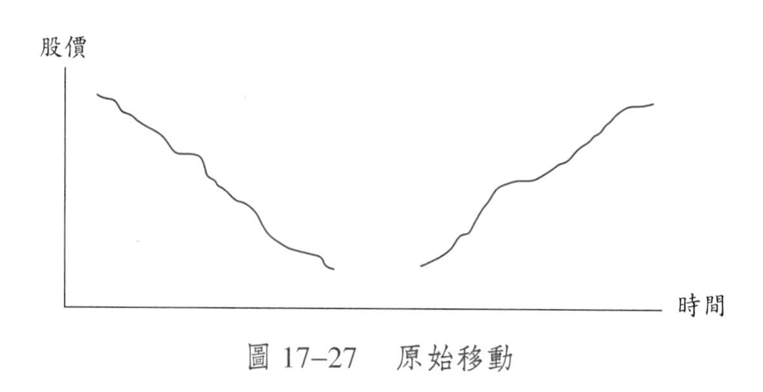

圖 17–27　原始移動

2. 次級移動 (Secondary Trend)

主要是指長期上漲趨勢中的下跌階段或是下跌趨勢中的上漲階段。次級移動的期間大約是 2 個星期或是 1 個月左右，甚至更久。

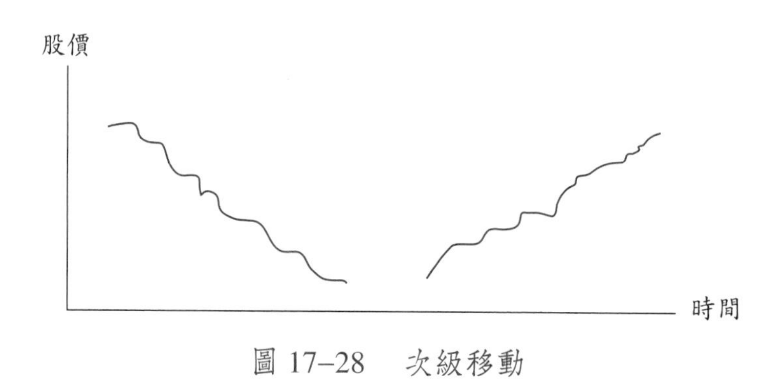

圖 17–28　次級移動

3. 日常移動 (Minor Trend)

通常是指股票價位每日的波動，有時快的話只有數小時，慢的話則在幾天之內就會結束。由於歷時太短，無法作為分析的參考依據，因此比較不重要。

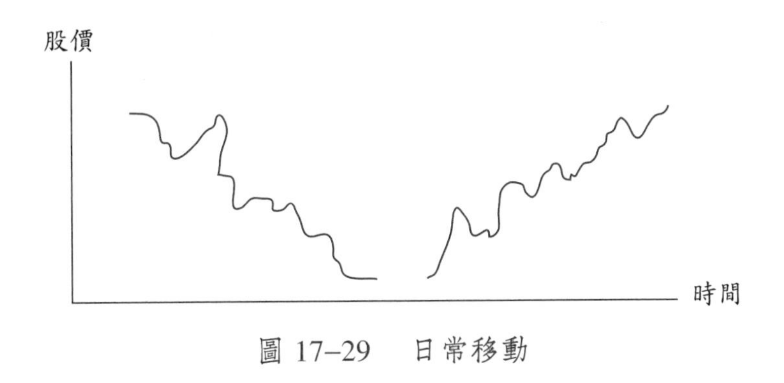

圖 17–29 日常移動

七、成交量的分析

所謂「成交」指的是一種行為，表示經買賣雙方同意之後所達成的交易行為。在股票市場每日的交易過程中，成交價格會因為買賣態度意願而起波動，同時受到許多外在因素的影響，在不同的時間就會有不同的交易價格，也因此會有不同的成交量。

若投資者態度偏向一致，認為股價合理，則無法聚集人氣，成交量也較平穩。若投資者對未來股價漲跌看法不一致時，認為股價偏低的投資者就會買進而持有股票；認為股價偏高者則會賣出而不願持有股票。因此，態度偏好愈不同，愈能聚集人氣，人愈多，買賣往往也愈活絡，成交量自然就會增加。

簡單看完成交量的概念之後，接下來我們再看看成交量的多寡帶給我們什麼樣的訊息。

1. 成交量與股價指數的關係

多頭市場與空頭市場最大的區分就是成交總值的不同。在上升的趨勢中，大部分的投資人不論在長期或短期均可以獲得利潤，因此激發投資的意願，也間接使交易活絡，成交總值也不斷增加。下跌趨勢中，買氣不足，交易自然清淡，成交總值也會因此縮小。

具體來說，成交總值是測量股市行情變化的溫度計，成交總值增加或減少的速度，可以推斷多、空交戰規模之大小與指數漲跌之幅度。也就是說，若成交總值不斷增加，表示資金不斷湧入股市，推動股價上漲。

2. 個別股成交量與股價的關係

個別股股價之漲跌與成交量大小亦有著密切的關係。在多頭市場裡，股價上漲，成交量亦增加，以供需的觀點來看，是因為買進的力量大於賣出的力量，也就是供不應求。若股價小幅下跌，成交量也會減少，另一方面又因為投資者不願意賠錢而出售股票認賠的情況之下，供給會減少，這可能會有機會使股價再上漲（量縮價漲），這就是強勢的表現。相反的，若股價持續上揚，亦有可能因為股價過高而使得買氣減緩，成交量因此減少，此時賣方隨時就有表現的機會，這就是弱勢的表現。

在空頭市場中，股價會下跌，成交量卻有可能增加，表示供給（賣方）增加，而接手者多為撿便宜股價或是等待反彈行情之投資者，我們說這是「量價背離」的情況，這就是強勢的表現。相反的，一旦股價稍升，成交量卻減少，表示投資者根本已經失去信心，沒有逢低承接的意願，就是弱勢的表現。

八、量能潮的分析方法

量能潮 (On Balance Volumn, OBV) 是另一種兼顧價格與成交量的技術分析方法。它的計算方法如下：只要將該期的成交量列出，然後再乘上同期的漲、跌幅度，上漲則加上正號，下跌則加上負號。若價平則刪除，該期的成交量則不予計入，最後逐步累計即可。

例如，本期上漲 2 元，成交量 100 單位，則 OBV 為 +200，若下一期下跌 1 元，成交量 150 單位，則 OBV 變為 $+200+(-150)=+50$。因此，只要維持價漲量增的關係，OBV 就會持續上揚，反之若持續下跌，OBV 必定下降。接下來我們來看看一些 OBV 所隱含的意義。

(1)OBV 線下降，而此時股價卻上升，是賣出股票的訊號。

(2)OBV 線上升，而此時股價卻下跌，是買進股票的訊號。

(3)若 OBV 線從正的累積數轉為負數時，為下跌趨勢，應該賣出手中持股；反之，若 OBV 線從負的累積數轉為正數時，則應該加碼買進股票。

⑷若 OBV 線呈緩慢上升時，為買進訊號；但若 OBV 線急速上升，隱含能量不可能長久維持大的成長量，此時非但不是買進的訊號，反而是賣出的訊號。

其中，⑴與⑵的想法在告訴我們，若 OBV 線與股價同向變動，則 OBV 的意義只是確認了價格趨勢。若兩者背離時，則可能是趨勢即將結束，多空即將反轉的訊號。⑴的情形就稱為牛市背離；⑵的情形則稱為熊市背離。

九、相對強弱指標

這種分析方法來自個別股票表現和大盤之間的相對高低。例如大盤當期漲了 3%，則當期上漲了 5% 的股票就有相對優勢。

1.RSI 的計算方式

$$n \text{ 期的 } RSI_n = 100 - \left(\frac{100}{1 + RS_n}\right)$$

$$\text{其中，} RS_n = \frac{\text{過去 } n \text{ 期的漲幅平均值}}{\text{過去 } n \text{ 期的跌幅平均值}}$$

例如，過去 6 天中，上漲 3 天，下跌 3 天，上漲 3 天合計上漲的點數為 6 點，故 6 天中平均上漲的點數為 1 點；下跌 3 天中合計下跌的點數為 9 點，故 6 天中平均下跌的點數為 1.5 點。計算如下：

$$RS_n = \frac{1}{1.5} = \frac{2}{3} = 0.67，\ RSI_n = 100 - \left(\frac{100}{1 + 0.67}\right) = 40.12$$

由上式可以看出，若過去 n 期中只漲不跌，則 RS_n 無窮大，RSI 等於 100。若過去 n 期中只跌不漲，則 RS_n 為 0，RSI 也等於 0。而在漲跌幅度相當的情況之下，RS_n 會接近 1，RSI 也會接近 50。

2.RSI 的解讀

通常而言，一般主張有下列幾點：

⑴若 RSI 高於 80，代表漲勢過猛，近日很可能會被拉回整理而使股價下

跌，投資者應該站在空方的位置；低於 20，代表跌勢過猛，近日很可能會反彈整理而使股價上升，投資者此時應該站在多方的位置。

(2)若 RSI 維持 50 以上表示持續處於多頭市場；若 RSI 維持 50 下表示市場持續處於空頭市場。

(3)若 RSI 的走勢與價格走勢背離時 (牛市與熊市背離)，表示是多空反轉的訊號。

(4)若用兩條長短不同天期的 RSI 線，則短天期的 RSI 線由下而上穿越長天期 RSI 線時為一個買點時機；反之，若由上而下穿越則為賣點時機。

十、KD 隨機指標

KD 分析法綜合了動量觀念，強弱指標與移動平均線的優點，它的計算方法如下：首先先算出「未成熟隨機值」(Row Stochastic Value, RSV)。公式如下：

$$RSV = \frac{P_n - \min P_n}{\max P_n - \min P_n}$$

其中，P_n：最後一天收盤價

$\min P_n$：近 n 期內最低價格

$\max P_n$：近 n 期內最高價格

計算出 RSV 值之後，再依據平滑移動平均線的方法計算出 K 值和 D 值：

當日 K 值 $= (2/3) \times$ 前一日 K 值 $+ (1/3)$RSV

當日 D 值 $= (2/3) \times$ 前一日 D 值 $+ (1/3)$ 當日 K 值

若沒有前一日的 K 值與 D 值，可分別以 50 代入計算。由上述公式可以看出，K 值和 D 值永遠介於 0 至 100 之間。

2.分析方法

(1)當 K 值大於 D 值，顯示目前為上升趨勢，處於多頭市場；反之，若 K 值小於 D 值，則目前處於空頭市場。

(2)D 值超過 80 為賣點，低於 20 則為買點。

(3)若 D 值和價格趨勢背離則是多空反轉之信號。

(4)K 值由下而上穿越 D 值是買進信號，反之，由上而下跌破 D 值則為賣出信號。

十一、漲跌比率

「漲跌比率」(Advance-Decline Ratio, ADR) 和接下來將介紹的「騰落指標」方法與「超買超賣指標」方法一樣都是利用市場上漲跌的家數多寡來分析大盤的走向。

1. 計算方法

ADR = n 日內上漲股票之個數總和／n 日內下跌股票之個數總和

2. 分析方法

雖然有時個股會因為其本身獨特的因素使得其價格走勢未必與大盤相同，但多多少少會受到市場影響。為此，我們便會利用 ADR 作為衡量股市是否為牛市或熊市的依據。

通常而言，若大盤上漲時，市場上個股理應漲多跌少，使 ADR 大於 1；若大盤下跌時，市場上個股理應漲少跌多，使 ADR 小於 1。然而，若 ADR 高於 1.5，表示大盤已長期上漲，股市必定會有向下修正的動作；若 ADR 低於 0.5，表示大盤已長期下跌，股市即將反轉上揚。

十二、騰落指標 (Advance-Decline Line, ADL)

1. 前　言

此種方法放棄了比例的觀念，轉而利用大盤中上漲的家數減去下跌的家數以求得「淨漲跌家數」。若要求得 n 期的 ADL，則只需要將 n 期中所有上漲家數減去所有下跌家數即可。這種方法同樣也都是利用市場中漲跌的家數來預測大盤的走勢。

2. 分析方法

在漲多跌少的多頭市場中，此一數值累積數理應持續上升；而在漲少跌多的空頭市場中，此一數值累積數理應持續走低。由此，我們亦可藉由這項指標判定大盤的走勢，作為投資與否的參考指標。

十三、超買超賣指標 (Over Buy & Over Sell, OBOS)

1. 公　式

$$n\text{期的 OBOS} = n\text{期內上漲家數的累積數} - n\text{期內下跌家數的累積數}$$

2. 分析方法

(1)若 OBOS 為正數，但大盤卻反映出下跌行情（空頭市場），則應遵循 OBOS 的方向，等待大盤的反彈行情；反之，若 OBOS 為負數，但大盤卻反映出上升行情，則應儘早賣出股票。

(2)在 OBOS 與大盤走勢相同的情況之下，若 OBOS 上升至超買區，行情極可能反轉下跌，應考慮賣出；若 OBOS 下跌至超賣區，行情極可能反轉上升，應考慮加碼買進。至於超買超賣區如何決定，除了依據以往市場資料與波動性之外，還需要加入投資者的投資態度。

參、結　語

技術分析的方法有許多種，準確性與實用性與否往往見仁見智。然而，技術分析的確有其參考價值，它所提供的訊號通常會蘊涵著某些值得參考的資訊。最重要的，要利用技術分析方法研究股票，除了探討該方法的原理與適用時機之外，如果沒有對投資標的與市場環境做好研究，就會變得盲目了。因此，聰明的投資者除了擅用技術分析方法之外，對整體的資訊亦是會相當注意的。

肆、作　業

1. 技術分析中的支撐線代表什麼意義？
2. 何謂多頭市場？何謂空頭市場？
3. 何謂反轉行情？
4. 何謂整理型態？
5. 在技術分析中的頭肩頂代表什麼意義？
6. 何謂上升趨勢？何謂下跌趨勢？
7. 何謂黃金交叉？何謂死亡交叉？
8. (1)當 OBV 線下降而股價卻上升時，是買入訊號或賣出訊號？
   (2) OBV 線上升但股價卻下跌時，是買入訊號或是賣出訊號？
9. 何謂 RSI？一般而言，當 RSI 大於 80 有何意義？當 RSI 小於 20 又有何意義？
10. 若兩條長短不同天期的 RSI 線相交，可能代表什麼意義？
11. 在 KD 分析法中，若 K 值大於 D 值，可能代表什麼意義？若 K 值小於 D 值，可能又代表什麼意義？
12. 在 ADR 分析法中，當 ADR 小於 0.5，小於 1，大於 1，大於 1.5 時，分別代表什麼意義？
13. 在 OBOS 分析法中，試問：
    (1)若 OBOS 為正數，但大盤卻是下跌行情，則可能代表什麼意義？
    (2)若 OBOS 為負數，但大盤卻是上漲行情，這又可能代表什麼意義？
14. 技術分析中的道氏理論將股價波動分為哪三種波動趨勢？
15. 若過去幾天中，上漲 5 天，下跌 5 天，上漲 5 天的合計點數為 10 點，下跌 5 天的合計點數為 5 點，試問 RSI 為多少？

第十八章　外匯市場

壹、外匯市場的意義

財經新聞中常可看到類似的報導:「今天臺北外匯市場新臺幣兌美元的匯兌升值 0.1 角，以 34.03 元新臺幣兌 1 美元作收……」這則新聞可讓我們有一些想法:

⑴外匯是指一個國家所持有的外國金融性請求權 (Claim)，也就是本國持有的外國貨幣和外國金融機構發行的證券。

⑵匯率則是指一個國家的貨幣與其他國家貨幣兌換的比率。

另外，還有匯率的交易方式、報價方式會在以下陸續提到。

貳、外匯市場的型態

外匯市場依其發展程度、交易型態、政府管理程度等分成下述各種型態。

1. 國內市場與全球市場 (Domestic & Global Market)

依交易的地區來看，可分為國內市場與全球市場。外匯銀行與當地銀行進行交易，形成國內市場；若政府沒有外匯管制，也可以跟世界各地的主要金融中心進行交易，即形成全球市場。

例如，我國的外匯市場即屬於國內市場，為什麼呢？因為外國的法人及自然人在國內外匯市場買賣外匯會受到限制，而且新臺幣不是國際性通貨，不被全球廣泛接受。

2. 顧客市場與銀行間市場 (Customer & Interbank Market)

以外匯市場的參與者來看，可分為這兩種市場。個人與廠商是銀行的顧客，又以進出口商為銀行最主要的外匯需求者及供給者，銀行應其顧客的需求而進行交易的市場，稱為顧客市場，其交易金額較小，買賣價差較大。銀行間市場則指銀行為了資金調度及運用，在銀行間相互買賣通貨的市場，其交易金額較大，但買賣價差較小。

3. 即期市場、遠期市場與換匯市場 (Spot, Forward, and Swap Market)

以交割時間的長短來看，外匯市場可分為即期市場和遠期市場。即期市場是即期外匯交易的市場，其交割日是在外匯買賣完成後的第二個營業日；遠期市場是遠期外匯交易的市場，其交割日是在第二個營業日後的未來某日。然而，外匯市場上還有一種交易是同時買入及賣出等額的相同貨幣，但其交割日卻是不同的外匯交易，稱為換匯交易，換匯交易的市場就稱為換匯市場。

4. 有形市場與無形市場 (Tangible & Intangible Market)

依有無集中交易場所來看，外匯市場可區分為：有形市場及無形市場。有形市場是指設有具體的集中交易場所，參與者在一定營業時間內，聚集在該交易所進行買賣，歐洲大陸的一些國家，如西德、法國、義大利、荷蘭等，除英國、瑞士外，都設有這種外匯交易所，所以又稱大陸系統 (Continental System) 外匯市場。而無形市場是指參與者不限於任何時間，都可採取各種方式進行交易，並未設置集中交易場所，美、英、加拿大、瑞士、我國及大多數國家都採取這種交易方式，又稱為英美系統 (Anglo-America System) 外匯市場。

5. 管制市場與自由市場 (Managed & Free Market)

以政府對外匯是否管制來看，外匯市場可分為管制市場與自由市場。例如，我國對外匯管制向來嚴格，所以我國算是管制市場；而自由市場是指資金進出國境完全自由，政府並不加以限制，例如倫敦與紐約外匯市場就是一個典型例子，其交易量非常龐大。

參、外匯市場的功能

1. 通貨之間的兌換

透過外匯市場的外匯買賣，本國貨幣與外國貨幣相互交換流動，完成各種交易及投資行為。

2. 信用的中介及調節

國際貿易的進行，買賣雙方並不一定認識，對於彼此的信用並不一定十分瞭解，外匯銀行的信用中介與調節，成為貿易順利進行的輔助條件。例如，進口商可要求其往來銀行開發信用狀給出口商。

3. 減少匯兌風險

不論是進出口或一般投資者，在進行貿易或投資行為時，會有外匯的收入或支出，為了減少因匯率波動而產生的風險，貿易商或投資者可利用遠期外匯市場進行避險。

4. 提供投機機會

外匯市場的參與者，可藉由對匯率升值或貶值的預測，而購買該種外匯或拋售此外匯資產，若真如預測，則投機者獲得利潤；反之則遭受損失。

肆、外匯市場的參與者

外匯市場的參與者包括：外匯銀行及自營商、外匯經紀商、顧客群、各國中央銀行與財政部。依圖示說明，我們可看出：

1. 外匯銀行所扮演的角色

外匯的供需中介者。也就是當我們想要買賣外匯時，外匯銀行可代替我們買賣（如圖 18–1 C）。

2. 外匯自營商所扮演的角色

大型國際商業銀行中的外匯操作人員，負責與其他銀行同業進行外匯買賣交易（如圖 18–1 A)。

3. 外匯經紀商所扮演的角色

介於銀行之間，幫助銀行獲取關於外匯買賣資訊，並撮合銀行的外匯交易（如圖 18–1 A、B 與央行)。

4. 各國中央銀行與財政部所扮演的角色

執行監督與管理的功能，維持匯率的穩定 (如圖 18–1A、B、C 與央行)。

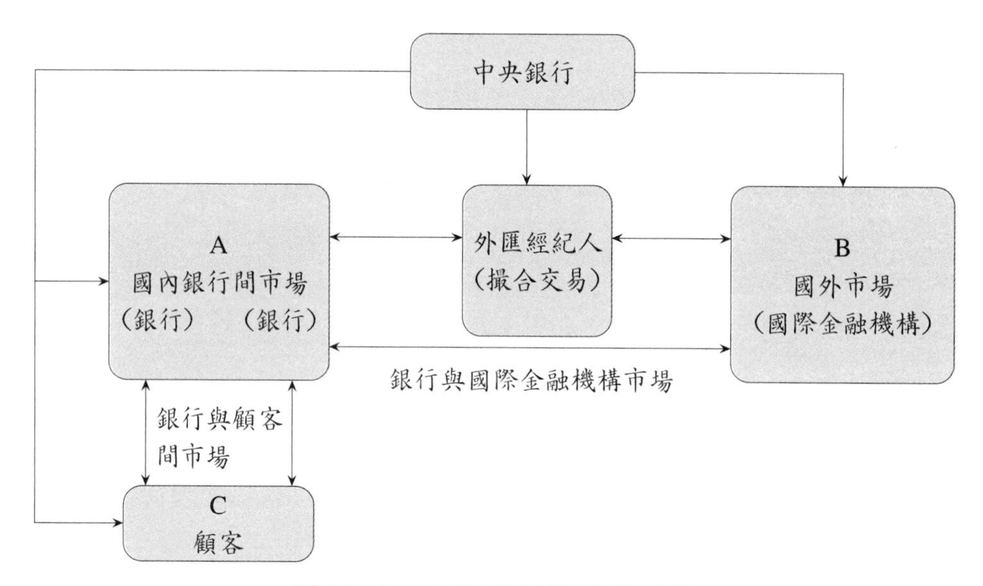

圖 18–1　外匯市場的結構簡圖

伍、外匯交易的方式及匯率報價

一、即期外匯交易

1. 定　義

即期外匯 (Spot Foreign Exchange) 交易是指交易雙方約定在外匯買賣成

交後，第二個營業日交割通貨的交易。例如，在 2004 年 7 月 5 日（星期一）當天成交即期外匯交易後，第二個營業日：2004 年 7 月 7 日（星期三）就是即期外匯交易的交割日 (Value Day)。

由於國際間的外匯涉及時差問題，所以習慣上在成交後第二個營業日進行交割。但如果所交易的通貨都是在同一個時區，如：美元、加拿大與墨西哥披索；或是小型而較不開放的市場，如臺北等外匯市場，其即期交易的交割日通常是交割後的次一營業日。

例如：我國有兩個即期外匯市場，一個是銀行對顧客的交易市場；一個是銀行間的外匯交易市場。在銀行對顧客的市場中，普通掛牌的美國通貨有美元、日圓、馬克等十六種，且在通貨交易中，除美元之外的其他通貨價格是由各銀行自行掛牌買賣，沒有統一規定。

銀行間的即期外匯交易有兩種，一種是即期美元交易，另一種是美元以外的其他通貨交易。如果銀行間想買賣馬克、日圓、法郎等外幣，必須先由新臺幣換成美元，再由美元去買賣標的通貨，這是由於全世界的外匯市場尚不能接受以新臺幣直接購買美元以外的其他外幣。

2.報　價

即期外匯的報價方式有兩種，分別是直接報價法與間接報價法。

(1)直接報價法：又稱為直接匯率法，是指一單位外國貨幣折合多少本國貨幣所表示的匯率報價法。

例如，我國採用直接報價法。大家耳熟能詳的就是美元與新臺幣的兌換，像是 1 美元折合新臺幣 33 元（或 NT33/US$），表示 1 美元可兌換 33 元新臺幣。

(2)間接報價法：又稱為間接匯率法，是指一單位本國貨幣折合多少外國貨幣所表示的匯率報價法。

例如，英國採用間接報價法，舉例來說：US$1.7831/£，也就表示 1 英鎊可折合 1.7831 美元。

3. 交叉匯率 (Cross Currency Rates)

是指不包括美元的兩種貨幣之間的匯率。由於世界各外匯市場主要是美元外匯市場，所以，美元以外的兩種貨幣間的匯率通常是利用各個貨幣對美元的交叉匯率算出。

二、遠期外匯交易

1. 定　義

外匯交易的交割日為成交日後兩個營業日以上者，就稱為遠期外匯交易。遠期外匯交易成立當天，買賣雙方並沒有實際的外匯收付，而是約定在未來的某一特定日期，以約定的遠期匯率買賣某一種外匯，這種買賣雙方同意的約定，稱為遠期外匯契約。遠期外匯的交割日，通常是即期交割日加上若干月計算，如遇假日，則順延一天。

例如，2004 年 10 月 16 日達成的 2 個月遠期外匯交易，其交割日就是 2004 年 12 月 17 日。

2. 報　價

遠期外匯的報價方式，可分為完全報價法、點數報價法及百分比報價法三種。

(1)完全報價法：這種報價法與即期匯率報價相同，直接報出匯率的全部數字，也就是一般在報紙上或銀行對一般大眾所報的遠期匯率數字。例如：某天，報紙的遠期匯率表中所列出的 90 天期美元，銀行買入遠期匯率為 NT32.67/US$，賣出 NT32.78/US$，其中 NT0.11 的差價就是銀行所賺取的利潤。

(2)點數報價法：是指報出的遠期匯率比即期匯率高或低多少點，這裡所稱的點數，就是遠期匯率與即期匯率的差額。通常點數報價時，會看到 2 個數字，如 78–72，前面的數字表示買價點數，後面的數字是賣價點數。點數有時又稱為換匯率 (Swap Rate)。

另外，我們須瞭解何為溢酬 (Premium) 與貼水 (Discount)。當遠期匯率高於即期匯率時，稱該國貨幣的遠期外匯為溢酬（或升水）；當遠期匯率低於即期匯率時，則稱該通貨的遠期外匯為貼水。此外，以點數報價時，遠期匯率的點數如果前面大於後面，則表示遠期匯率貼水，因為這樣買價才會低於賣價；相對地，前面小於後面，則表示遠期匯率升水。

範例 19-1

某天紐約的外匯市場銀行間報價，2 個月英鎊的遠期外匯點數是 75–70，而當天英鎊的即期匯率是 $1.7831–35/£，因為美國的即期匯率是直接報價法，而且遠期匯率點數報價前一個數字大於後一個數字，表示遠期匯率是貼水，所以，2 個月英鎊的遠期匯率就是即期匯率減去點數報價。

銀行買價：US$1.7831–0.0075 = US$1.7756/£

銀行賣價：US$1.7835–0.0070 = US$1.7765/£

也就是 2 個月期的英鎊遠期匯率為 US$1.7756–65/£。

⑶百分比報價法 (Percent-Per-Annum-Quotation)：有時為了便於比較外匯投資報酬率與利率之間的差異，會採用這種方法。當即期匯率採直接報價法時，這種百分比報價的公式如下：

$$\text{遠期溢價（或貼水）的百分比} = \frac{F-S}{S} \times \frac{12}{N} \times 100\%$$

F：遠期匯率

S：即期匯率

N：遠期月數

$F < S$ 則遠期貼水；$F > S$ 則遠期溢價（升水）；$F = S$ 則為平價 (At Par or Flat)。

例如：美元對新臺幣的即期匯率是 NT34.15/US$，3 個月期的遠期匯率是 NT33.65/US$，則百分比 $= \frac{33.65-34.15}{34.15} \times \frac{12}{3} \times 100\% = -5.86\%$。

表示如果美國利率高於臺灣利率的差異不超過 5.86% 的話，買美元外匯投資並不划算，因為美元貶值的損失大於美元利率的利得。

三、換匯交易

1. 定　義

換匯交易 (Swap Transaction) 是指在外匯交易買進時，同時賣出相等金額的同一外匯；或在賣出時，同時買進相等金額的同一種外匯，但買進與賣出的交割日期不同。通常是由一筆即期交易與一筆遠期交易組合而成。例如，以新臺幣買入即期美元，同時賣出同額遠期美元的雙向外匯交易。

2. 特　點

⑴換匯市場是順應需要而自然發展及成立的，與即期市場與遠期市場由政府設立，在根本上是不同的。

⑵換匯市場的參與者只有指定銀行。換言之，換匯市場是一個銀行間市場，而非顧客市場。

⑶換匯市場的功能在於資金的交換，而非外匯的買賣。

⑷換匯市場沒有人為（如央行）的干預或管制。

⑸換匯市場的價格完全由市場決定，價格機能（或市場機能）頗為健全。

3. 換匯市場交易的種類

⑴換匯市場實際上是一種短期的借貸關係，因此，依交易對象可分為：

(a)純粹換匯：買進與賣出的對象都是同一人。

(b)撮合換匯：買進與賣出的交易對象並非同一人。例如，A 銀行與 B 銀行依遠期匯率買入遠期美元，然後再跟 C 銀行依即期匯率賣出同額的即期美元。

⑵依交易方式的不同，換匯又可分為：

(a)即期對遠期換匯：在即期市場買進（或賣出）某一外幣，同時再將同一金額外幣以遠期匯率賣還給銀行（或從銀行買進）。由於遠期匯率與即期匯率之間的差額（換匯率）是已知且固定的，並不會引發任何非預期的匯率風險。

例如：臺灣銀行預期美元將升值，於是在即期美元市場，向花旗銀行以較低價格買進美元，同時將相等金額的美元以較高的遠期匯率賣給花旗銀行，如此就可賺取利潤。

(b)遠期對即期換匯：原理與上述類似，不過是同等買進及賣出遠期外匯，但其交割日不同。

例如：某銀行以 US$1.7850/£賣出 2 個月期的英鎊外匯£200,000，同時再以 US$1.7820/£買進 3 個月期的英鎊外匯£200,000，轉手之間就可獲得價差 US$600。

四、外匯套匯

所謂套匯是利用不同市場的匯率差異，從低價市場買進，在高價市場賣出，以轉取差額利潤。套匯的結果會使各個市場的匯率趨於平衡，因此，外匯套匯 (Arbitrage) 有促使各個外匯市場供需均衡的功能。

外匯套匯可分為直接套匯、間接套匯與無風險利率套匯三種：

1. 直接套匯（或稱兩點套匯）

利用兩個市場之間匯率高低的不同，同時在兩個市場中買低賣高，從中賺取匯率差額。

例如：倫敦市場 US$1.60/£，紐約市場 US$1.50/£，英鎊在兩個市場的價格有高低之別，若不考慮交易費用，則在紐約以 US$1.50/£，以美元買入英鎊；然後在倫敦以 US$1.60/£匯率賣出英鎊，每 1 英鎊可賺 US$0.1 的差額。

2. 間接套匯（或稱為三角套匯）

利用三個市場之間匯率高低的不同，同時在三個市場中買低賣高，從中賺取匯率差額。

例如：紐約外匯市場 US$1.50/£，倫敦外匯市場 FFr11/£，巴黎外匯市場 FFr7/US$。我們可以先從倫敦以£100 兌換 FFr1,100 電匯至巴黎，在巴黎依 FFr7/US$ 匯率兌換為 US$157.14，再電匯到紐約，在紐約依 US$1.50/£匯率兌換為£104.76。£104.76 – £100 = £4.76 為間接套匯的利潤。

3. 無風險利率套匯 (Covered Interest Arbitrage, CIA)

這種套匯不僅考慮到外匯市場上即期、遠期匯率的不同，同時也顧及貨幣市場上兩國利率的差異，以進行套利的交易。

範例 19–2

某天貨幣市場與外匯市場的行情如下：

(1)貨幣市場（3 個月利率）：

美元：年息 10%

英鎊：年息 12.75%　　（利率差距 2.75%）

(2)外匯市場：

即期利率：US$2.0000–2.0010/£

3 個月期的遠期點數匯率：170–160

首先我們要注意的是買賣幣別為英鎊，價格以美元表示，遠期匯率點數 170 – 160，前面大於後面數字，表示英鎊遠期匯率是貼水。

我們可從銀行買入 3 個月期遠期外匯，銀行賣價是 US$1.9850/£，3 個月期的遠期英鎊貼水換算成百分比是：

$$\frac{1.9850-2.0000}{2.0000}\times\frac{12}{3}\times 100\% = -3\%$$

遠期英鎊貼水的百分比絕對值是 3%，比英鎊與美元的利率差異 2.75% 來得高，因此，我們可進行「無風險利率套匯交易」，以賺取差額利潤。

(1)借入英鎊，按 12.75% 年利率計息。

(2)賣出即期英鎊，依即期匯率 US$2.0000/£，將借入的英鎊賣出，兌換成美元。

(3)將兌換的美元存入貨幣市場，按 10% 年利率計息。

(4)買入 3 個月期遠期英鎊，依 3% 貼水，即以 3 個月期的遠期匯率 US$

1.9850/£買入英鎊，賣出美元。

則，借入英鎊換美元的利率損失是年息 2.75%。

買入遠期英鎊外匯所省的貼水是 3%。

則，可賺進 0.25% 的利潤。

陸、作　業

1. 外匯市場依其參與者類型可以區分為哪幾種型態?
2. 外匯市場的功能為何?
3. 外匯市場的參與者為何?
4. 何謂即期外匯交易?
5. 即期外匯交易的報價可以分為哪兩種?
6. 何謂遠期外匯交易?
7. 何謂換匯交易?
8. 換匯市場的交易種類依交易對象可分為哪幾種?
9. 何謂外匯套匯?
10. 外匯套匯可以區分為哪幾種?
11. 若某天紐約的外匯市場銀行間報價，2 個月英鎊的遠期外匯點數為 60–55，而當天英鎊的即期匯率為 \$1.7862–80，試問 2 個月英鎊的遠期匯率為多少?
12. 若花旗銀行以 \$1.86/£賣出 2 個月期的英鎊£100,000，同時再以 \$1.853 買進 3 個月期的英鎊外匯£100,000，則請問在忽略交易費用的情況下，此交易將帶給銀行多少利潤或損失?
13. 若已知貨幣市場與外匯市場的行情如下:

    貨幣市場（3 個月利率）:

    美元：年息 1.2%；英鎊：年息 1.4%

    外匯市場:

    即期利率：US\$1.812–1.815/£；3 個月遠期點數匯率：160–150 points

    試問在此是否存在套利機會? 若存在套利機會，則在忽略交易成本下，此套利可獲取多少利潤?

14.已知 F = NT34/$，美國的年利率為 6.5%，目前匯率為 NT28/US$，臺灣的年利率為 6.5%，試問有無套利機會?

第十九章　貨幣市場

壹、貨幣市場的特性

貨幣市場 (Money Market) 是指提供 1 年期以下金融工具交易的市場，又可分為初級市場（發行市場）及次級市場（流通市場）。初級市場協助借款人獲取資金，次級市場則便利金融資產的交易，增加它的流動性。

另外，貨幣市場通常沒有集中買賣雙方交易的場所，必須透過電話及其他通訊設備的店頭市場 (Over the Counter, OTC) 進行交易。

貳、貨幣市場的功能

⑴有效率的貨幣市場必須能使發行或持有票券的人立即交換成現金，也就是說能讓資金需求者在短時間內找到資金供給者。

⑵中央銀行的公開市場操作可透過貨幣市場來增加或減少商業銀行的準備金，進一步影響市場利率的升降與信用。

參、貨幣市場的組織

票券業是貨幣市場中的專業中介機構，提升市場設備，建立交易制度，並傳遞市場訊息。票券金融公司的業務相當廣泛，不但可以擔任本票之承銷人、簽證人，也可以擔任本票或匯票之保證人及背書人的身分，在票券初級市場協助資金需求者發行短期票券，而且提供企業財務諮詢服務，並且代客辦理款項之收付及過戶等服務。

目前，我國票券商扮演承銷商、交易商、經紀商等三種角色，主要交易的信用工具有商業本票、公債附買回、可轉讓定期存單及銀行承兌匯票，在之後會分別介紹。

貨幣市場除了票券金融公司為中介者外，尚有其他經濟單位參與者，如⑴工商企業、⑵金融機構、⑶政府部門、⑷基金團體與個人，以及⑸中央銀行。圖 19–1 即說明貨幣市場中，短期資金需求者、短期資金供給者、票券金融公司及中央銀行等四個部門所扮演的角色。

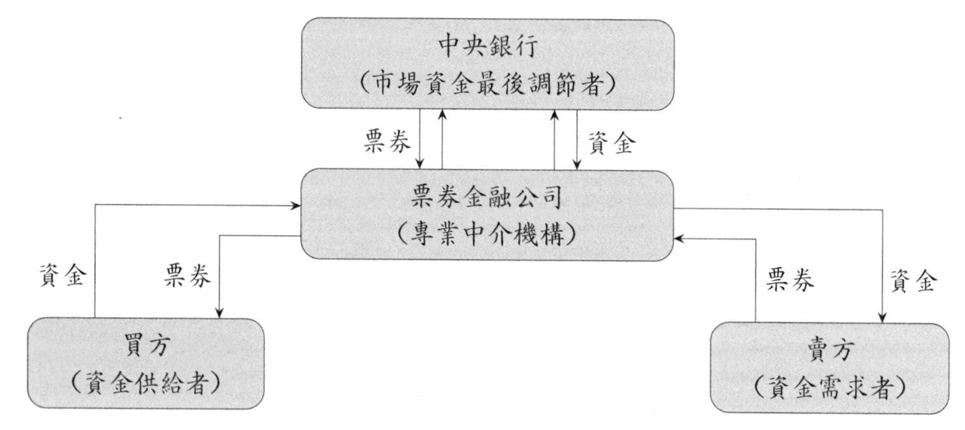

圖 19–1　我國貨幣市場的組織圖

肆、貨幣市場的交易工具

表 19–1 說明我國與美國貨幣市場交易工具的比較。

表 19–1　我國與美國貨幣市場交易工具的比較

項　目	我　國	美　國
貨幣市場交易工具	國庫券	國庫券
	可轉讓定期存單	可轉讓定期存單
	商業本票	商業本票
	銀行承兌匯票	銀行承兌匯票
	附買回與附賣回協議	附買回與附賣回協議
	銀行間之拆放	聯邦資金 (Federal Funds)
		歐洲美元 (Eurodollar)

1. 國庫券 (Treasury Bill, TB)

由財政部發行，到期期間不超過 1 年的負債證券，無違約風險，大多以實際貼現法發行。我國國庫券分為甲、乙兩種❶，甲種國庫券為調節收支而發行，採付息方式發行；乙種國庫券為穩定金融而發行，採實際貼現法❷發行。目前，我國以後者發行較多。

2. 銀行承兌匯票 (Bank's Acceptance, BA)

匯票是指發票人委託付款人在指定到期日，依簽發的金額無條件支付給受款人或持票人的票據。在到期日前，持票人可向付款人作承兌之提示，如果付款人是銀行，則此匯票經銀行提示後，即成為銀行承兌匯票。

3. 可轉讓定期存單 (Negotiable Certificate of Deposits, CD or NCD)

NCD 是指銀行為充裕資金來源，經財政部核准，簽發在特定期間按約定利率支付利息的存款憑證，它不但可持有至到期日，也可在必要時加以處分，在市場中轉讓流通。NCD 附有利息，它不得中途解約，但可以自由轉讓。

4. 商業本票 (Commercial Papers, CP)

民間企業為籌措短期資金或融通合法交易所發行的一種短期票券，到期時發票人須支付票券所載之金額。在發行市場中，商業本票又分為兩種：

(1)第一類商業本票 (CP1)：又稱交易性商業本票，為融通合法交易而發生的本票，屬於有自償性質的**真實票據** (Real Bill)。

(2)第二類商業本票 (CP2)：又稱融資性商業本票，是基於籌措短期資金所發行的商業本票；因沒有交易基礎，所以沒有自償性質，屬於**流通票據** (Finance Bill)。

雖然在發行市場中商業本票分為兩種，但其在流通市場交易時，並沒有區分，通稱為商業本票。表 19–2 為兩種商業本票的比較。

---

❶ 甲種國庫券是按面額發行，到期時償還面額與利息；乙種國庫券是以折價方式公開標售，並根據其加權平均價格發行，到期按面額清償。

❷ 實際貼現率 =〔(面額 – 發行價格) / 發行價格〕×〔365 / 發行天數〕。

表 19–2　交易性與融資性本票的比較

項　目	交易性本票	融資性本票
票據上的關係	發票人（買方） 受款人（賣方）	發票人、保證人
簽發對象	賣方	不特定之大眾
簽　證	無須簽證	發行公司須委託票券金融公司予以簽證
期　限	最長不得超過 180 天	最長不得超過 1 年
面　額	以實際交易金額為準	最低 10 萬元，以上金額依其倍數計算
利息所得之稅負	適用分離課稅	適用分離課稅
融資方式	持票人背書後，以貼現方式售予票券金融公司，於貨幣市場取得周轉資金。	1. 發行公司委託票券金融公司以標售、代銷、包銷之方式承銷。 2. 持票人背書後以貼現方式售予票券金融公司。

資料來源：黃天麟，金融市場，三民書局，再版，1992 年，頁 148–149。

伍、票券的交易方式

一、發行市場 (Primary Market)

指發票人想要籌措資金，發行票券的市場，例如國庫券的標售、商業本票的承銷、銀行承兌匯票與可轉讓定期存單之貼現等。

1. 國庫券投標與買賣計價辦法

國庫券投標之貼現利率是指實際貼現率或通稱為收益率，而非銀行貼現率。

(1)投標價格計算方法：國庫券投標基本單位為每萬元新臺幣，以 365 天為計算基準，而國庫券之買賣以實際年貼現率表示，其公式為：

$$\text{面額} \div \left(1 + \text{實際貼現率} \times \frac{\text{距到期日天數}}{365}\right) = \text{投標價格}$$
$$= \text{發行價格}$$

$$\text{實際貼現率} = \frac{\text{面額} - \text{發行價格}}{\text{發行價格}} \times \frac{365}{\text{發行天數}}$$

⑵流通市場買賣價格：

$$\text{買賣價格} = \frac{\text{面額}}{1 + \text{利率} \times (1 - 20\%) \times \frac{\text{距到期日天數}}{365}}$$

範例 19-1

國庫券發行價格之決定：採實際貼現法。中央銀行公開標售 91 天期乙種國庫券，若市場得標利率為年率 6%，試求其發行價格為何？

解：發行價格：$\$10{,}000 \times \dfrac{1}{1 + 6\% \times \frac{91}{365}} = \$9{,}852.62$

2. 銀行承兌匯票發行成本之決定

⑴貼現息 $= \text{發行面額} \times \text{貼現率} \times \dfrac{\text{發行天數}}{365}$

⑵承兌手續費 $= \text{發行面額} \times \text{承兌費} \times \dfrac{\text{發行天數}}{365}$

範例 19-2

A 公司於 2001 年 6 月 10 日經大安銀行承兌發行 BA，面額為 10,000,000元，貼現率為 8%，期間為 60 天，承兌費面額 1%，請問 A 公司實得金額與實際負擔利率為何？

解：貼現息 $= \$10{,}000{,}000 \times 8\% \times \dfrac{60}{365} = \$131{,}507$

承兌費 $= \$10{,}000{,}000 \times 1\% \times \dfrac{60}{365} = \$16{,}438$

發行成本 = $131,507 − $16,438 = $115,069

(1)實得金額 = $10,000,000 − $115,069 = $9,884,931

(2)實際負擔利率 $= \dfrac{\$115,069}{\$10,000,000 - \$115,069} \times \dfrac{365}{60} \approx 7.08\%$

二、交易市場或稱流通市場 (Secondary Market)

1. 在流通市場中，交易方式可分為三種

(1)買賣斷方式：票券買賣成交後，物權與所有權一起移轉。

(2)附買回約定 (Repos)：非買賣斷的交易，而是雙方在證券交易時，事先約好在某一特定日，賣方以協定好的價格（高於原先售價）買回，此類交易通常為隔夜交易，最長亦不超過 30 天。

例如，A 票券公司將持有的 180 天期國庫券以 1,000 萬元的價格賣給小王，同時 A 票券公司與小王簽訂附買回約定，明訂 30 天後以 1,010 萬元買回這些國庫券，小王實際上等於買了 30 天期的貨幣市場工具。

(3)附賣回協議：與附買回約定相反，附賣回是指券商向持有證券的投資人購買證券，同時與投資人簽訂協議，於未來的某一特定日以某一特定價格出售給投資人。

以下我們會利用計算公式來得到這三種交易方式所獲得之交易價格。

2. TB、CP 與 BA 之交易價格計算

短期票券買賣計價方式，是以扣除 20% 利息所得稅（分離課稅）後的金額為計算基礎。在次級市場中，交易利率皆採用收益率實際貼現法來計算。

(1)到期稅後實得金額 = 面額 −（面額 − 承銷價格）× 20%

(2)投資者中途買入（或賣出）票券應付（或應收）金額

$$= \frac{\text{到期稅後實得金額}}{1 + \text{利率} \times (1 - 20\%) \times \dfrac{\text{距到期日天數}}{365}}$$

(3)投資者以附買回（或附賣回）約定方式賣出（買入）票券時，應收（應

付）交易金額＝原先成交價×（1＋利率×80%×$\frac{持有天數}{365}$）

範例 19-3

票面額 100 萬元之短期票券，距到期日尚有 87 天，當時市場利率為年率 6%，承銷價格為每萬元售 8,950 元。試問：

⑴投資者中途買入該票券之應付價款是多少？又其持有至到期日實得金額與其投資收益各是多少？

⑵若投資者僅有 15 天的可用資金，為確保其投資收益並避免臨時拋售發生損失，乃與票券公司承作附買回 (RP) 交易，假設約定買回期限為 15 天，利率議定為年率 5.5%，則該投資者持有 15 天後出售票券之淨所得及其持有 15 天之收益各為何？

解：⑴到期稅後實得金額 $= \$1{,}000{,}000 - (\$1{,}000{,}000 - \$895{,}000) \times 20\%$

$= \$979{,}000$

投資者中途買入價格 $= \$979{,}000 \times \dfrac{1}{(1 + 6\% \times 0.8 \times \frac{87}{365})} = \$967{,}926$

所以，投資收益 $= \$979{,}000 - \$967{,}926 = \$11{,}074$。

⑵到期實際淨所得（投資者持有 15 天後出售票券之淨所得）

＝原約定買價×（1＋利率×0.8×$\frac{持有天數}{365}$）

$= \$967{,}926 \times (1 + 5.5\% \times 0.8 \times 15/365)$

$= \$969{,}676$

所以，投資收益 $= \$969{,}676 - \$967{,}926 = \$1{,}750$。

3. CD 交易價格之計算

⑴到期稅後實得金額：

面額＋面額×票面利率×$\frac{票載到期期間}{365}$×(1－20%)

⑵買賣斷方式：

$$\text{成交價格}=\frac{\text{到期稅後實得金額}}{1+\text{收益率}(1-\text{稅率})\times\frac{\text{距到期天數}}{365}}$$

到期稅後實得利息＝到期稅後實得金額－成交價格

⑶附買回與附賣回方式：

$$\text{附買（賣）回價格}=\text{原先成交價格}\times[1+\text{約定利率}\times\frac{\text{約定天數}}{365}\times(1-\text{稅率})]$$

到期稅後實得利息＝附買（賣）回價格－原先成交價格

範例 19–4

假設 A 公司於 2004 年 6 月 16 日向安泰銀行購買 CD(2004/3/25 ～ 2004/9/25)，6 個月期，票面利率 7.25%，面額 50,000,000 元，距到期日尚有 102 天，雙方議定利率為 6.8%，試問：

⑴到期稅後實得金額。

⑵ A 公司的買價。

⑶到期稅後實得利息。

解：⑴到期稅後實得金額

$$=\$50{,}000{,}000+\$50{,}000{,}000\times 7.25\%\times 6/12\times(1-20\%)$$

$$=\$51{,}450{,}000$$

⑵成交價格

$$=\frac{\$51{,}450{,}000}{1+6.8\%(1-20\%)\times\frac{102}{365}}$$

$$=\$50{,}697{,}560$$

⑶到期稅後實得利息

$$=\$51{,}450{,}000-\$50{,}669{,}021$$

$$=\$770{,}440$$

陸、作　業

1. 貨幣市場的功能為何?
2. 目前我國發行的國庫券主要有哪幾種?
3. 何謂承兌匯票?
4. 何謂可轉讓定期存單?
5. 何謂商業本票?
6. 試比較二種商業本票的異同性為何?
7. 一般而言，在流通市場中，票券的交易方式可分為哪幾種?
8. 比較 CP 與短期銀行貸款之差別?
9. 若目前已知有一國庫券為 180 天期，其實際貼現率為 10%，面額為 $1,000,000，試問其發行價格為何?
10. 央行公開標售 182 天期面值為 $10,000 的乙種國庫券，若市場得標利率為年利率 1.2%，試問其發行價格為何?
11. 承上題，若已知此債券的發行價格為 $9,850，求其實際貼現率為何?
12. A 公司於 92 年 1 月 15 日經大安銀行承兌發行 BA，面額為 $10,000,000，貼現率為 1.5%，期間為 60 天，承兌費面額 0.5%，請問 A 公司實得金額與實際負擔利率為何?
13. 若 A 向票券公司購買距今 120 天到期的 CP，面額是 $10,000,000，約定的利率是 7%，承銷價是面額的 97%。試求:
    (1)到期稅後實得金額。
    (2)某 A 之買價。
    (3)到期稅後實得金額。
14. 假設 A 公司於 93 年 6 月 16 日向 C 銀行購買 CD，6 個月期，票面利率 3.25%，面額 $50,000,000，距到期日尚有 120 天，雙方議定利率為 2.5%，試問:
    (1)到期稅後實得金額。
    (2) A 公司的買價。
    (3)到期稅後實得利息。
15. 若已知有一公司發行面額 $1,000 萬的商業本票，其貼現率為 5%，保證費年利率為 0.3%，簽證費為面額的 0.03%（每年），承銷手續費為面額的 0.25%（每年），試問公司發行此商業本票實際可得到多少金額?

第二十章　資本市場

壹、資本市場的定義

資本市場是提供長期（1 年期以上或無限期）金融工具交易的市場，所以它扮演著中長期資金供需的橋樑。在資本市場中，資金需求者會視自己的資金需要發行中長期金融工具，為了要吸引資金供給者，這些金融工具的性質也須滿足供給者的需要。因此許多不同性質、多樣化的金融工具就在這個市場中流通。

貳、資本市場的功能

對中長期資金供給者提供金融工具的流動性，因此，必須具備一個健全的流通市場。同時，也應要有健全的發行市場，使資金需求者能順利籌措到所需要的資金。

參、資本市場的組織

資本市場分為發行市場與流通市場：

1.發行市場

以投資銀行為中介機構。中長期資金需求者雖然可直接向資金供給者出售債券或股票，但這些原始證券通常是透過投資銀行「承銷」給投資者。因此，投資銀行又稱為商人銀行，主要業務在於證券的承銷，其他業務則有提供公司財務諮詢服務、證券交易所的操作、資金管理。

2. 流通市場

以證券交易所及證券經紀商為其主要組織。證券交易所為證券流通市場核心，有關集中交易市場的建立、市場之運作及交易秩序之維持，皆有賴交易所執行。

在證券交易所以公開競價的方式進行交易，稱上市交易；除在證券交易所交易之外，另有店頭市場交易，採個別議價方式進行交易。圖 20–1 為資本市場之組織概念。

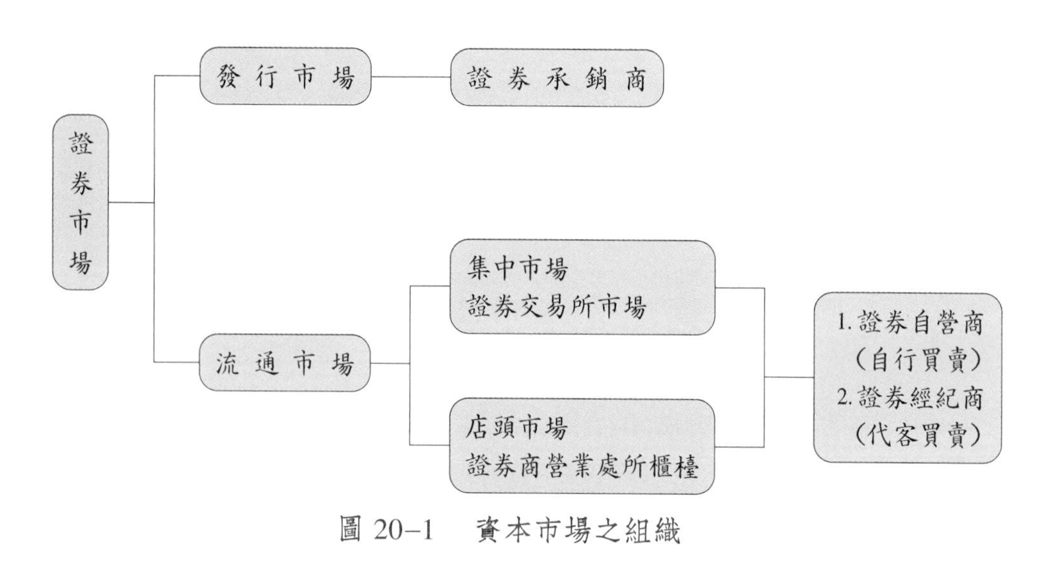

圖 20–1　資本市場之組織

肆、資本市場與貨幣市場的差異

雖然資本市場與貨幣市場最重要的差異是投資工具的期限，但一般而言，此兩個市場仍有下列的差別：

(1)就市場與整個經濟產出、所得、投資、儲蓄、就業等實務面之間的關係而言，資本市場的關係較貨幣市場更為密切。

(2)就市場與中央銀行之間的關係而言，貨幣市場的關係較資本市場更為密切。因為中央銀行常以資金最後貸款者的地位干預貨幣市場活動，藉以影響市場利率與貨幣總量等重要金融指標，將政策效果傳送至整個經濟，以實現經濟成長與安定的最終目標。

⑶資本市場與貨幣市場的次級市場均指既有信用工具的買賣，以促進市場中流通信用工具的流動性，但貨幣市場是偏重在其市場成員來調節市場的流動，使市場中現金流入與流出做最妥善的安排，以提高資金的營運效率；而資本市場較重視投資者彼此轉讓流通的便利性。

伍、資本市場的投資工具

資本市場的投資工具包括固定收益及權益證券，一般固定收益證券中的債務證券有其到期日，而權益證券則否。

1. 固定收益證券 (Fixed-Income Securities)

通常有固定的現金流量，例如一般債券，投資人在購買之前都能知道債券的利息與本金的支付時間表。不過，某些情況會產生不能支付的風險，例如收益型債券，必須在發行公司有盈餘時才發放利息。

固定收益債券以債券為最主要的工具。我國依發行機構作為分類標準，債券種類主要有三：政府債券、金融債券及公司債。

⑴政府債券：屬於長期債券，一般是政府為了融通財政赤字而發行，包括中央政府公債、地方政府（市）公債兩種。另外，政府也常為了國家建設而從事募集資金的活動，如興建捷運工程而發行公債。

⑵金融債券：配合專業投資及中長期放款需要，由儲蓄銀行及專業銀行發行的一種債券。到期期限最長不得超過 20 年，最短不得低於 2 年。

⑶公司債：一般企業為了要融通所需資金，以發行金融工具的方式直接向投資大眾借錢。公司債類似政府債券，具有半年（或 1 年）付息及到期還本的特性，但兩者的風險程度有所差異，例如公司債的風險（如違約風險）一般而言較政府債券為高。

通常企業會根據本身的財務狀況或其他條件，發行不同性質的公司債。

若公司的債信良好，可發行無擔保債券，反之可選擇擔保債券以降低資金成本。

2. 權益證券 (Equity Securities)

與固定收益證券不同，權益證券是代表一家企業的所有權。

⑴普通股 (Common Stock)：代表一種對企業的所有權，當投資人買 1 張股票（1,000 股），也就表示投資人擁有 1,000/N 的股份（N 是該企業流通在外股數）。

股票持有者對於企業盈餘及資產有最後的剩餘請求權，也就是企業滿足政府、債權人以及特別股股東的求償義務後，普通股股東才能享受法定的求償權利，相當於視情況而定的請求權。

普通股與一般債務工具不同之處是：

(a)債務工具有其一定的期限，而普通股則否。

(b)一般債務工具有一定的票面利率，而普通股則沒有確定的股息與紅利。

(c)並非所有股票都是為了籌資而發行的，如盈餘轉增資。

⑵特別股 (Preferred Stock)：同時具有債券與普通股的特性，因此又稱為混血證券 (Hybrid-Securities)。其與債券相同之處：

(a)每年支付固定股利給特別股股東，像是「沒有期限的債券」。

(b)特別股股東與債權人一樣，對企業重要的決策沒有投票權。與債券不同之處則在於特別股股利對企業而言並非費用，不能像債券利息一樣減少稅負。

⑶特別股與普通股相同之處：公司盈餘不足時，可能不發放股利；但有些特別股是「累積」的，以前沒有發放的股利可累積到未來有盈餘時一併發放，且求償權在普通股之前。與普通股相異之處則是普通股只有一種類型，而特別股是依不同性質有不同種類。例如，以公司積欠股利可否累積，可分為累積特別股或非累積特別股。

陸、股票的發行方式

股票的發行通常可分為公司成立時的募股發行及增資發行兩種。所謂募股發行，是指公司新成立時，以發行股票的方式募集資金。

股票的發行方式依其是否須繳納資金，一般可分為下述三種型態：

1.有償現金增資

根據公司法規定，公司辦理現金增資，除提撥 10% 供員工認購及 10% 公開承銷外，其餘 80% 由原股東認購。認購的價格有按面值發行、市價發行及依市價與面額間之適當價格發行等三種。

2.無償增資

也就是原股東不必繳納資金就可取得新股票，例如資本公積轉增資與盈餘轉增資。以無償增資的型態發行新股票，可透過股份數之增加，而降低股票價格至適當水準，其對股東而言，有助於股票之取得；對發行股票的公司而言，則可提高股票之流通性，並且有益於資金調度。

3.有償無償融合性增資

一般新股發行的募集方式也有三種：

(1)授予原股東之新股承受權：根據公司章程或董事會決議，公司可將新股承受權授予原股東，此時公司須於申請認購日期前兩週通知股東名冊上之股東，而股東收到通知後，若未於一定日期前辦理認購手續者，即喪失新股承受權。

(2)授予第三者之新股承受權：這種方法是授予公司員工及經銷商等具有親近關係之特定第三者新股承受權，由於這對於原股東及股票流通市場有深遠影響，所以日本證券界在 1973 年 5 月起認為只限於在企業重整等級特殊情況下，才可以此種方法發行新股。

(3)不特定多數者之募集方法。

柒、證券市場的參與

1. 買賣股票的流程

想要買賣股票，第一要務就是必須擁有自己的戶頭。所以，買股票之前，須先到證券公司去「開戶」。開戶的用意就是給你一個私人帳號，當你在委託買賣股票時，只須報上帳號即可；其實，就與網路購物相當類似，每一個人都有專屬的帳號及密碼。開戶之後，就可以進場做買賣了（圖 20–2）。注意喔，買股票可不像上菜市場買菜可直接跟老闆討價還價的，「投資人」只能「委託」證券商去買賣股票。

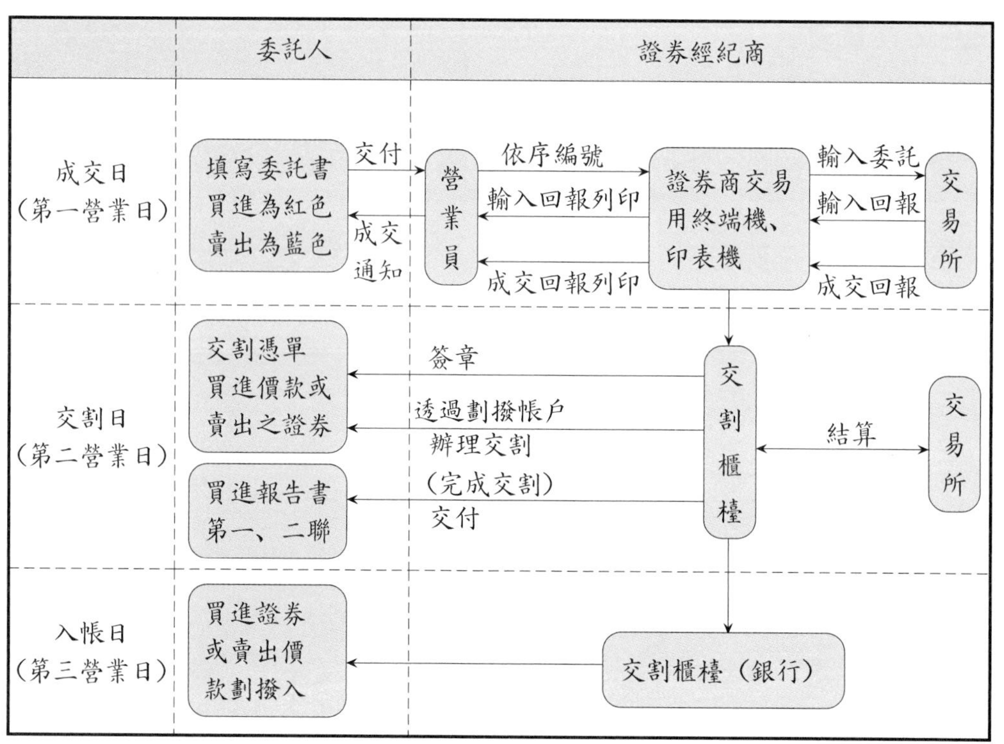

資料來源：證券暨期貨市場發展基金會之《證券交易實務》，1995 年 5 月修訂。

圖 20–2　臺灣的證券交易流程圖

範例 20-1

第一營業日：小強今天想買股票，他已經不是第一次玩股票了，所以對於證券公司都還算瞭解，也有個人戶頭。於是(1)小強撥電話給他熟識的櫃檯營業員，告訴營業員帳號、要買的股票、張數、價格等；(2)營業員知道後就馬上將資料輸入電腦，透過電腦連線，所有買賣股票的資料都會傳送到交易所中，由電腦處理交易資料，將輸入及成交資料回報給營業員；(3)假設營業員收到成交回報，就會告訴小強已經買到股票了（或者小強也可用電話語音查詢結果）。

第二營業日：第二天，小強為了辦理交割手續，就帶了印章親自到證券公司的交割櫃檯，利用劃撥的方式進行交割，同時證券商也會向交易所辦理交割。完成交割後，櫃檯會給小強二聯的買進報告書。

第三營業日：小強檢查了自己的戶頭，果然少了一筆錢，代表買股票的錢已經從帳戶中扣掉了。

2. 買賣債券的流程

買賣債券的流程其實與買賣股票相當類似，同樣是委託買賣、成交後交割，在此就不加詳述。

捌、作　業

1. 何謂資本市場？
2. 資本市場的功能為何？
3. 資本市場與貨幣市場的區別為何？
4. 何謂政府債券？
5. 特別股與債券相同與相異之處為何？
6. 承上題，特別股與股票的相同與相異之處為何？
7. 一般而言，股票的發行方式可分為幾種型態？
8. 資本市場依市場組織而言，可以分為哪兩個市場？
9. 集中市場交易與店頭市場交易的差異為何？

10.何謂固定收益證券?

11.何謂權益證券?

12.普通股與一般債務工具之差別為何?

13.何謂無償增資? 何謂現金有償增資?

14.簡單描述買賣股票的流程為何?

第二十一章　證券上市

一家公司有許多方法可以募集到營運與發展上所需要的資金，像是對外發行公司債 (Bonds)、存託憑證 (Depository Receipts, DR) 以及對外發行新股等等。本章節的重點在於若公司採取以對外發行新股的方式募集資金，分別有哪些情形？以及其利與弊。在此之前，我們先對公司做一個清楚的定義。

壹、股份有限公司概論

一、公開發行公司、上市公司與上櫃公司

股份有限公司可分為⑴公開發行公司與⑵未公開發行公司。其中，公開發行的涵義是指公司的資本額已經超過主管機關所規定的新臺幣 2 億元以上時，則該公司應對外公開發行。公開發行的公司中亦可分為三類：分別為⑴上市公司；⑵上櫃公司；⑶未上市未上櫃公司。

1. 上市公司

指私有化的公司經過公開發行走向資本大眾化之後，透過臺灣證券交易所所主導的證券集中市場買賣該公司的股票。這樣的公司就稱為上市公司，該公司則可以透過證券集中市場募集資金。

2. 上櫃公司

指私有化的公司經過公開發行走向資本大眾化之後，透過臺灣證券商同業公會所主導的店頭市場買賣該公司的股票。這樣的公司就稱為上櫃公司，該公司則可以透過店頭市場募集資金。

3. 未上市未上櫃公司

若某些公司公開發行之後，也不採取向主管機關申請上市與上櫃的動作，則該公司利用股票募集資金的方法是私下募集，下文將會有詳盡的介紹。

二、申請上市或上櫃的過程

1. 申請上市

私有化公司的資本額達 2 億元以上之後，向證管會申請公司股份公開發行，經過核准之後，成為公開發行之公司。之後再向證券交易所與財政部申請上市，成為上市公司。

2. 申請上櫃

私有化公司的資本額達 2 億元以上之後，向證管會申請公司股份公開發行，經過核准之後，成為公開發行之公司。之後再向櫃檯買賣中心與證管會申請上櫃，成為上櫃公司。

貳、新股的發行 (I)

發行新股募集資金的方法主要可分為(1)私下募集與(2)公開發行。

一、私下募集

私下募集 (Private Placement) 通常是指發行的公司直接將該公司的股票賣給市場上少數的投資人，而不經過集中市場與店頭市場。這種方法最大的缺點是流通性與資訊不足，投資人不易將證券轉賣，因此發行公司比較少用這種方法發行新股以募集資金，反而多用於發行公司債券。它的優點則是發行的成本較低、彈性較大與募集資金的速度較快。由於一些中小型公司規模不大，若要使用公開發行的方式募集資金，通常要擔負較高的發行成本，故多採用私下募集的方式。

二、公開發行

公開發行 (Public Offering) 的情形主要可以分為三類，分別為(1)初次公開發行；(2)現金增資；(3)原股東認股。說明如下：

1. 初次公開發行 (Initial Public Offering, IPO)

通常是指未上市（未上櫃）的公司首次將該公司的股票在證券交易所（櫃檯中心）公開交易，並順利達成公司集資的計畫。簡單的說，該公司透過證券承銷商（在美國稱之為投資銀行）在初級市場向不特定的大眾發行股票的行為。IPO 又稱為 "Unseasoned Offering"。

2. 現金增資 (General Cash Offering)

通常是指已經上市（已上櫃）的公司，為了募集新的資金而對外發行該公司的新股賣給有興趣的投資人，我們將此情形又稱為 "Seasoned Offering"。

3. 原股東認股 (Right Offering)

在臺灣的公司法中，依規定，若公司對外發行新股時，需保留原發行新股的 10% ～ 15% 給公司的員工認購，其餘的部分再通知原股東（即發行新股前已經持有該公司股票的股東）依其持股的比例認股，這就是之前第九章中所提到股東的優先認股權，為的就是防止股東的持股比例被稀釋。最後剩餘的部分再向證管會申請核准公開發行。

參、新股的發行 (II)

有了新股的初步概念，以下分別就初次公開發行、現金增資與原股東認股的發行方式做更進一步的介紹：

一、初次公開發行與現金增資

㈠承銷商的功能

若公司已決定要以初次公開發行與現金增資的方式集資時，首先最重要的工作就是選擇承銷商（Underwriter，在美國亦稱之為投資銀行），主要的功能如下：

1. 顧問與諮詢

提供公司融資方面的相關資訊與適時解決公司上市上櫃或增資方面的問題。

2. 承　銷

承銷就是承銷商替公司銷售股票的方式，主要分為兩種，分別是「包銷」與「代銷」，將在下文再深入探討。

3. 配　售

將公司股票順利賣出，完成集資。

在承銷商的協助之下，公司要向「證券交易委員會」(Security & Exchange Statement, SEC) 提出公開發行新股的申請書，申請書內需說明該公司的集資計畫、公司現況與未來規劃等等。在 SEC 核准之前，公司通常會對潛在的投資人與投資機構寄發「預備公開發行說明書」，用以告知投資人公司集資的計畫。說明書的內容則包括發行計畫、股利政策、管理能力與財務報表等等。此外，承銷商也會對外在刊物或報紙等刊登廣告宣傳。

SEC 核准之後，公司再寄發最後的公開發行說明書，最主要的功能在告訴投資大眾，公司的體制良好，通過主管機關核准，以期能夠提高承銷價格。

㈡股票的承銷方式

主要分為兩種，分別是包銷與代銷。

1. 包　銷

又可分為「全額包銷」與「餘額包銷」。全額包銷在美國稱為“Firm Commitment”，即承銷商以較低的價格將發行公司所有的股票買下，再轉售給一般的投資大眾。風險的部分完全由承銷商承擔，發行公司則確定可以募集到所需資金。而餘額包銷則是承銷商先替發行公司出售股票，若在承銷期限內仍未能將所有股票售完，才由承銷商將餘額全數買下。風險同樣由承銷商承擔，而公司也同樣能募集到所需資金，這種方法又稱為 Standby Arrangement。包銷的方法主要是用在股市交易較熱絡的時候，也就是我們所稱的多頭或牛市行情。

2. 代　銷

和包銷不同的是，承銷商只代替發行公司銷售股票，若股票在承銷期間結束後仍未售完，則將股票退回給發行公司，風險轉為由發行公司承擔，而且不能保證發行公司一定能籌集到所需的資金。代銷在美國又稱為 Best Effort。代銷的方法主要是用在股市交易較不熱絡的時候，也就是我們所稱的空頭或熊市行情。理論上來說，代銷對上市公司的風險較大，因為有可能股票滯銷，一大堆「存貨」被退回，最後只好由大股東認購，失去股票上市的原意。

㈢承銷價格的決定

1. 競價 (Competitive Offer)

發行的公司採取公開出價方式，並選擇出價最高的承銷商作為該公司發行新股的承銷商，然後再將整批新股票交給承銷商發售。如同前述，競價大多用在多頭市場，而承銷方式也大多是包銷。

2. 議價 (Negotiated Offer)

發行的公司與某一承銷商共同議定新股票的發行價格。議價大多用在空頭市場，而承銷方式也大多是代銷。

㈣新股發行的相關成本

大致可以分為下述五項：

1. 承銷的價差

承銷價差＝新股承銷價格－發行公司所收到的價格（即承銷商會以較低的價格購入公司新股）。這是給作當承銷商的報酬。

2. 直接的費用

在申請發行新股的過程中所有的法定支出，像是會計師費用、律師費用等等。

3. 股價的下跌

因為現金增資而發行新股常常導致發行公司的股價下跌。這種原理就有如某種商品供給增加之後，通常會導致該商品價格下跌。因為有這種情形使得普通股股東會有優先認股的權利，也就是原股東認股權。

4. 承銷價過低

在美國，IPO 的售價通常會低於其真值而被低估，其因如下：

⑴資訊不對稱：投資人本身對發行公司的現金流量、營運以及承銷狀況不瞭解，在資訊處於劣勢的狀況下，投資報酬可能會低於原先預期報酬率，因此會要求折價。再者，倘若 IPO 的價格若稍低，內線投資者就會不斷地出高價買進 IPO，使一般投資人買不到 IPO 而無法賺取利潤；倘若 IPO 的價格若稍高，內線投資者根本就不會買進，結果使一般投資人買太多而遭受損失。這種資訊不對稱造成一般投資人購買 IPO 常常會造成損失的不幸情況，我們稱為「贏家的詛咒」。為了防止這種情況發生，以吸引投資人更放心的投資，承銷商也只好將 IPO 的承銷價壓低。

⑵訊息的傳達：承銷商透過折價的方式向投資大眾傳達可以低價位買進而賺取高報酬的訊息，也就是先給投資大眾甜頭，同時也方便承銷商出售股票。

⑶彌補承銷風險：在包銷的方式下，由於承銷商之間彼此競爭激烈，導

致承銷商的價差往往不足以彌補承銷風險，因此會要求發行公司折價發行。

⑷避免訴訟：在美國，投資人若購買新股賠錢的情況下會控告承銷商。承銷商為了自我防衛以避免和投資人發生訴訟，乃會折價出售 IPO 的股票。

⑸發行公司有時為了激勵承銷商而主動壓低承銷價。

5. 綠鞋條款 (Green-Shoe Provision)

在美國，承銷的契約中常會訂有綠鞋條款。明定在承銷期間的某特定期間之內，承銷商可以用承銷價格向發行公司「額外」新股，因此，若在新股需求強烈與股價上揚之際，承銷商便可以藉著綠鞋條款獲利，相對的，承銷商的利潤便是發行公司的成本。

二、原股東認股

原股東認股是指當公司發行新股時，原先已持有該公司股票的股東擁有**優先認股權** (Preemptive Right) 得以在某特定的期間之內以約定的**認購價格** (Subscription Price) 依其持股的比例認股，購買新發行的股份。

這種想法類似一種在前面章節所提到的買權或認股權利，原股東有權利購買發行的新股，以避免持股比例被稀釋導致公司控制權也被稀釋，所以，原股東認股權對大股東而言是相當重要的。另一方面，既然是買權，原股東當然有權利不另外購買新股，損失的權利金就可當作是被稀釋的持股比例與公司控制權。

因為發行新股會使在外流通的股數增加，會導致該公司的股價下跌，所以公司發行新股通常都會保留一定比例給原股東認股以避免持股比例被稀釋來當作一種補償。比較不同的是，原股東若不認股則可以將此認股權利出售，且不論原股東是選擇認股或將認股權利出售，原先的財富都不會改變。接下來我們以一些計算方法與例子來逐一說明：

1. 認股權利價值的計算方法

$$V=\frac{P_0-P_W}{N+1}=\frac{P_A-P_W}{N}=P_0-P_A$$

V：認股權利價值

P_0：目前股價

P_W：認股價格

P_A：理論發行新股後的股價

N：認股率

2. 理論發行新股後的股價

$$P_A=\frac{N\times P_0+P_W}{N+1}$$

範例 21–1

A 公司目前流通在外股數為 100 萬股，目前股價為 25 元，該公司目前打算以原股東認股的方式向外籌資 200 萬元，每股認股價格為 20 元。試問每股認股權利價值與理論發行新股後的價格。某投資人有 10 股 A 公司的股票而且有現金 20 元，試說明此投資人不論認股或出售認股權利都不會影響財富。

解：(1) $2,000,000/$20 = 100,000，A 公司新增了 10 萬股

1,000,000 股 / 100,000 股 = 10

$N=10$，原股東每持有 10 股可認購 1 股

$$V=\frac{P_0-P_W}{N+1}=\frac{\$25-\$20}{10+1}=\$0.4545$$

$$P_A=\frac{N\times P_0+P_W}{N+1}=\frac{10\times\$25+\$20}{10+1}=\$24.5454$$

(2)此投資人原有現金 $20，10 股 A 公司的股票共 $250，因此原來的總財富為 $20 + $250 = $270。

(a)若執行認股：以現金 $20 去購買 1 股新股，因此可持有 A 公司股票 11 股，但發行新股後，股價下跌至 $24.5454，因此認股後，現金為 0，認股後總財富的計算方法如下，11 股 A 公司股票 × 發行新股後的價格 $24.5454 = $270。

(b)若出售認股權利：原有現金 \$20，出售認股權利可得 $10\times\$0.4545=$ \$4.545，再加上原先持有 10 股 A 公司股票 × 發行新股後的價格 $\$24.5454=\$245.454$，因此，總財富為 $\$20+\$4.545+\$245.454=$ \$270。

由上可知，投資人不論認股或出售認股權利都不會影響財富。

肆、股票上市或上櫃前的重大決策

一、先上櫃還是先上市

有些體質優良、表現良好的公司若決定公開發行達成對外集資的目的，在限制條件與資本額符合的情況之下，通常會直接選擇上市以達成集資的目的。但仍有些表現不錯的公司，離上市所需可能還有一段距離，但該公司的資本額跟上櫃所要求的資本額相比卻綽綽有餘，因此通常有一些「打帶跑」的策略，就是選擇先上櫃，然後再轉成上市公司，像是電子股中的隴華、國巨等等。接下來我們試著分析這種情形。

(1)就增資的效果而言，大都僅限於剛上櫃那一次。就流通性與交易量而言，櫃檯市場是遠低於集中市場的，侷限於這樣的條件，再加上 2002 年年底有「興櫃市場」的加入，增加了投資人的選擇性，倘若上櫃公司沒有提出一套具有遠景的增資計畫以及公司長遠的發展藍圖，未來增資勢必愈來愈困難。

(2)就打響企業知名度而言，仍會有一定的助益。

(3)單就上市申請期間來說，上市與「先上櫃再上市」所需的時間相差不多，上市前必須有 1 年的承銷輔導期，而上櫃 1 年後才可以申請上市。只是在證交所審核的階段，已上櫃的公司可以免掉實地查核部分，只需進行書面的審核就可以，因此可以節省至少 1 個月的時間。

二、上市的時機

上市的時機影響到承銷價的制定與股票的銷售，雖然有些人認為上市進度操之於證交所與證管會，但是只要一切順利（審查時間為證交所 2 個月、證管會 1 個月），那麼何時上市就取決於承銷商何時送件。縱使申請上市核准後，這些公司雖然必須在限期之內上市，但如果苗頭不對，也是可以選擇放棄上市的。這一點對公司而言相當具有彈性，所以說，上市時機的選擇，終究仍操縱在公司手中。

上市時機既然操縱在公司，那麼無庸置疑的，上市時機應依序選擇下列情形：

1. 多頭行情

由於市場一片看好，因此承銷價也會水漲船高，股價也會比較容易因為一票難求而上漲。

2. 盤整行情

在股市盤整階段，雖然大盤上漲有限，但大盤下跌的機率也不會太高，只要未來有盤漲的機會，仍不失為一個上市的好時機。

3. 空頭反彈的行情

不論是 V 型或 W 型的空頭盤勢，都不宜在大盤下跌時上市，主要是因為投資人無法確定底部在哪裡，所以不敢貿然投資。反觀在股價反彈上升的時段，不論是強勢或弱勢的反彈，只要反彈行情確定，在空頭市場也能夠吸引不少買氣。

伍、作　業

1. 公開發行公司主要可分為哪三類?
2. 公司發行新股募集資金的方法主要可分為哪幾種?
3. 簡述申請上市櫃之過程為何?
4. 公開發行的情形主要可分為哪幾類?
5. 在公司公開發行與現金增資的過程中，承銷商扮演何種角色?
6. 公司股票的承銷方式主要可分為哪幾種?
7. 承上題，試問公司股票承銷價格如何決定?
8. 公司發行新股時的成本約略可分為哪幾項?
9. 公司在發行新股時通常會發生承銷價過低的情況，試問是何原因?
10. 若公司選擇上市，則其上市時機應如何選擇?
11. 當公司面臨上市櫃的抉擇時，應該如何作選擇?
12. 目前臺灣的承銷方式可分為三種，簡述之。
13. 若有一電子公司欲籌措 $5 億的權益資金，發行認購價格為 $10，而目前股價為 $20，流通在外股數為 100,000,000，試問:
    (1)應發行多少股數?
    (2)認購比率為何?
14. 承上題，除權過後公司的股價為何? 以及此認購權證的價值是多少? 對此電子公司的股東而言，權益是否受到影響?
15. 聯發公司宣佈有償配股，認購價格為 $100，配股後其股數由 100 萬股增為 120 萬股，若該公司除權前的每股市價為 $80，試問其配股權的價值為何?

第二十二章　收購與合併

壹、什麼是購併

購併 (Mergers and Acquisitions) 是指收購 (Acquisitions) 與合併 (Mergers) 兩種財務活動的合稱。這是指兩家或兩家以上的公司依照彼此所簽訂的合約，透過法定的程序而結合成一家公司，或另設一家新公司的行為。

貳、基本購併型式

1. 收購可分為股權收購和資產收購兩種

(1)股權收購：直接或間接購買目標公司部分或全部的股權。

(2)資產收購：收購者依自身需要去購買目標公司部分或全部的資產。

2. 合併可分為吸收合併和新創合併 (Merger or Consolidation) 兩種

(1)吸收合併：兩家公司合併後，被併公司須申請消滅，而且被併公司所有的資產和負債都由主併公司吸收。

(2)新創合併：兩家公司合併後，主併和被併公司都必須消滅，而將另外登記成立一家新公司。新公司包含原本兩家公司的資產和負債。

範例 22-1

(1)全友公司收購美國滑鼠電腦系統公司 25% 的股權。

(2)元大證券與京華證券合併，屬於新創合併，兩家公司已消滅並另登記一家新公司為元大京華證券。

參、購併的種類

在經濟學的角度，將購併分為四種類型。

1. 水平式合併

同產業中兩家從事相同業務公司的合併。如：銀行間的合併。

2. 垂直式合併

同產業中，上游與下游公司之間的合併。下游公司購併上游公司稱為向前整合；上游公司購併下游公司稱為向後整合。如：航空公司購併旅行社。

3. 同源式合併

兩家處於相同的產業中，但所經營的業務不太一樣，且沒有業務往來公司的結合。如：保險公司與證券公司。

4. 複合式合併

兩家業務沒有發生任何關聯的公司的結合。如：汽車公司購併食品公司。

另外，以財務分析的角度，又可將合併分為兩種類型：

1. 營運合併

兩家公司的營運被整合在一起後，預期可為購併公司帶來營運規模經濟。

2. 財務合併

預期不會產生任何營運規模經濟利益的合併。

肆、購併的理由

1. 綜效 (Synergy)

又稱為 1 + 1 > 2 的效果。大多數公司合併的主要動機是提高合併企業的價值。例如，A 和 B 合併成 C 公司，C 公司的價值超過 A 公司和 B 公司個別價值之和，則綜效就存在。其來源有四：

(1)規模經濟：合併後，公司規模擴大，大量採買原料比較有議價空間，使單位成本降低。

(2)垂直整合：如果是屬於垂直關係的上下游廠商合併，則公司對於原料購買、製造過程等都可以妥善規劃。

(3)經營效率：合併後，各部門間可以重新調整，節省重複的人力與工作，讓雙方好的人才和技術互相交流，提升經營的效率。

(4)增加市場力量：競爭減少，市場力量增加。

2. 所得稅利益

如果公司利潤和稅率都很高，可購併另一家已累積大量損失的公司，抵銷本身高盈餘狀況，進而減少稅的支出。

3. 多角化

管理當局認為可以利用多角化分散公司的經營風險，但對股東是好的嗎？一直都有學者懷疑。因為在一個有效率的市場，股東自己就可以買很多不同產業的股票進行多角化，而且所用的成本也較低，何必公司大費周章購併來達到多角化的目的呢！

例如，一家獲利不高的水泥製造公司，想利用購併電子公司來進行多角化，但跨入本身不熟悉的產業，在經營或管理上都會面臨很大的風險，對於公司的股東當然就弊多於利。

4. 資源互補

若一家公司資源上有互補性，則合併更適當。例如，永豐餘造紙合併中華印刷。

另外，尚有追求成長、提高每股盈餘、鞏固管理權等相關理由。

◎ 時事分析 1

1996 年 10 月 21 日《工商時報》報導，國內知名的永豐餘造紙集團將收購裕台企業旗下的中華印刷廠，成為該集團中繼沈氏公司、中華彩色公司、花王印刷公司之後的第四家大型印刷廠。在購併後，中華印刷廠將結束，而由永豐餘與裕台企業成立一新公司重新營業，前者將握有新公司 49% 的股權，後者及其員工則各擁有 41% 及 10% 的股權，故永豐餘將掌有新公司經營權。

分析——

⑴永豐餘公司算是中華印刷廠的上游公司，故其購併中華印刷廠應屬於垂直式合併，惟永豐餘集團原本亦下轄三家印刷公司，故此購併亦有些水平式合併的性質；垂直式合併的目的是希望加強上、下游資源的配合，上游的公司可穩定產品的需求、下游的公司可掌握原料的供給。

⑵由於中華印刷廠在當時虧損連連，故其股價可說相當便宜，且以本章的架構來分析，永豐餘購併中華印刷可獲得下列綜效：

(a)規模經濟：合併後永豐餘集團將擁有四家印刷公司，彼此資源共享的結果可以降低生產成本。

(b)垂直整合：購併後永豐餘生產的紙漿又多了一位穩定的客戶，中華印刷廠的原料來源亦不虞匱乏。

(c)經營效率：永豐餘的經營團隊優於中華印刷，購併後可望找出中華印刷的沉痾所在，提升經營效率。

(d)增加市場力量：購併後旗下四家印刷廠的市場佔有率上升，聯合定價的能力增強，毛利率可望提高。

◎ 時事分析 2

台新銀行及大安銀行於 2001 年 12 月 7 日各自召開 90 年度第一次股東臨時會，雙方通過台新銀行、大安銀行、台新票券及台証綜合證券共同以股份轉換方式設立「台新金融控股（股）公司」事宜。雙方股東臨時會中並決議，台新銀行與大安銀行合併。雙方合併契約之主要內容為：台新銀行為合併後之存續公司，大安銀行為合併消滅公司；雙方合併之換股比率為 2 比 1（大安銀行 2 股換台新銀行 1 股）。

分析——

從國內銀行最早合併的案例中，我們由之前課文的內容可知：

(1)此合併案屬於股權收購並且為吸收合併。

(2)合併的理由是什麼呢？我們可以從合併中最重要的因素——綜效來分析。我們推估合併後預計產生之效益：台新銀行將藉由與大安銀行之合併來擴大經營規模及營業據點，提升單位經營效率，廣佈行銷通路，以提高獲利能力及市場佔有率，預計合併後之客戶數可達300多萬，員工數約4,500人，國內營業據點將達89家，放款市佔率將超過2.5%。所以簡單地說，此合併案不僅能達到規模經濟，並能提高經營效率，增加市場佔有率。

(3)另外，這樁合併案也可看出由於國內銀行業的競爭激烈，大多數的銀行均走向大型化、百貨化；因此，台新銀行與大安銀行的合併似乎也隱含金融控股公司時代的來臨。

伍、購併的效益與成本

1. 購併的效益

假設目前A公司想購併B公司，兩家公司在購併前的價值分別為PV_A、PV_B，購併後則為PV_{A+B}。如果$PV_{A+B} > PV_A + PV_B$，也就是產生了前述的「綜效」效果或稱為購併效益，即：

$$\text{購併效益} = PV_{A+B} - (PV_A + PV_B) \tag{22-1}$$

2. 購併的成本

但要注意的是即使產生經濟效益，也不能立刻決定要購併B公司，因為我們還需考慮買下B公司所需花費的成本。當然買B公司所花的成本必須少於B公司的價值，以補償在過程中所花的費用（如人力、物力等）。

$$\text{購併溢價} = \text{支付現金} - PV_B \tag{22-2}$$

(22–1) – (22–2) = 淨現值，也就是購併 B 公司後，A 公司本身所能額外獲得的現金流入。當 NPV > 0，就代表 A 公司可採取行動購併 B 公司。

$$
\begin{aligned}
NPV &= \text{購併效益} - \text{購併溢價} \\
&= PV_{A+B} - (PV_A + PV_B) - (\text{支付現金} - PV_B) \\
&= (PV_{A+B} - \text{支付現金}) - PV_A
\end{aligned}
$$

範例 22–2

假設 A 公司價值是 2,000,000 元，B 公司價值是 150,000 元，如果 A 公司想購併 B 公司，已知合併利益是 100,000 元，則：

(1)合併後公司的價值 PV_{A+B} 為何?

(2)A 公司以 350,000 元現金購買 B 公司，試求合併成本及 NPV 為何?

解：(1)$PV_{A+B} = PV_A + PV_B + \text{合併利益}$

$= \$2{,}000{,}000 + \$150{,}000 + \$100{,}000$

$= \$2{,}250{,}000$

(2)合併成本 = \$350,000 – \$150,000 = \$200,000

$$
\begin{aligned}
NPV &= PV_{A+B} - (PV_A + PV_B) - (\text{支付現金} - PV_B) \\
&= \$2{,}250{,}000 - \$2{,}000{,}000 - \$350{,}000 \\
&= -\$100{,}000 < 0
\end{aligned}
$$

所以，A 公司不該購買 B 公司。

陸、作　業

1. 何謂「購併」?
2. 收購和合併各可以分為哪兩種?
3. 以經濟學的角度來看，購併分為哪幾種類型? 並解釋之。
4. 何謂垂直式合併中的「向前整合」以及「向後整合」?
5. 以財務分析的角度來看，購併分為哪幾種類型? 並解釋之。
6. 何謂「綜效」?

7. 綜效的來源有哪些?

8. 元大證券和京華證券的合併，屬於經濟學角度中的何種購併類型?

9. 1998 年 10 月 8 日，花旗銀行 (Citicorp) 與旅行家集團 (Travelers Group) 完成了高達 700 億美元的合併案，使得兩家的銀行、證券和保險業務相互結合，形成歷史上最大宗公司合併案。請問此項合併案屬於何種類型?

10. 已知 A 公司價值為 \$1,000,000，B 公司的價值為 \$250,000，若 A 公司欲購併 B 公司須支付 \$300,000，則

⑴若 A 公司購併了 B 公司，購併溢價為何?

⑵若購併之後 A 公司之價值變為 \$1,280,000，那麼購併效益為何? NPV 又是多少? A 公司是否該採取行動購併 B 公司?

11. A 公司正準備購併 B 公司，兩家公司都沒有負債，A 公司預估若購併 B 公司，每年的稅後現金流量會增加 \$1,600,000，已知 A 公司目前的市價為 \$35,000,000，而 B 公司目前之市價為 \$20,000,000，折現率為 7%。現有兩種購併方式，一是用 A 公司 35% 的股權去交換，二是用現金 \$25,000,000 去購買 B 公司的股權。試問:

⑴兩種方式分別的購併溢價為何?

⑵兩種方式分別的 NPV 為何?

⑶應使用何種方式?

12. 2001 年 9 月 3 日惠普科技宣佈以 250 億美元的換股方式收購康柏電腦，經過歷時 8 個月的代理投票權爭奪戰之後，2002 年 5 月 7 日惠普科技終於正式合併康柏電腦，合併後的公司將成為全球最大的計算機和印表機製造商，同時也是全球第三大技術服務供應商。試分析此購併案之購併型式、購併種類與購併的理由為何?

第二十三章　國際財務管理

壹、前　言

隨著海陸空交通日益發達，資訊科技快速流通，企業大肆向國外擴張版圖，直接到海外投資或設廠生產或設立公司提供服務，國際貿易日趨熱絡，掀起一陣又一陣的國際化熱潮，使得國與國之間的界限日趨模糊。而這種擁有國外營運的公司就稱為國際公司 (International Corporation) 或是多國公司跨國公司 (Multinationals)，公司在經營時就需多考慮許多不會直接影響純粹國內公司的財務因素，包括匯率 (Foreign Exchange Rate)、國與國之間的不同利率、國外營運的複雜會計方法、國外稅率以及國外政府的干預。

企業國際化的結果雖然提供更多的投資機會，但亦增加公司經營上的風險與複雜度，就財務而言，現金的收取與支付可能包含許多幣別，因而產生所謂的「匯兌風險」，必須加以規避以避免侵蝕利潤或增加成本的支出，各國的稅制與稅率多所不同，必須對企業做整體稅務規劃以降低稅負支出；在執行國際資本預算決策時，各國的資金成本亦不可直接比較高低，必須考量各個國家的政治風險、外匯管制制度及外匯的可能走勢，才能做出合理的研判與定奪。

公司理財的基本原則仍適用於國際公司，國際公司與國內公司一樣，為股東尋找價值比成本高的投資計畫，並安排融資計畫盡可能以最低的成本募集所需的資金，因此，淨現值法對國內與國外的營運都一樣適用，只是將 NPV 法則運用到國外投資時通常會變得較複雜。

貳、外匯與外匯市場

1. 報價方式

外匯 (Exchange Rate) 就是一個國家的貨幣，以另一個國家的貨幣來表示的價格，實務上，幾乎所有貨幣的交易都是以美元的方式來進行。外匯的報價方式有二：一為直接報價法 (Direct Pricing Quotation) 或美式報價 (American Quotation)，即一單位外國貨幣可兌換多少國內貨幣，如 1 美元兌 32 元新臺幣；二為間接報價法 (Indirect Pricing Quotation) 或歐式報價 (European Quotation)，即一單位國內貨幣可兌換多少外國貨幣，如澳元報價是 1.3，所以可以以 1 美元換得 1.3 澳元，而間接報價是直接報價的倒數，即 1/1.3 = US$0.7692。

若目前英鎊對美元的直接報價為 US$1.4890，法郎對美元的間接報價為 FF5.9055，則由此兩匯率的報價可得英鎊對法郎的匯率，此即為交叉匯率。

$$\text{交叉匯率} = \frac{\text{美元}}{\text{英鎊}} \times \frac{\text{法郎}}{\text{美元}} = \frac{\text{法郎}}{\text{英鎊}}$$

$$= \text{US\$}1.4890/£ \times \text{FF}5.9055/\text{US\$} = \text{FF}8.7933/£$$

2. 交易類型

在外匯市場上有二種基本的交易類型：即期交易 (Spot Transaction) 與遠期交易 (Forward Transaction)。即期交易是「即刻」交換貨幣的約定，在兩個營業日內完成交割，即期交易中的匯率稱為即期匯率 (Spot Exchange Rate)。遠期交易是指在未來的某一時點交換貨幣的約定，到期時的匯率在今天決定，稱為遠期匯率 (Forward Exchange Rate)。另外，還有外匯期貨交易 (Futures Transaction)、外匯選擇權交易 (Option Transaction) 與外匯交換交易 (Swap Transaction) 等外匯衍生性商品供交易者選擇。

3. 匯率制度

自 1973 年後，世界主要工業國家紛紛揚棄固定匯率制度，改採浮動匯率制度 (Floating Exchange Rate)，任由外匯市場供需的力量去決定匯率水準，政府不加以干涉。另一種則是介於固定匯率與浮動匯率制度之間，平日由市場供需決定匯率，但政府仍會適時干預以穩定匯率，稱為管理浮動匯率制度 (Managing-Float Exchange Rate System)。而臺灣的中央銀行目前採取浮動匯率制度，但為防止匯率波動過劇，央行仍會適時進行公開市場操作以穩定匯率，避免新臺幣匯率受人為影響過大。

參、外匯評價理論

兩國之間的匯率既然是由外匯市場供需所決定的，那麼外匯市場供需雙方是如何評估外匯的合理價格呢？又是什麼因素決定即期匯率水準呢？而匯率報價每日皆在變動，又是什麼原因決定匯率的改變比率呢？

一、購買力平價理論

購買力平價理論 (Purchasing Power Parity, PPP) 可分為⑴絕對購買力平價理論；⑵相對購買力平價理論。

1. 絕對購買力平價理論

絕對購買力平價理論 (Absolute Purchasing Power Parity) 的基本觀念為無論以何種貨幣購買或在哪裡銷售商品的成本都一樣。例如在臺灣買 1 個漢堡要花新臺幣 50 元，且目前匯率為 1 美元兌 NT32，則在美國購買 1 個漢堡應花 NT50 ÷ NT32/US$ = US$1.5625，否則將存有套利機會。因此，絕對購買力平價理論說明了 1 美元在全世界任何地方所可以買到的漢堡個數都是一樣的。

絕對購買力平價理論隱含：

$$P_{NT} = S_0 \times P_{US}$$

P_{NT}：每個漢堡在臺灣的價格

P_{US}：每個漢堡在美國的價格

S_0：目前新臺幣與美元的即期匯率

例如在美國每個漢堡賣 US\$1.6，而在臺灣的價格則是 NT55，則絕對購買力平價理論意謂著：

$$P_{NT} = S_0 \times P_{US}$$

$$\text{NT55} = S_0 \times \text{US\$1.6}$$

$$S_0 = \frac{\text{NT55}}{\text{US\$1.6}} = \text{NT34.375/US\$}$$

亦即即期匯率是每 1 美元 NT34.375，相當於是每 1 元新臺幣值 US\$1/NT34.375 = US\$0.0291。

當絕對購買力平價理論不成立時，將可藉著把漢堡從一個國家運送到另一個國家來進行套利。若真實的匯率為 NT34/US\$，則可以在美國以 US\$1.6 購買漢堡，然後在臺灣以 NT55 的價格賣掉，再以現行的匯率 S_0 = NT34/US\$ 將 NT55 轉換成美元，總共為 NT55 ÷ NT34/US\$ = US\$1.6176，來回可獲利 US\$1.6176 − US\$1.6 = US\$0.0176。這個動作將迫使匯率或漢堡的價格改變，漢堡將從美國運送至臺灣，美國的漢堡供給減少將提高美國的漢堡價格，而臺灣的漢堡因供給增加導致價格下降，直到沒有套利機會存在為止。此外，交易商將忙著將新臺幣轉換成美元以便購買更多的漢堡，這樣的活動將增加新臺幣的供給和美元的需求，則預期新臺幣的價值將會下跌，意味著美元愈來愈有價值，將需要更多的新臺幣來購買 1 美元，因此匯率上升。

2. 相對購買力平價理論

由於在現實世界中商品的買賣通常會發生交易成本，包括運輸、保險和損壞，以及國際間的關稅障礙等等因素，使得絕對購買力平價理論不易達成，因此有相對購買力平價理論 (Relative Purchasing Power Parity) 的出現，說明匯率的變動是由於兩個國家之間通貨膨脹率的差異所決定的。

假設柳橙 1 斤為 20 元新臺幣，目前新臺幣兌美元為 NT32，預期明年臺灣的通貨膨脹率是 5%，美國的通貨膨脹率為 7%，則 1 年後的匯率將是多少呢？

預期 1 年後在臺灣須用 NT20 × 1.05 = NT21 購買 1 斤柳橙，在美國需用 US\$1.07 才能買到 1 斤柳橙，因此若要繼續維持商品國際價格的一致，可預期未來的即期美元匯率必須為 NT21 / US\$1.07 = NT19.626 / US\$。

由此可知通貨膨脹率與未來即期匯率的關係為：

$$1 + \pi_{US} = S_0 \times (1 + \pi_{NT}) / E(S_1)$$

π_{NT}：臺灣的通貨膨脹率

π_{US}：美國的通貨膨脹率

S_0：目前新臺幣兌美元的即期匯率

$E(S_1)$：預測 1 期後新臺幣兌美元的匯率

即 1 年後匯率的預測變動率為：

$$\frac{E(S_1) - S_0}{S_0} = \pi_{NT} - \pi_{US}$$

將其進一步移項後可得：

$$E(S_1) = S_0 \times \frac{1 + \pi_{NT}}{1 + \pi_{US}} \approx S_0 \times [1 + (\pi_{NT} - \pi_{US})]$$

預期下期的匯率是目前匯率乘上兩個國家之間通貨膨脹率的差異。若本國的通貨膨脹率高於外國的通貨膨脹率，則預期未來的匯率可能會走高，即本國貨幣將會貶值；反之，則會升值。

進一步推展至多期：

$$E(S_t) = S_0 \times [1 + (\pi_{NT} - \pi_{US})]^t$$

承上柳橙例，則預期 1 年後匯率為：

$$E(S_1) = S_0 \times [1 + (\pi_{NT} - \pi_{US})] = NT32 \times [1 + (5\% - 7\%)] = NT31.36$$

因臺灣的通貨膨脹率低於美國的通貨膨脹率，導致匯率下跌至 NT31.36，即新臺幣升值。若預期兩國的通貨膨脹率差異不變，則 2 年後的預期匯率為：

$$E(S_2) = S_0 \times [1 + (\pi_{NT} - \pi_{US})]^2 = NT32 \times [1 + (5\% - 7\%)]^2$$
$$= NT30.7328$$

二、利率平價理論 (Interest Rate Parity, IRP)

即期利率與遠期利率往往並不相同，其中重要因素為利率的影響。若目前新臺幣兌美元的匯價為 NT35，美國 1 年期的利率為 5%，而臺灣 1 年期的利率為 3%，則現有 1 美元存入銀行 1 年後將變成 US$1.05，而若現在兌換成新臺幣後立刻存入銀行，1 年後可得 NT36.05，故就今天的時點來看，屆時的美元匯價應等於 NT36.05/US$1.05 = NT34.33/US$。

由此可知即期匯率與遠期匯率的關係為：

$$1 + R_{US} = S_0 \times (1 + R_{NT})/F_1$$

R_{US}：美國的名目利率水準

R_{NT}：臺灣的名目利率水準

S_0：第 0 期的即期匯率

F_1：第 0 期的第 1 期遠期匯率

將上式移項後可得到利率平價理論：

$$\frac{F_1}{S_0} = \frac{1 + R_{NT}}{1 + R_{US}}$$

IRP 有個近似值，即遠期折溢價百分比約等於兩國利率差異：

$$\frac{F_1 - S_0}{S_0} = R_{NT} - R_{US}$$

整理後可得：

$$F_1 = S_0 \times [1 + (R_{NT} - R_{US})]$$

進一步推展至多期：

$$F_t = S_0 \times [1 + (R_{NT} - R_{US})]^t$$

由此可看出兩國間匯率與名目利率的關係，為維持套利均衡，即期匯率與遠期匯率應遵守利率平價理論，當新臺幣利率上升時，若美元維持不變，則表示遠期匯率亦可能會上升；反之美元利率上升，而新臺幣利率維持不變，則遠期匯率極可能會下跌。

三、遠期匯率與未來即期匯率

遠期匯率和預期未來即期匯率間有什麼關係呢？若外匯市場是有效率的 (Efficient)，則目前的遠期匯率是未來即期匯率的不偏估計值 (Unbiased Forward Rate, UFR)，可預期未來匯率近似於遠期匯率，即：

$$F_1 = \mathrm{E}(S_1) \Rightarrow F_t = \mathrm{E}(S_t)$$

UFR 說明平均而言，遠期匯率應等於未來即期匯率。

四、國際費雪效果

綜合 PPP、IRP 及 UFR 理論，可得知利率、匯率與通貨膨脹率之間的關係，進而探討其所隱含的意義。

PPP：$\mathrm{E}(S_1) = S_0 \times [1 + (\pi_{NT} - \pi_{US})]$
IRP：$F_1 = S_0 \times [1 + (R_{NT} - R_{US})]$
UFR：$F_1 = \mathrm{E}(S_1)$

首先將 IRP 和 UFR 結合，可得：

$$F_1 = S_0 \times [1 + (R_{NT} - R_{US})] = \mathrm{E}(S_1)$$

再將其與 PPP 結合，可得：

$$S_0 \times [1 + (R_{NT} - R_{US})] = S_0 \times [1 + (\pi_{NT} - \pi_{US})]$$

$$R_{NT} - R_{US} = \pi_{NT} - \pi_{US}$$

由此可知，若 PPP、IRP、UFR 三式同時成立時，則上式亦應同時成立，即兩國之間的名目報酬率之差應等於通貨膨脹率之差。

將上式進一步移項，即名目報酬率減去通貨膨脹率，可得實質利率為：

$$R_{NT} - \pi_{NT} = R_{US} - \pi_{US}$$

也就是兩國之間的實質利率應相等，此即所謂的國際費雪效果 (International Fisher Effect, IFE)，IFE 說明了每個國家的實質報酬率都應相等。若臺灣的實質利率比美國高，則錢就會從美國的金融市場流入臺灣的金融市場，購買臺灣的資產，臺灣的資產因需求增加使得價格上漲，報酬率將會下跌；同時美國的資產因需求減少導致價格下跌，報酬率將會上升，這個活動將持續進行直到兩國的實質報酬率相等為止。

肆、外匯風險

由於匯率的變動而使公司的獲利能力、現金流量與價值發生改變，此即所謂的外匯風險，其型態有三種：

1. 經濟風險

經濟風險是指不可預期的匯率變動使得公司原先預估的現金流量淨現值發生改變的程度。實質匯率的改變會影響公司對外投資的意願與規模大小，使得公司的營運現金流量發生改變。例如當美元貶值時，在美設廠的子公司將增加其對外出口，但相對的其進口原料價格上升，導致營運現金流量產生變化。

2. 換算風險

換算風險是指因匯率的變動，使得在變動前所編製的合併財務報表資料發生變異的程度。例如建成公司在美國的子公司之資產餘額如下：

年　度	美元計價	匯　率	新臺幣價值
1990 年底	US$5,000	NT30/US$	NT150,000
1991 年底	US$5,000	NT31/US$	NT155,000

3. 交易風險

交易風險是指交易所產生的權利義務，必須以外幣進行清算，但因匯率的變動而產生利益或損失，包括(1)以外幣計價的賒購或賒銷；(2)以外幣計價的借貸；(3)尚未履約的遠期外匯契約；(4)取得外幣的資產或負債。例如建成公司以 600 美元的價格賣一產品給美國的一家公司，給予其於 60 天內付款的賒銷，當時出售的匯率為 NT33/US$，但買方在第 60 天時才付款，此時匯率已為 NT31/US$，則建成公司將發生交易風險：

建成公司預期收入 = US$600 × NT33/US$ = NT19,800

實際收入 = US$600 × NT31/US$ = NT18,600

損失 = NT19,800 − NT18,600 = NT1,200

伍、國際資本預算

跨國公司因在不同的國家投資設廠，分公司可在當地取得資金，因此其資金來源要較國內型公司來得多且廣，如何決定公司整體的最佳資本結構，需考慮分散在各地的分公司其所在國家的融資工具、資金成本、交易成本、政治風險、稅法，並預測未來的匯率走勢與未來的現金流量，以正確做出最適的資本預算決策。

例如一家美國公司正評估一項海外投資計畫，考慮是否應到法國設廠，此投資計畫的投入成本約法郎 2,000 萬，預期未來的 3 年內之每年現金流量約法郎 900 萬，而公司的資金成本為 10%。

若目前的匯率為 FF5，美國的無風險利率為 5%，法國的無風險利率為 7%，則該公司是否該進行這項投資計畫呢？可利用淨現值法 (NPV) 加以評估，但我們要如何利用以美元計算此投資計畫的淨現值呢？有兩種方法可以使用：

1. 本國貨幣法 (Home Currency Approach)

將所有的法郎現金流量轉換成美元，然後以資金成本 10% 折現，求出以美元計算的 NPV。然而，使用此方法需預測未來的匯率，以便將所預測的未來法郎現金流量轉換成美元。

根據利率平價理論 (IRP) 預測未來匯率，即：

$$E(S_t) = S_0 \times [1 + (R_{FR} - R_{US})]^t$$

其中，R_{FR}：法國的無風險利率

R_{US}：美國的無風險利率

$$E(S_t) = FF5 \times [1 + (7\% - 5\%)]^t = FF5 \times 1.02^t$$

因此，預期匯率是：

年	預期匯率
1	$FF5 \times 1.02^1 = FF5.1$
2	$FF5 \times 1.02^2 = FF5.202$
3	$FF5 \times 1.02^3 = FF5.306$

根據這些預期匯率與目前即期匯率，可將所有法郎現金流量轉換成美元現金流量。

年	以法郎計價的現金流量(萬)	預期匯率	以美元計價的現金流量(萬)
0	–FF2,000	FF5	–US$400
1	FF 900	FF5.1	US$176
2	FF 900	FF5.202	US$173
3	FF 900	FF5.306	US$170

依照一般方式計算 NPV：

$$NPV = -US\$400 + \frac{US\$176}{(1 + 10\%)} + \frac{US\$173}{(1 + 10\%)^2} + \frac{US\$170}{(1 + 10\%)^3} = US\$30$$

因 NPV > 0，此投資計畫可行。

2. 外國貨幣法 (Foreign Currency Approach)

決定法郎投資的必要報酬率，將以法郎計價的現金流量折現求算投資計畫的 NPV。在此方法下，必須決定如何將 10% 的美元必要報酬率轉換成相當的法郎必要報酬率。

根據國際費雪效果可知兩國名目利率的差為：

$$R_{CH} - R_{US} = \pi_{CH} - \pi_{US} = 7\% - 5\% = 2\%$$

估計此投資計畫的適當折現率為 10% 加上額外的 2% 即 12%，以補償法郎的較高通貨膨脹率。

$$\text{NPV} = -\text{FF}2{,}000 + \frac{\text{FF}900}{1.12} + \frac{\text{FF}900}{1.12^2} + \frac{\text{FF}900}{1.12^3} = \text{FF}160$$

以目前的匯率 FF5 計算，此投資計畫的美元 NPV 為：

$$\text{NPV} = \text{FF}160 \div \text{FF}5/\text{US\$} = \text{US\$}30$$

由此可知此兩種資本預算方法實際上是一樣的，而且答案也會一樣。

陸、國際資本市場

隨著金融市場的發展，各種形式與用途的籌資工具與投資工具與日俱增，國內投資人的投資管道不再侷限於國內的資本市場，國內公司不再受限於國內經濟情況，而面臨籌措不到資金的窘況，現可將觸角延伸至海外以籌集所需的資金，此外，國內的中央銀行近年來逐漸放寬對外匯的管制，使得國外投資機構亦可進入參與國內資本市場，因而國際資本市場的交易活動日趨熱絡頻繁。

一、歐洲美元

歐洲美元 (Eurodollar) 是指存在美國境外的外國銀行或美國銀行海外分行的美元定期存款。歐洲美元的存款銀行可以是地主國的金融機構，如倫敦的巴克萊銀行，也可以是美國銀行的外國分行，如花旗的巴黎分行；甚至可以是第三國銀行的外國分行，如巴克萊的慕尼黑分行。大部分的歐元存款都在 50 萬美元以上，到期期間由 1 天到 5 年都有。

歐洲美元的放款利率通常以 LIBOR (London Inter-Bank Offered Rate) 再加碼定之，LIBOR 就是倫敦銀行間同業拆款利率，由倫敦五家銀行議定之，分成 3 個月期利率與 6 個月期利率，反映當時資金供需狀況的市場利率。而歐元市場基本上是一個短期貨幣市場，而其大部分的存款和貸款期間都不超過 1 年。

二、國際債券

任何在借款國家之外出售的債券均稱之為國際債券，可分為兩類型：外國債券 (Foreign Bond) 和歐洲債券 (Eurobond)。外國債券是指借款人在其他國家發售，且以當地貨幣計價的債券。例如臺灣的公司在美國發行以美元為計價單位的債券，並且透過美國的投資銀行銷售給美國的投資大眾，此類債券對美國投資人而言即稱為國外債券。

歐洲債券是指借款人在其他國家發行的債券，由國際銀行團承銷，但不以當地貨幣為債券計價單位。如以美元為計價單位的歐洲債券，稱為 Eurodollar Bond；以日圓為計價單位的歐洲債券，稱為 Euroyen Bond。例如永豐餘在 1989 年於歐洲發行以美元為計價單位的可轉換海外公司債，稱為歐洲美元債券。

三、存託憑證

存託憑證 (Depository Receipts, DR) 是指發行公司委託一家外國銀行，在該國發行存託憑證代表該公司的股票，並在該外國市場公開發行募集資金。

而存託憑證所代表的股票則存在發行公司所在國的保管銀行，至於股利則透過保管銀行交給發行 DR 的外國存託銀行，該存託銀行再將這些以外幣計價的股利轉換成該國貨幣後，發給當地的 DR 投資人。

1. 臺灣存託憑證 (Taiwan Depository Receipts, TDR)

臺灣存託憑證是指外國企業來臺灣集資的工具，其投資標的物是外國股票。TDR 是外國公司委託臺灣金融機構在臺募集資金所公開發行的 DR，而 DR 所代表的股票則存在發行公司所在國的保管銀行，至於股利則透過保管銀行交給發行 DR 的臺灣存託銀行，該臺灣存託銀行再將這些以外幣計價的股利轉換成新臺幣後，發給當地的 DR 投資人。

2. 國際存託憑證 (Global Depository Receipts, GDR)

又稱為 International Depository Receipts (IDR)，是指某國企業向全世界集資，在各國公開發行的 DR，其投資標的物就是該企業的股票，發行對象為各國的投資人。GDR 所代表股票則存在發行公司所在國的保管銀行，至於股利則透過保管銀行交給發行 GDR 的外國存託銀行，該外國存託銀行再將這些以外幣計價的股利轉換成該國貨幣後，發給當地的 DR 投資人。

3. 美國存託憑證 (American Depository Receipts, ADR)

美國存託憑證是指其他國家企業到美國集資的工具，其投資標的物為他國股票，如臺灣的電子業龍頭台積電到美國發行 ADR 即為一例。

近來臺灣企業普遍流行發行 DR 的原因為：

(1)臺灣經濟高度成長與股市的蓬勃發展，吸引歐美投資人的濃厚興趣，使臺灣上市公司至海外發行 GDR 或 ADR，很容易被外國投資人接受而能募集到所需的資金。

(2)發行存託憑證可使臺灣企業的資金達到國際化，資金國際化的潛在利益為：擴大股東基礎、強化企業在海外的知名度、增加資金募集彈性。

(3)在本國股市低迷時，可利用 DR 向海外募集較低成本的資金。

(4)可維持公司的控制權。

柒、作　業

1. 何謂即期外匯交易？何謂遠期外匯交易？
2. 何謂絕對購買力評價理論？何謂相對購買力評價理論？
3. 何謂外匯風險？
4. 何謂交叉匯率？
5. 何謂歐洲美元？
6. 何謂國際債券？國際債券又可分為哪幾種？
7. 何謂存託憑證？
8. 何謂臺灣存託憑證？
9. 何謂美國存託憑證，試舉出我國兩家發行 ADR 之公司？
10. 試解釋近年來，我國企業偏好發行 GDR 的原因為何？
11. 試比較 ECB 與 ADR 之優缺點為何？
12. 若目前日本通貨膨脹率為 3%，美國的通貨膨脹率為 5%，且目前即期匯率 110¥/US$，依照 PPP 預期未來 12 個月之匯率為何？
13. 假設今日即期匯率 32NT/US$，180 天的遠期匯率為 30NT/US$，臺幣的年利率是 2.5%，美元的年利率為 3%，若你是公司財務經理，則以 180 天為基準，1 百萬為套利金額，則依利率評價理論，是否存在套利空間？若存在套利空間，則執行套利的淨利為何？（假設 1 年為 360 天）
14. 若已知臺灣某電子公司將出口 MB 至美國，且未來 6 個月將有 1 千萬的美元收入，試問應該如何避險？（假設目前匯率為 33NT/US$，臺幣放款利率為 1.2–1.5%，美元放款利率為 2.5–2.8%）
15. 已知 6 個月期的美元存款與臺幣存款利率分別為 2% 與 5%（年利率）。美元的即期利率為 NT32。市場上 6 個月後之遠期匯率為 NT29。
    (1)請依遠期匯率之理論價格來判定是否有套利機會存在？
    (2)假設套利機會存在，套利者當如何操作以套取利潤（以 1 美元為單位說明操作步驟）。

附　錄

將來值利息因子

目前 \$1 在第 n 期期末的將來值 $= FVIF_{i,n} = (1+i)^n$

期數	1%	2%	3%	4%	5%	6%	7%	8%	9%	10%
1	1.0100	1.0200	1.0300	1.0400	1.0500	1.0600	1.0700	1.0800	1.0900	1.1000
2	1.0201	1.0404	1.0609	1.0816	1.1025	1.1236	1.1449	1.1664	1.1881	1.2100
3	1.0303	1.0612	1.0927	1.1249	1.1576	1.1910	1.2250	1.2597	1.2950	1.3310
4	1.0406	1.0824	1.1255	1.1699	1.2155	1.2625	1.3108	1.3605	1.4116	1.4641
5	1.0510	1.1041	1.1593	1.2167	1.2763	1.3382	1.4026	1.4693	1.5386	1.6105
6	1.0615	1.1262	1.1941	1.2653	1.3401	1.4185	1.5007	1.5869	1.6771	1.7716
7	1.0721	1.1487	1.2299	1.3159	1.4071	1.5036	1.6058	1.7138	1.8280	1.9487
8	1.0829	1.1717	1.2668	1.3686	1.4775	1.5938	1.7182	1.8509	1.9926	2.1436
9	1.0937	1.1951	1.3048	1.4233	1.5513	1.6895	1.8385	1.9990	2.1719	2.3579
10	1.1046	1.2190	1.3439	1.4802	1.6289	1.7908	1.9672	2.1589	2.3674	2.5937
11	1.1157	1.2434	1.3842	1.5395	1.7103	1.8983	2.1049	2.3316	2.5804	2.8531
12	1.1268	1.2682	1.4258	1.6010	1.7959	2.0122	2.2522	2.5182	2.8127	3.1384
13	1.1381	1.2936	1.4685	1.6651	1.8856	2.1329	2.4098	2.7196	3.0658	3.4523
14	1.1495	1.3195	1.5126	1.7317	1.9799	2.2609	2.5785	2.9372	3.3417	3.7975
15	1.1610	1.3459	1.5580	1.8009	2.0789	2.3966	2.7590	3.1722	3.6425	4.1772
16	1.1726	1.3728	1.6047	1.8730	2.1829	2.5404	2.9522	3.4259	3.9703	4.5950
17	1.1843	1.4002	1.6528	1.9479	2.2920	2.6928	3.1588	3.7000	4.3276	5.0545
18	1.1961	1.4282	1.7024	2.0258	2.4066	2.8543	3.3799	3.9960	4.7171	5.5599
19	1.2081	1.4568	1.7535	2.1068	2.5270	3.0256	3.6165	4.3157	5.1417	6.1159
20	1.2202	1.4859	1.8061	2.1911	2.6533	3.2071	3.8697	4.6610	5.6044	6.7275
21	1.2324	1.5157	1.8603	2.2788	2.7860	3.3996	4.1406	5.0338	6.1088	7.4002
22	1.2447	1.5460	1.9161	2.3699	2.9253	3.6035	4.4304	5.4365	6.6586	8.1403
23	1.2572	1.5769	1.9736	2.4647	3.0715	3.8197	4.7405	5.8715	7.2579	8.9543
24	1.2697	1.6084	2.0328	2.5633	3.2251	4.0489	5.0724	6.3412	7.9111	9.8497
25	1.2824	1.6406	2.0938	2.6658	3.3864	4.2919	5.4274	6.8485	8.6231	10.835
26	1.2953	1.6734	2.1566	2.7725	3.5557	4.5494	5.8074	7.3964	9.3992	11.918
27	1.3082	1.7069	2.2213	2.8834	3.7335	4.8223	6.2139	7.9881	10.245	13.110
28	1.3213	1.7410	2.2879	2.9987	3.9201	5.1117	6.6488	8.6271	11.167	14.421
29	1.3345	1.7758	2.3566	3.1187	4.1161	5.4184	7.1143	9.3173	12.172	15.863
30	1.3478	1.8114	2.4273	3.2434	4.3219	5.7435	7.6123	10.063	13.268	17.449
40	1.4889	2.2080	3.2620	4.8010	7.0400	10.286	14.974	21.725	31.409	45.259
50	1.6446	2.6916	4.3839	7.1067	11.467	18.420	29.457	46.902	74.358	117.39

期數	11%	12%	13%	14%	15%	16%	18%	20%	24%	28%
1	1.1100	1.1200	1.1300	1.1400	1.1500	1.1600	1.1800	1.2000	1.2400	1.2800
2	1.2321	1.2544	1.2769	1.2996	1.3225	1.3456	1.3924	1.4400	1.5376	1.6384
3	1.3676	1.4049	1.4429	1.4815	1.5209	1.5609	1.6430	1.7280	1.9066	2.0972
4	1.5181	1.5735	1.6305	1.6890	1.7490	1.8106	1.9388	2.0736	2.3642	2.6844
5	1.6851	1.7623	1.8424	1.9254	2.0114	2.1003	2.2878	2.4883	2.9316	3.4360
6	1.8704	1.9738	2.0820	2.1950	2.3131	2.4364	2.6996	2.9860	3.6352	4.3980
7	2.0762	2.2107	2.3526	2.5023	2.6600	2.8262	3.1855	3.5832	4.5077	5.6295
8	2.3045	2.4760	2.6584	2.8526	3.0590	3.2784	3.7589	4.2998	5.5895	7.2058
9	2.5580	2.7731	3.0040	3.2519	3.5179	3.8030	4.4355	5.1598	6.9310	9.2234
10	2.8394	3.1058	3.3946	3.7072	4.0456	4.4114	5.2338	6.1917	8.5944	11.806
11	3.1518	3.4785	3.8359	4.2262	4.6524	5.1173	6.1759	7.4301	10.657	15.112
12	3.4985	3.8960	4.3345	4.8179	5.3503	5.9360	7.2876	8.9161	13.215	19.343
13	3.8833	4.3635	4.8980	5.4924	6.1528	6.8858	8.5994	10.699	16.386	24.759
14	4.3104	4.8871	5.5348	6.2613	7.0757	7.9875	10.147	12.839	20.319	31.691
15	4.7846	5.4736	6.2543	7.1379	8.1371	9.2655	11.974	15.407	25.196	40.565
16	5.3109	6.1304	7.0673	8.1372	9.3576	10.748	14.129	18.488	31.243	51.923
17	5.8951	6.8660	7.9861	9.2765	10.761	12.468	16.672	22.186	38.741	66.461
18	6.5436	7.6900	9.0243	10.575	12.375	14.463	19.673	26.623	48.039	85.071
19	7.2633	8.6128	10.197	12.056	14.232	16.777	23.214	31.948	59.568	108.89
20	8.0623	9.6463	11.523	13.743	16.367	19.461	27.393	38.338	73.864	139.38
21	8.9492	10.804	13.021	15.668	18.822	22.574	32.324	46.005	91.592	178.41
22	9.9336	12.100	14.714	17.861	21.645	26.186	38.142	55.206	113.57	228.36
23	11.026	13.552	16.627	20.362	24.891	30.376	45.008	66.247	140.83	292.30
24	12.239	15.179	18.788	23.212	28.625	35.236	53.109	79.497	174.63	374.14
25	13.585	17.000	21.231	26.462	32.919	40.874	62.669	95.396	216.54	478.90
26	15.080	19.040	23.991	30.167	37.857	47.414	73.949	114.48	268.51	613.00
27	16.739	21.325	27.109	34.390	43.535	55.000	87.260	137.37	332.95	784.64
28	18.580	23.884	30.633	39.204	50.066	63.800	102.97	164.84	412.86	1004.3
29	20.624	26.750	34.616	44.693	57.575	74.009	121.50	197.81	511.95	1285.6
30	22.892	29.960	39.116	50.950	66.212	85.850	143.37	237.38	634.82	1645.5
40	65.001	93.051	132.78	188.88	267.86	378.72	750.38	1469.8	5455.9	19427
50	184.56	289.00	450.74	700.23	1083.7	1670.7	3927.4	9100.4	46890	*

普通年金將來值利息因子

n 期間每期期末年金 \$1 的將來值 = $\text{FVIFA}_{i,n} = \sum_{t=1}^{n}(1+i)^{n-t}$

期數	1%	2%	3%	4%	5%	6%	7%	8%	9%	10%
1	1.0000	1.0000	1.0000	1.0000	1.0000	1.0000	1.0000	1.0000	1.0000	1.0000
2	2.0100	2.0200	2.0300	2.0400	2.0500	2.0600	2.0700	2.0800	2.0900	2.1000
3	3.0301	3.0604	3.0909	3.1216	3.1525	3.1836	3.2149	3.2464	3.2781	3.3100
4	4.0604	4.1216	4.1836	4.2465	4.3101	4.3746	4.4399	4.5061	4.5731	4.6410
5	5.1010	5.2040	5.3091	5.4163	5.5256	5.6371	5.7507	5.8666	5.9847	6.1051
6	6.1520	6.3081	6.4684	6.6330	6.8019	6.9753	7.1533	7.3359	7.5233	7.7156
7	7.2135	7.4343	7.6625	7.8983	8.1420	8.3938	8.6540	8.9228	9.2004	9.4872
8	8.2857	8.5830	8.8923	9.2142	9.5491	9.8975	10.260	10.637	11.028	11.436
9	9.3685	9.7546	10.159	10.583	11.027	11.491	11.978	12.488	13.021	13.579
10	10.462	10.950	11.464	12.006	12.578	13.181	13.816	14.487	15.193	15.937
11	11.567	12.169	12.808	13.486	14.207	14.972	15.784	16.645	17.560	18.531
12	12.683	13.412	14.192	15.026	15.917	16.870	17.888	18.977	20.141	21.384
13	13.809	14.680	15.618	16.627	17.713	18.882	20.141	21.495	22.953	24.523
14	14.947	15.974	17.086	18.292	19.599	21.015	22.550	24.215	26.019	27.975
15	16.097	17.293	18.599	20.024	21.579	23.276	25.129	27.152	29.361	31.772
16	17.258	18.639	20.157	21.825	23.657	25.673	27.888	30.324	33.003	35.950
17	18.430	20.012	21.762	23.698	25.840	28.213	30.840	33.750	36.974	40.545
18	19.615	21.412	23.414	25.645	28.132	30.906	33.999	37.450	41.301	45.599
19	20.811	22.841	25.117	27.671	30.539	33.760	37.379	41.446	46.018	51.159
20	22.019	24.297	26.870	29.778	33.066	36.786	40.995	45.762	51.160	57.275
21	23.239	25.783	28.676	31.969	35.719	39.993	44.865	50.423	56.765	64.002
22	24.472	27.299	30.537	34.248	38.505	43.392	49.006	55.457	62.873	71.403
23	25.716	28.845	32.453	36.618	41.430	46.996	53.436	60.893	69.532	79.543
24	26.973	30.422	34.426	39.083	44.502	50.816	58.177	66.765	76.790	88.497
25	28.243	32.030	36.459	41.646	47.727	54.865	63.249	73.106	84.701	98.347
26	29.526	33.671	38.553	44.312	51.113	59.156	68.676	79.954	93.324	109.18
27	30.821	35.344	40.710	47.084	54.669	63.706	74.484	87.351	102.72	121.10
28	32.129	37.051	42.931	49.968	58.403	68.528	80.698	95.339	112.97	134.21
29	33.450	38.792	45.219	52.966	62.323	73.640	87.347	103.97	124.14	148.63
30	34.785	40.568	47.575	56.085	66.439	79.058	94.461	113.28	136.31	164.49
40	48.886	60.402	75.401	95.026	120.80	154.76	199.64	259.06	337.88	442.59
50	64.463	84.579	112.80	152.67	209.35	290.34	406.53	573.77	815.08	1163.9

期數	11%	12%	13%	14%	15%	16%	18%	20%	24%	28%
1	1.0000	1.0000	1.0000	1.0000	1.0000	1.0000	1.0000	1.0000	1.0000	1.0000
2	2.1100	2.1200	2.1300	2.1400	2.1500	2.1600	2.1800	2.2000	2.2400	2.2800
3	3.3421	3.3744	3.4069	3.4396	3.4725	3.5056	3.5724	3.6400	3.7776	3.9184
4	4.7097	4.7793	4.8498	4.9211	4.9934	5.0665	5.2154	5.3680	5.6842	6.0156
5	6.2278	6.3528	6.4803	6.6101	6.7424	6.8771	7.1542	7.4416	8.0484	8.6999
6	7.9129	8.1152	8.3227	8.5355	8.7537	8.9775	9.4420	9.9299	10.980	12.136
7	9.7833	10.089	10.405	10.730	11.067	11.414	12.142	12.916	14.615	16.534
8	11.859	12.300	12.757	13.233	13.727	14.240	15.327	16.499	19.123	22.163
9	14.164	14.776	15.416	16.085	16.786	17.519	19.086	20.799	24.712	29.369
10	16.722	17.549	18.420	19.337	20.304	21.321	23.521	25.959	31.643	38.593
11	19.561	20.655	21.814	23.045	24.349	25.733	28.755	32.150	40.238	50.398
12	22.713	24.133	25.650	27.271	29.002	30.850	34.931	39.581	50.895	65.510
13	26.212	28.029	29.985	32.089	34.352	36.786	42.219	48.497	64.110	84.853
14	30.095	32.393	34.883	37.581	40.505	43.672	50.818	59.196	80.496	109.61
15	34.405	37.280	40.418	43.842	47.580	51.660	60.965	72.035	100.82	141.30
16	39.190	42.753	46.672	50.980	55.717	60.925	72.939	87.442	126.01	181.87
17	44.501	48.884	53.739	59.118	65.075	71.673	87.068	105.93	157.25	233.79
18	50.396	55.750	61.725	68.394	75.836	84.141	103.74	128.12	195.99	300.25
19	56.939	63.440	70.749	78.969	88.212	98.603	123.41	154.74	244.03	385.32
20	64.203	72.052	80.947	91.025	102.44	115.38	146.63	186.69	303.60	494.21
21	72.265	81.699	92.470	104.77	118.81	134.84	174.02	225.03	377.46	633.59
22	81.214	92.503	105.49	120.44	137.63	157.41	206.34	271.03	469.06	812.00
23	91.148	104.60	120.20	138.30	159.28	183.60	244.49	326.24	582.63	1040.4
24	102.17	118.16	136.83	158.66	184.17	213.98	289.49	392.48	723.46	1332.7
25	114.41	133.33	155.62	181.87	212.79	249.21	342.60	471.98	898.09	1706.8
26	128.00	150.33	176.85	208.33	245.71	290.09	405.27	567.38	1114.6	2185.7
27	143.08	169.37	200.84	238.50	283.57	337.50	479.22	681.85	1383.1	2798.7
28	159.82	190.70	227.95	272.89	327.10	392.50	566.48	819.22	1716.1	3583.3
29	178.40	214.58	258.58	312.09	377.17	456.30	669.45	984.07	2129.0	4587.7
30	199.02	241.33	293.20	356.79	434.75	530.31	790.95	1181.9	2640.9	5873.2
40	581.83	767.09	1013.7	1342.0	1779.1	2360.8	4163.2	7343.9	22729	69377
50	1668.8	2400.0	3459.5	4994.5	7217.7	10436	21813	45497	*	*

現值利息因子

第 n 期期末 \$1 的現值 $= \mathrm{PVIF}_{i,n} = \dfrac{1}{(1+i)^n}$

期數	1%	2%	3%	4%	5%	6%	7%	8%	9%	10%
1	.9901	.9804	.9709	.9615	.9524	.9434	.9346	.9259	.9174	.9091
2	.9803	.9612	.9426	.9246	.9070	.8900	.8734	.8573	.8417	.8264
3	.9706	.9423	.9151	.8890	.8638	.8396	.8163	.7938	.7722	.7513
4	.9610	.9238	.8885	.8548	.8227	.7921	.7629	.7350	.7084	.6830
5	.9515	.9057	.8626	.8219	.7835	.7473	.7130	.6806	.6499	.6209
6	.9420	.8880	.8375	.7903	.7462	.7050	.6663	.6302	.5963	.5645
7	.9327	.8706	.8131	.7599	.7107	.6651	.6227	.5835	.5470	.5132
8	.9235	.8535	.7894	.7307	.6768	.6274	.5820	.5403	.5019	.4665
9	.9143	.8368	.7664	.7026	.6446	.5919	.5439	.5002	.4604	.4241
10	.9053	.8203	.7441	.6756	.6139	.5584	.5083	.4632	.4224	.3855
11	.8963	.8043	.7224	.6496	.5847	.5268	.4751	.4289	.3875	.3505
12	.8874	.7885	.7014	.6246	.5568	.4970	.4440	.3971	.3555	.3186
13	.8787	.7730	.6810	.6006	.5303	.4688	.4150	.3677	.3262	.2897
14	.8700	.7579	.6611	.5775	.5051	.4423	.3878	.3405	.2992	.2633
15	.8613	.7430	.6419	.5553	.4810	.4173	.3624	.3152	.2745	.2394
16	.8528	.7284	.6232	.5339	.4581	.3936	.3387	.2919	.2519	.2176
17	.8444	.7142	.6050	.5134	.4363	.3714	.3166	.2703	.2311	.1978
18	.8360	.7002	.5874	.4936	.4155	.3503	.2959	.2502	.2120	.1799
19	.8277	.6864	.5703	.4746	.3957	.3305	.2765	.2317	.1945	.1635
20	.8195	.6730	.5537	.4564	.3769	.3118	.2584	.2145	.1784	.1486
21	.8114	.6598	.5375	.4388	.3589	.2942	.2415	.1987	.1637	.1351
22	.8034	.6468	.5219	.4220	.3418	.2775	.2257	.1839	.1502	.1228
23	.7954	.6342	.5067	.4057	.3256	.2618	.2109	.1703	.1378	.1117
24	.7876	.6217	.4919	.3901	.3101	.2470	.1971	.1577	.1264	.1015
25	.7798	.6095	.4776	.3751	.2953	.2330	.1842	.1460	.1160	.0923
26	.7720	.5976	.4637	.3607	.2812	.2198	.1722	.1352	.1064	.0839
27	.7644	.5859	.4502	.3468	.2678	.2074	.1609	.1252	.0976	.0763
28	.7568	.5744	.4371	.3335	.2551	.1956	.1504	.1159	.0895	.0693
29	.7493	.5631	.4243	.3207	.2429	.1846	.1406	.1073	.0822	.0630
30	.7419	.5521	.4120	.3083	.2314	.1741	.1314	.0994	.0754	.0573
40	.6717	.4529	.3066	.2083	.1420	.0972	.0668	.0460	.0318	.0221
50	.6080	.3715	.2281	.1407	.0872	.0543	.0339	.0213	.0134	.0085

期數	11%	12%	13%	14%	15%	16%	18%	20%	24%	28%
1	.9009	.8929	.8850	.8772	.8696	.8621	.8475	.8333	.8065	.7813
2	.8116	.7972	.7831	.7695	.7561	.7432	.7182	.6944	.6504	.6104
3	.7312	.7118	.6931	.6750	.6575	.6407	.6086	.5787	.5245	.4768
4	.6587	.6355	.6133	.5921	.5718	.5523	.5158	.4823	.4230	.3725
5	.5935	.5674	.5428	.5194	.4972	.4761	.4371	.4019	.3411	.2910
6	.5346	.5066	.4803	.4556	.4323	.4104	.3704	.3349	.2751	.2274
7	.4817	.4523	.4251	.3996	.3759	.3538	.3139	.2791	.2218	.1776
8	.4339	.4039	.3762	.3506	.3269	.3050	.2660	.2326	.1789	.1388
9	.3909	.3606	.3329	.3075	.2843	.2630	.2255	.1938	.1443	.1084
10	.3522	.3220	.2946	.2697	.2472	.2267	.1911	.1615	.1164	.0847
11	.3173	.2875	.2607	.2366	.2149	.1954	.1619	.1346	.0938	.0662
12	.2858	.2567	.2307	.2076	.1869	.1685	.1372	.1122	.0757	.0517
13	.2575	.2292	.2042	.1821	.1625	.1452	.1163	.0935	.0610	.0404
14	.2320	.2046	.1807	.1597	.1413	.1252	.0985	.0779	.0492	.0316
15	.2090	.1827	.1599	.1401	.1229	.1079	.0835	.0649	.0397	.0247
16	.1883	.1631	.1415	.1229	.1069	.0930	.0708	.0541	.0320	.0193
17	.1696	.1456	.1252	.1078	.0929	.0802	.0600	.0451	.0258	.0150
18	.1528	.1300	.1108	.0946	.0808	.0691	.0508	.0376	.0208	.0118
19	.1377	.1161	.0981	.0829	.0703	.0596	.0431	.0313	.0168	.0092
20	.1240	.1037	.0868	.0728	.0611	.0514	.0365	.0261	.0135	.0072
21	.1117	.0926	.0768	.0638	.0531	.0443	.0309	.0217	.0109	.0056
22	.1007	.0826	.0680	.0560	.0462	.0382	.0262	.0181	.0088	.0044
23	.0907	.0738	.0601	.0491	.0402	.0329	.0222	.0151	.0071	.0034
24	.0817	.0659	.0532	.0431	.0349	.0284	.0188	.0126	.0057	.0027
25	.0736	.0588	.0471	.0378	.0304	.0245	.0160	.0105	.0046	.0021
26	.0663	.0525	.0417	.0331	.0264	.0211	.0135	.0087	.0037	.0016
27	.0597	.0469	.0369	.0291	.0230	.0182	.0115	.0073	.0030	.0013
28	.0538	.0419	.0326	.0255	.0200	.0157	.0097	.0061	.0024	.0010
29	.0485	.0374	.0289	.0224	.0174	.0135	.0082	.0051	.0020	.0008
30	.0437	.0334	.0256	.0196	.0151	.0116	.0070	.0042	.0016	.0006
40	.0154	.0107	.0075	.0053	.0037	.0026	.0013	.0007	.0002	.0001
50	.0054	.0035	.0022	.0014	.0009	.0006	.0003	.0001	*	*

普通年金現值利息因子

n 期間每期期末年金 \$1 的現值 $= \text{PVIFA}_{i,n} = \sum_{t=1}^{n} \frac{1}{(1+i)^t}$

期數	1%	2%	3%	4%	5%	6%	7%	8%	9%	10%
1	0.9901	0.9804	0.9709	0.9615	0.9524	0.9434	0.9346	0.9259	0.9174	0.9091
2	1.9704	1.9416	1.9135	1.8861	1.8594	1.8334	1.8080	1.7833	1.7591	1.7355
3	2.9410	2.8839	2.8286	2.7751	2.7232	2.6730	2.6243	2.5771	2.5313	2.4869
4	3.9020	3.8077	3.7171	3.6299	3.5460	3.4651	3.3872	3.3121	3.2397	3.1699
5	4.8534	4.7135	4.5797	4.4518	4.3295	4.2124	4.1002	3.9927	3.8897	3.7908
6	5.7955	5.6014	5.4172	5.2421	5.0757	4.9173	4.7665	4.6229	4.4859	4.3553
7	6.7282	6.4720	6.2303	6.0021	5.7864	5.5824	5.3893	5.2064	5.0330	4.8684
8	7.6517	7.3255	7.0197	6.7327	6.4632	6.2098	5.9713	5.7466	5.5348	5.3349
9	8.5660	8.1622	7.7861	7.4353	7.1078	6.8017	6.5152	6.2469	5.9952	5.7590
10	9.4713	8.9826	8.5302	8.1109	7.7217	7.3601	7.0236	6.7101	6.4177	6.1446
11	10.3676	9.7868	9.2526	8.7605	8.3064	7.8869	7.4987	7.1390	6.8052	6.4951
12	11.2551	10.5753	9.9540	9.3851	8.8633	8.3838	7.9427	7.5361	7.1607	6.8137
13	12.1337	11.3484	10.6350	9.9856	9.3936	8.8527	8.3577	7.9038	7.4869	7.1034
14	13.0037	12.1062	11.2961	10.5631	9.8986	9.2950	8.7455	8.2442	7.7862	7.3667
15	13.8651	12.8493	11.9379	11.1184	10.3797	9.7122	9.1079	8.5595	8.0607	7.6061
16	14.7179	13.5777	12.5611	11.6523	10.8378	10.1059	9.4466	8.8514	8.3126	7.8237
17	15.5623	14.2919	13.1661	12.1657	11.2741	10.4773	9.7632	9.1216	8.5436	8.0216
18	16.3983	14.9920	13.7535	12.6593	11.6896	10.8276	10.0591	9.3719	8.7556	8.2014
19	17.2260	15.6785	14.3238	13.1339	12.0853	11.1581	10.3356	9.6036	8.9501	8.3649
20	18.0456	16.3514	14.8775	13.5903	12.4622	11.4699	10.5940	9.8181	9.1285	8.5136
21	18.8570	17.0112	15.4150	14.0292	12.8212	11.7641	10.8355	10.0168	9.2922	8.6487
22	19.6604	17.6580	15.9369	14.4511	13.1630	12.0416	11.0612	10.2007	9.4424	8.7715
23	20.4558	18.2922	16.4436	14.8568	13.4886	12.3034	11.2722	10.3711	9.5802	8.8832
24	21.2434	18.9139	16.9355	15.2470	13.7986	12.5504	11.4693	10.5288	9.7066	8.9847
25	22.0232	19.5235	17.4131	15.6221	14.0939	12.7834	11.6536	10.6748	9.8226	9.0770
26	22.7952	20.1210	17.8768	15.9828	14.3752	13.0032	11.8258	10.8100	9.9290	9.1609
27	23.5596	20.7069	18.3270	16.3296	14.6430	13.2105	11.9867	10.9352	10.0266	9.2372
28	24.3164	21.2813	18.7641	16.6631	14.8981	13.4062	12.1371	11.0511	10.1161	9.3066
29	25.0658	21.8444	19.1885	16.9837	15.1411	13.5907	12.2777	11.1584	10.1983	9.3696
30	25.8077	22.3965	19.6004	17.2920	15.3725	13.7648	12.4090	11.2578	10.2737	9.4269
40	32.8347	27.3555	23.1148	19.7928	17.1591	15.0463	13.3317	11.9246	10.7574	9.7791
50	39.1961	31.4236	25.7298	21.4822	18.2559	15.7619	13.8007	12.2335	10.9617	9.9148

期數	11%	12%	13%	14%	15%	16%	18%	20%	24%	28%
1	0.9009	0.8929	0.8850	0.8772	0.8696	0.8621	0.8475	0.8333	0.8065	0.7813
2	1.7125	1.6901	1.6681	1.6467	1.6257	1.6052	1.5656	1.5278	1.4568	1.3916
3	2.4437	2.4018	2.3612	2.3216	2.2832	2.2459	2.1743	2.1065	1.9813	1.8684
4	3.1024	3.0373	2.9745	2.9137	2.8550	2.7982	2.6901	2.5887	2.4043	2.2410
5	3.6959	3.6048	3.5172	3.4331	3.3522	3.2743	3.1272	2.9906	2.7454	2.5320
6	4.2305	4.1114	3.9975	3.8887	3.7845	3.6847	3.4976	3.3255	3.0205	2.7594
7	4.7122	4.5638	4.4226	4.2883	4.1604	4.0386	3.8115	3.6046	3.2423	2.9370
8	5.1461	4.9676	4.7988	4.6389	4.4873	4.3436	4.0776	3.8372	3.4212	3.0758
9	5.5370	5.3282	5.1317	4.9464	4.7716	4.6065	4.3030	4.0310	3.5655	3.1842
10	5.8892	5.6502	5.4262	5.2161	5.0188	4.8332	4.4941	4.1925	3.6819	3.2689
11	6.2065	5.9377	5.6869	5.4527	5.2337	5.0286	4.6560	4.3271	3.7757	3.3351
12	6.4924	6.1944	5.9176	5.6603	5.4206	5.1971	4.7932	4.4392	3.8514	3.3868
13	6.7499	6.4235	6.1218	5.8424	5.5831	5.3423	4.9095	4.5327	3.9124	3.4272
14	6.9819	6.6282	6.3025	6.0021	5.7245	5.4675	5.0081	4.6106	3.9616	3.4587
15	7.1909	6.8109	6.4624	6.1422	5.8474	5.5755	5.0916	4.6755	4.0013	3.4834
16	7.3792	6.9740	6.6039	6.2651	5.9542	5.6685	5.1624	4.7296	4.0333	3.5026
17	7.5488	7.1196	6.7291	6.3729	6.0472	5.7487	5.2223	4.7746	4.0591	3.5177
18	7.7016	7.2497	6.8399	6.4674	6.1280	5.8178	5.2732	4.8122	4.0799	3.5294
19	7.8393	7.3658	6.9380	6.5504	6.1982	5.8775	5.3162	4.8435	4.0967	3.5386
20	7.9633	7.4694	7.0248	6.6231	6.2593	5.9288	5.3527	4.8696	4.1103	3.5458
21	8.0751	7.5620	7.1016	6.6870	6.3125	5.9731	5.3837	4.8913	4.1212	3.5514
22	8.1757	7.6446	7.1695	6.7429	6.3587	6.0113	5.4099	4.9094	4.1300	3.5558
23	8.2664	7.7184	7.2297	6.7921	6.3988	6.0442	5.4321	4.9245	4.1371	3.5592
24	8.3481	7.7843	7.2829	6.8351	6.4338	6.0726	5.4509	4.9371	4.1428	3.5619
25	8.4217	7.8431	7.3300	6.8729	6.4641	6.0971	5.4669	4.9476	4.1474	3.5640
26	8.4881	7.8957	7.3717	6.9061	6.4906	6.1182	5.4804	4.9563	4.1511	3.5656
27	8.5478	7.9426	7.4086	6.9352	6.5135	6.1364	5.4919	4.9636	4.1542	3.5669
28	8.6016	7.9844	7.4412	6.9607	6.5335	6.1520	5.5016	4.9697	4.1566	3.5679
29	8.6501	8.0218	7.4701	6.9830	6.5509	6.1656	5.5098	4.9747	4.1585	3.5687
30	8.6938	8.0552	7.4957	7.0027	6.5660	6.1772	5.5168	4.9789	4.1601	3.5693
40	8.9511	8.2438	7.6344	7.1050	6.6418	6.2335	5.5482	4.9966	4.1659	3.5712
50	9.0417	8.3045	7.6752	7.1327	6.6605	6.2463	5.5541	4.9995	4.1666	3.5714

中英名詞對照表

牛市　Bull Market

互斥型　Mutually Exclusive

不偏估計值　Unbiased Forward Rate, UFR

日常移動　Minor Trend

內部報酬率法

Interest Rate of Return, IRR

內部融資　Internal Finance

公開發行　Public Offering

分期償還貸款　Amortized Loan

毛營運資金　Gross Working Capital

平均一變異數法則

Mean-Variance Method

必要報酬率　Required Rate

正常交易延遲　Normal Contango

正常交割延遲　Normal Backwardation

包莫模型　Baumal-Allais-Tobin, BAT

外部融資　External Finance

外國貨幣法　Foreign Currency Approach

外國債券　Foreign Bond

本國貨幣法　Home Currency Approach

市場區隔理論

Market Segmentation Theory

市場價值　Market Value

可轉換　Convertible Agreement

可轉讓定期存單　Negotiable Certificate of Deposits, CD or NCD

加權平均資金成本　Weighted Average Cost of Capital, WACC

回收期間法　Payback Period Method

交叉匯率　Cross Currency Rates

交易市場（流通市場）　Secondary Market

交易動機　Transaction Motive

百分比報價法

Percent-Per-Annum-Quotation

有形市場與無形市場

Tangible & Intangible Market

再投資風險　Reinvestment Risk

年金　Annuity, A

年金化　Annualize

年金終值利率因子

Future Value Interest Factor, FVIF

年金現值利率因子

Present Value Interest Factor, PVIF

合併槓桿程度

Degree of Combined Leverage

多重解　Multiple Roots

收益率曲線　Yield Curve

扣除利息和稅前的盈餘

Earning Before Interest and Fax, EBIT

次級移動　Secondary Trend

存託憑證　Depository Receipts, DR

序列相關檢定　Auto Correlation Test

杜邦等式　Du-Pont Indentity

技術分析　Technical Analysis

折現　Discounting

折現回收期間法

Discount Payback Period Method
利率平價理論　Interest Rate Parity, IRP
利率風險　Interest Rate Risk
利率期間結構
Term Structure of Interest Rate
利潤邊際　Profit Margin, PM
即期市場、遠期市場與換匯市場
Spot, Forward, and Swap Market
即期外匯　Spot Foreign Exchange
即期交易　Spot Transaction
投資機會集合　Portfolio Opportunity Set
投資機會線　Investment Opportunity Line
投機動機　Speculative Motive
股利限制　Constraints to Dividend Pay-out
股東認股　Right Offering
股東權益　Equity
股東權益報酬率　Return of Equity, ROE
固定收益證券　Fixed-Income Securities
物料需求規劃
Material Requirements Planning, MRP
直接報價法　Direct Pricing Quotation
到期日　Maturity Date
到期收益率　Yield to Maturity, YTM
到期風險　Maturity Risk
持有成本　Carrying Cost
美式報價　American Quotation
美國存託憑證
American Depository Receipts, ADR
品格　Character
突破點　Break Point
約當年金法
Equivalent Annual Annuity Series, EAS
重置型　Replacement
前置時間　Lead Time
負債總值　Liability
信號發射理論　Signalling Theory
相對購買力平價理論
Relative Purchasing Power Parity
風險　Risk
風險溢酬　Risk Premium
訂購成本　Ordering Cost
面額　Face Value
能力　Capacity
套利定價理論
Arbitrage Pricing Theory, APT
套匯　Arbitrage
特別股　Perferred Stock
原始保證金　Initial Margin
原始移動　Primary Trend
浮流量　Float
息票　Coupon
流動性風險　Liquidity Risk
流動性偏好理論
Liquidity Preference Theory
流通票據　Finance Bill
倒閉風險　Default Risk
效率前緣　Efficient Frontier
財務槓桿程度
Degree of Financial Leverage, DFL
真實票據　Real Bill
純粹預期理論　Pure Expectation Theory
追繳通知　Margin Call
國內市場與全球市場
Domestic & Global Market

國庫券　Treasury Bill, TB
國際存託憑證
Global Depository Receipts, GDR
混合證券　Hybrid Security
淨利　Net Income
淨現值法　Net Present Value, NPV
淨營運資金　Net Working Capital
現金增資　General Cash Offering, or Seasoned Offering
現值　Present Value, PV
現值利率因子　Present Value Factor, PVF
強制贖回風險　Call Risk
票面價值　Par Value
帳面價值　Book Value
終值　Future Value, FV
終值利率因子
Future Value Interest Factor, FVIF
商業本票　Commercial Papers, CP
情勢　Condition
累積異常報酬
Cumulative Abnormal Return, CAR
標的資產　Underlying Asset
發行市場　Primary Market
買回約定　Repos
買權　Call
無風險利率套匯
Covered Interest Arbitrage, CIA
無風險報酬率　Risk-Free Rate
短缺成本　Shortage Cost
量能潮　On Balance Volumn, OBV
普通股　Common Stock
間接報價法　Indirect Pricing Quotation
超買超賣指標
Over Buy & Over Sell, OBOS
報酬　Return
虛解　Imaginary Roots
換匯交易　Swap Transaction
絕對購買力平價理論
Absolute Purchasing Power Parity
補償性餘額需求　Compensating Balance
資本　Capital
資本市場定價理論
Capital Assets Pricing Model, CAPM
資本市場線　Capital Market Line, CML
資本利得風險　Capital Gain Risk
資產周轉率　Asset Turnover, AT
資產負債表　Balance Sheet
資產報酬率　Return of Asset, ROA
資產總值　Asset
預防動機　Precautionary Motive
預期報酬率　Expected Rate of Return
會計報酬率
Accounting Rate of Return, ARR
損益表　Income Statement
當期收益率　Current Yield, CY
經濟訂購量　Economic Order Quantity
熊市　Bear Market
銀行承兌匯票　Bank's Acceptance, BA
複利　Compounding
管制市場與自由市場
Managed & Free Market
管制型　Regulatory
維持保證金　Maintenance Margin
綜效　Synergy

遠期交易　Forward Transaction
綠鞋條款　Green-Shoe Provision
認購價格　Subscription Price
臺灣存託憑證
Taiwan Depository Receipts, TDR
價內選擇權　In the Money
價外選擇權　Out the Money
價平選擇權　At the Money
價值相加法則　Value Additive Principle
請求權　Claim
確定等值法　Certainty Equivalents
增量成本　Incremental Capital
標準差　Standard Deviation
賣權　Put
歐式報價　European Quotation
歐洲美元　Eurodollar
歐洲債券　Eurobond
頭肩頂　Head-and-Shoulder Top
頭肩底　Head-and-Shoulder Bottom
擔保品　Collateral
融通　Financing
優先認股權　Preemptive Right
獲利率指數　Profitability Index, PI
購買力風險（或通貨膨脹風險）
Inflation Risk
總報酬　Total Return
總報酬率　Rate of Return
趨勢　Trendency
償債基金　Sinking Funds
營運現金流量　Operating Cash Flow, OCF
營運槓桿程度
Degree of Operating Leverage, DOL
擴充型　Expansion
濾嘴法則　Filter Rules
櫃檯交易　Over the Counter, OTC
證券市場線　Security Market Line, SML
邊際資金成本
Marginal Cost of Capital, MCC
騰落指標　Advance-Decline Line, ADL
競價　Competitive Offer
議價　Negotiated Offer
顧客市場與銀行間市場
Customer & Interbank Market
贖回條款　Redemptive Agreement
權利金　Premium
權益乘數　Equity Multiplier, EM
權益證券　Equity Securities
權證　Warrant
權變型　Contingent
變異係數　Coefficient of Variance, CV
變異數　Variance
JIT　Just in Time

國際貿易理論與政策　歐陽勛、黃仁德／著

本書乃為因應研習複雜、抽象之國際貿易理論與政策而編寫，對於各種貿易理論的源流與演變，均予以有系統的介紹、導引與比較，並採用大量的圖解，作深入淺出的剖析，由靜態均衡到動態成長、由實證的貿易理論到規範的貿易政策，均有詳盡的介紹，讀者若詳加研讀，不僅對國際貿易理論與政策能有深入的瞭解，並可對國際經濟問題的分析收綜合察辨的功效。

人力資源管理理論與實務　林淑馨／著

本書除了每章介紹的主題外，各章開頭還設計有最新的「實務報導」，中間並適時穿插「資訊補給站」，以提供讀者相關的人力資源實務訊息，最後則安排「實務櫥窗」、「個案研討」與「課後練習」，希望讀者們在閱讀完每一章後能將其所吸收的知識予以活化與內化。人力資源管理所面對的是活生生的「人」，而不是機器與制度，如何活用所學知識，因人因時因地適時加以思考設計，以達到人力資源管理「選才、用才、育才、留才」的終極目的是相當重要的。因此，希望透過本書理論的介紹與實務的說明，能提高讀者對於人力資源管理的學習興趣。

行銷管理　黃俊堯／著

行銷旨在市場交易過程中，創造、溝通與遞送價值予交易的對方。在現代社會中，行銷管理不但是一種重要的企業功能，也是任何組織都需面對的管理課題。本書從顧客導向的行銷概念出發，探討行銷管理的理論、策略與操作等層次，切實分析各種行銷工具之用處與限制。全書共16章，各章章首勾勒該章重點，章末並附討論題目，恰可供大專院校一學期行銷管理課程教材之用，亦適合有意瞭解現代行銷管理梗概之一般讀者自行閱讀。

行銷研究——理論、方法、運用　蕭鏡堂／著

本書特色如下：(1)以科學方法為架構，每一單元除了介紹有關理論之外，還提供運用之方法。(2)在資料蒐集單元，將其再細分為描述性資料、因果性資料及行為資料等單元，分別介紹有關之蒐集方式及統計方法。(3)如何降低資訊風險，並且強調方法與運用是本書之主要目的，至於分析及統計方法則可利用電腦來處理。本書適合初學者及實務界使用。

行銷管理　李正文／著

本書不同於一般行銷管理書籍的特色：⑴有別於其他行銷管理書籍將案例獨立陳述，本書作者特別細心地將所有案例、實際商業資料分門別類，配合理論交叉安排呈現在文中，讀來既有趣又輕鬆。⑵引進大量亞洲相關行銷商業資訊，不似其他書籍讓人以為只有西方國家才有行銷。⑶融合各國行銷案例，使本書除了基礎原理之外實則有國際行銷之內涵。

策略管理學　榮泰生／著

本書的撰寫整體架構是由外（外部環境）而內（組織內部環境），由小（功能層次）而大（公司層次），使讀者能夠循序漸進掌握策略管理的整體觀念，見木又見林，並完整的提供最新思維、觀念及實務。此外，本書充分體會到資訊科技及通訊科技在策略管理上所扮演的重要角色，因此在有關課題上均介紹最新科技的應用，尤其是網際網路的影響。